高等职业教育“互联网+”新形态一体化系列教材
智能制造领域高素质技术技能型人才培养教材

CHUANGANQI YU PLC YINGYONG JISHU

传感器与PLC应用技术

主　编◎郭联金
副主编◎唐方红　虞晓琼　李　智　周　晶

華中科技大學出版社
http://press.hust.edu.cn
中国·武汉

内容简介

本书以智能制造领域自动化生产线运行与维护、非标机电设备装调等职业岗位的核心能力需求为依据，并结合国家中高级维修电工及可编程序控制系统设计师等职业技能标准，选取工控应用中具有普适性的典型应用机构及场景，设计了供料检测与指示灯状态控制、供料工序控制、气缸位置检测与控制、机械手搬运控制、工件组装与转运、工件传送速度与位置检测、十字滑台定位控制、传送台位置控制系统设计共八个以传感器与PLC技术为核心的教学项目，将常用传感器及PLC编程方法分类穿插进每个项目中。全书采用行动导向、任务驱动形式组织教学内容，每个项目将必备知识与重要技能有机融合，通过若干个实训任务，以工作页形式引导读者进行项目准备、实施、总结和拓展，以培养读者设计、安装调试PLC控制系统的工程应用能力。

本书不仅可供高职院校机电一体化、智能制造装备、电气自动化、机械设计及其自动化等相关专业的师生使用，还可供企业工程技术人员参考。

图书在版编目(CIP)数据

传感器与PLC应用技术 / 郭联金主编. -- 武汉 ：华中科技大学出版社，2024. 8. -- ISBN 978-7-5772-0904-3

Ⅰ. TP212；TP332.3

中国国家版本馆CIP数据核字第2024AV0787号

传感器与PLC应用技术

Chuanganqi yu PLC Yingyong Jishu

郭联金　主编

策划编辑：张　毅

责任编辑：罗　雪

封面设计：孢　子

责任监印：朱　玢

出版发行：华中科技大学出版社(中国·武汉)　　电话：(027)81321913

武汉市东湖新技术开发区华工科技园　　邮编：430223

录　排：武汉正风天下文化发展有限公司

印　刷：武汉科源印刷设计有限公司

开　本：787mm×1092mm　1/16

印　张：16.25

字　数：406千字

版　次：2024年8月第1版第1次印刷

定　价：69.80元

华中出版

本书若有印装质量问题，请向出版社营销中心调换

全国免费服务热线：400-6679-118　竭诚为您服务

前言 QIANYAN

随着工业 4.0 的发展，越来越多的传感器被用来监控环境、设备的健康状态和生产过程的各类参数，传感器是智能制造的信息采集器。PLC（可编程逻辑控制器）是机械装备和生产线的控制器，可谓是工业自动化控制领域的“常青树”，即使是在工业转型升级的智能制造时代，或者是工业 4.0 时代，它仍然足够胜任各种控制和通信任务。在智能制造系统中，由于工业物联网快速普及，以及云服务逐渐进入工业市场，必须由传感器有效采集工业大数据，PLC 提供直接与制造执行系统（MES）、企业资源计划（ERP）等上层管理软件信息系统的接口。众多研究表明，PLC 将在未来智能制造系统中起着至关重要的作用。

由于受到传统学科体系的影响，大多数高职院校仍然沿用本科的课程设置，将传感器、PLC 设立为独立的两门课程。因而，所使用的教材也是内容独立的教材。目前把传感器、PLC 相结合的教材极少（几乎都是中职教材），且偏于理论，缺乏技能指导，不适用于高职院校。传感器、PLC 是自动化设备或机电设备的一部分（元件），完整的机电设备无一不是检测与控制相结合、测控一体化的有机整体。单独讲授检测元件或控制元件，都难以使学生形成测控融合的机电一体化整体概念，且容易忽视其在自动化系统中的实际应用场景，这对学生的综合知识与综合技能学习而言，显然是不利的。由于与课程对应的理实一体化教材的缺乏，教师需要从“传感器与自动检测”“PLC 应用技术”等教材中整理教学资料，这无疑增加了教师备课的工作量，也使得学生的实操指导资料缺乏或针对性、指导性不强，一定程度上影响了教与学的效果。

本书是基于工作过程而开发的新型工作手册式教材，体现“校企双元”。基于企业的真实场景及典型应用，选取实训内容，展现行业新业态、新水平、新技术，具有非常强的实践指导性、操作性，可培养读者在自动化工控领域的工程应用能力。

本书立足于职业岗位需求，以国家职业标准为依据，以专业核心能力培养为目标，以典型工作任务为载体，精心设计项目及任务，体现“理实一体”“学以致用”，巧妙地将知识学习与技能训练相融合。

本书按“任务导向”来组织学习内容，项目及任务具有很强的导向性、针对性和延展性。为促进读者主动学习（而不是被动灌输），积极思考，实现学习内化和迁移，书中很多地方设计了引导表格和引导填空。只提供基础信息或范例，其余留空供读者填写，指引读者思考和实践，以提升读者举一反三的思维和能力。每个项目下设计 2～3 个工作任务，针对具体能力和核心要点进行精准训练。除基础任务外，还设置了“项目拓展”，以满足高校学习群体的个性化及差异化需求。每个项目后均设计了“项目总结”“习题巩固”，以帮助读者总结归纳所学单元的重点、难点和易错点，并通过习题巩固和加深。

本书由郭联金（东莞职业技术学院）担任主编，总体策划编写思路和内容大纲，并编写项目 4 至项目 6、项目 7 任务 2、项目 8、附录 B～D；唐方红（东莞职业技术学院）编写项目 3，并为本书的修改和完善提供了很多宝贵意见和建议；虞晓琼（东莞职业技术学院）编写项目 1，李智（武汉软件工程职业学院）编写项目 2，周晶（东莞职业技术学院）编写项目 7 任务 1 和附录 A。在编写本书过程中，编者参考了多位同行老师的著作和文献资料，在此一并感谢。

因编者水平有限，书中疏漏在所难免，恳请各位读者批评指正。

编　者

2024 年 3 月

目录 MULU

项目1 供料检测与指示灯状态控制

项目目标

知识目标

(1) 理解传感器的概念、组成、分类及应用。
(2) 理解NPN、PNP传感器的特点。
(3) 理解PLC(可编程逻辑控制器)的源型、漏型输入/输出方式。
(4) 理解各类传感器与PLC的连接方法。

能力目标

(1) 掌握二线、三线、四线传感器的接线方法。
(2) 读懂PLC外部接线图。
(3) 会使用万用表检测端子板信号流向。
(4) 掌握NPN、PNP传感器与PLC的连接方法。

素质目标

(1) 能规范使用万用表。
(2) 具备团队协作意识。
(3) 懂得安全用电规范操作。
(4) 具备整理、整顿、清扫、清洁、素养(5S)意识,并能贯彻实施。

项目描述与任务

1. 项目描述

供料单元的功能是将放置在料仓中的工件(原料)自动推出到出料台上,以便其他机构将其抓取、输送到其他单元上。 图 1.1(a)为供料单元的结构示意图。

供料单元的主要结构组成为料仓和工件推出装置。其中,料仓用于储存工件;工件推出装置通过顶料、推料气缸将料仓中最下层的工件推到出料台上。在料仓底座和管形料仓第 4 层位置,分别安装一个漫射式光电接近传感器,它们的功能是检测料仓中有无储料(是否缺料)或储料是否足够(是否欠料)。若管形料仓内没有工件,则处于底层和第 4 层位置的两个光电接近传感器均处于常态;若仅在底层有 3 个工件,则底层处光电接近开关动作而第 4 层处光电接近传感器处于常态,表明工件已经快用完了。这样,料仓中有无储料或储料是否足够,就可由这两个光电接近传感器的信号状态反映。

顶料、推料两气缸伸缩行程的极限位置由两端的磁性传感器进行检测。

出料台表面开有小孔,下方安装了一个圆柱形漫射式光电接近传感器,其工作时向上发出光线,可检测台面上是否有工件。

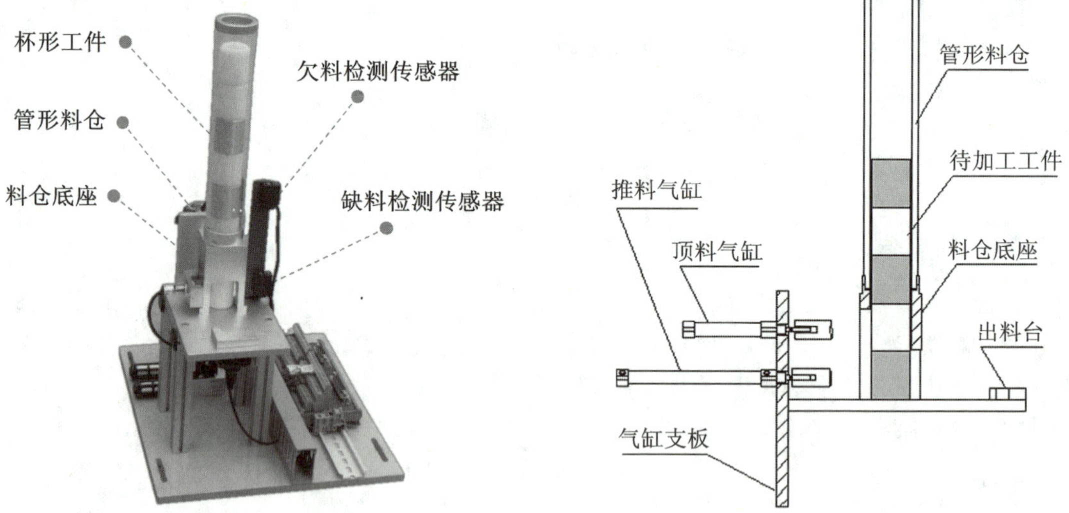

(a) 供料单元的结构示意图　　(b) 供料操作示意图

图 1.1　供料单元的结构及供料操作示意图

2. 项目要求

供料单元的两个气缸均处于缩回位置(见图 1.1(b)),且料仓内有足够的工件,则按钮/指示灯模块(见图 1.2)的指示灯 HL1(黄灯)常亮,表示设备准备就绪。否则,该指示灯以 1 Hz 频率闪烁。

准备就绪后按下启动按钮 SB1,系统处于运行状态,指示灯 HL2(绿灯)常亮。运行过程中若按下停止按钮 SB2,或料仓中无料,则系统处于停止状态,指示灯 HL2 熄灭。

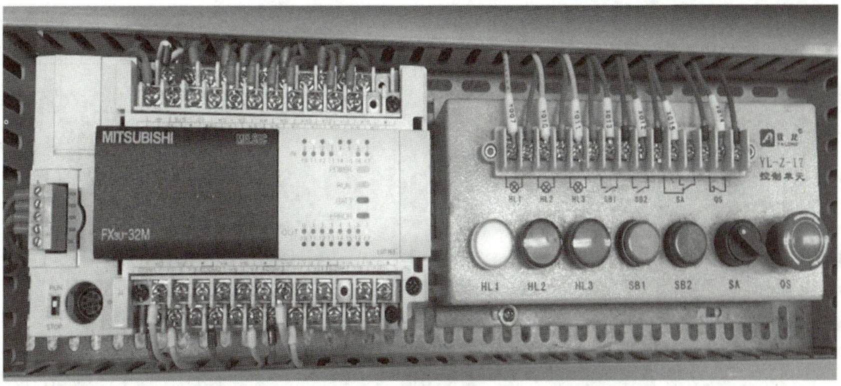

(a) 供料单元PLC侧按钮/指示灯模块

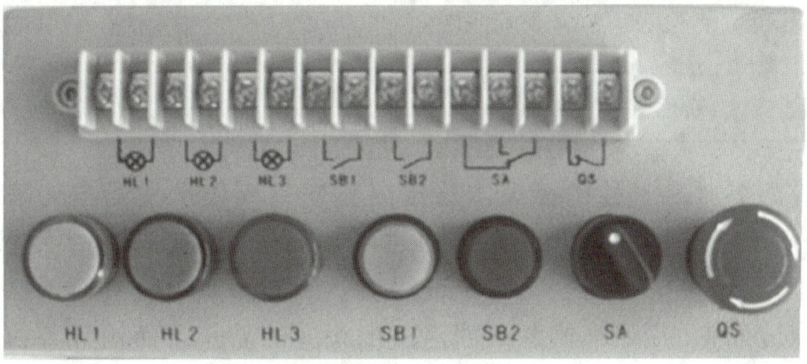

(b) 按钮及指示灯的标识

图 1.2 供料单元按钮/指示灯模块

若在运行中料仓内工件不足,则指示灯 HL2 以 1 Hz 的频率闪烁,指示灯 HL1 保持常亮。若料仓内没有工件,则指示灯 HL1 以 1 Hz 频率闪烁,3 s 后指示灯 HL1 和 HL2 均熄灭。

3. 项目任务

(1) 设计接线原理图,画出 FX3U-32MR PLC 与外围输入元件,如启/停按钮、传感器(料仓欠料、缺料检测传感器,以及气缸顶料到位、顶料复位、推料到位、推料复位磁性传感器)的电气连接原理图。

(2) 设计供料状态显示程序,采用 GX Works2 编程软件编写指示灯状态控制程序。

项 目 实 施

任务 1 初识传感器

一、知识平台 初识传感器

1. 传感器介绍

传感器(又称为变换器、检测器或探测器)是用于检测的装置,是把被测量的信息转换成与之有确定关系的电量输出的装置。这些被测量可以是物理量、化学量、生物量等。工业生产中,检测的内容较广泛,常见的被测量类型如表 1.1 所示。本书介绍非电量的检测。

表 1.1　工业检测常见的被测量类型

被测量类型	被　测　量	被测量类型	被　测　量
机械量	直线位移、角位移、速度、加速度、转速、应力、应变、力矩、振幅、噪声、质量(重量)	状态量	工作机械的运动状态(启停等)、生产设备的异常状态(超温、过载、泄漏、变形、磨损、堵塞、断裂等)
几何量	长度、厚度、角度、直径、间距、形状、平行度、同轴度、粗糙度、硬度、材料缺陷	电工量	电压、电流、功率、电阻、阻抗、频率、脉宽、相位、波形、频谱、磁场强度、电场强度、材料的磁性能
热工量	温度、热量、比热容、热流、热分布、压力(压强)、压差、真空度、流量、流速、物位、液位、界面	物体的性质和成分量	气体、液体或固体的化学成分、浓度、黏度、湿度、密度、酸碱度、浊度、透明度、颜色

简单地说，**传感器就是一种代替人体感觉器官来完成信息获取与处理的装置**。人体的感觉器官就是一套完美的传感系统。人体通过眼、耳、皮肤来感知外界的光、声、温度、压力等物理信息，通过鼻子、舌头感知气味和味道等化学刺激。人通过五感(视、听、嗅、味、触)接收外界的信息，经过大脑的思维(信息处理)，做出相应的动作。而用计算机控制的自动化装置，如机器人，采用传感器将来自外界的各种信号转换成计算机可以处理的电信号或光信号，并控制执行器(电动机、电磁阀等)产生动作。可以说电子计算机(电脑)相当于人的大脑，而传感器(“电五官”)则相当于人的五官部分。人体系统与机器系统信息处理机制的比较如图 1.3 所示。

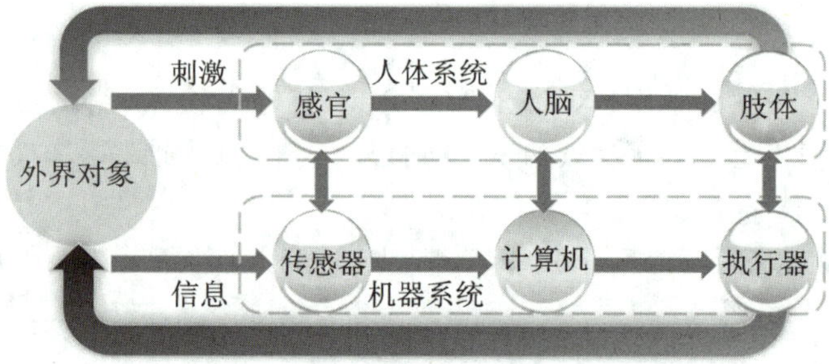

图 1.3　人体系统与机器系统信息处理机制的比较

如表 1.2 所示，机电设备中常常使用基于光电效应、压电效应等各种效应的传感器，从而赋予机器类似人五官的功能。

表 1.2　各种“电五官”传感器

人的五感	感觉器官	感知对象	传　感　器	原　　理
视觉	眼	光	光电传感器、视觉传感器	光电效应(光电)、传感器智能化
听觉	耳	声波	压力传感器、听觉传感器	压电效应(声波、电)、传感器智能化

续表

人的五感	感觉器官	感知对象	传感器	原理
触觉	皮肤	压力、温度	压力传感器、温度传感器、触觉传感器	压电效应(压力、电)、塞贝克效应(温度、电)、传感器的高性能化
嗅觉	鼻	气体、气味物质	气体传感器、气味传感器	吸附效应(气、电)、吸附效应(质量变化、频率变化、气、电)
味觉	舌	味觉物质	味觉传感器	电化学效应(相互作用、电)

2. 传感器组成

由传感器定义可知,传感器要能感受到被测量,并能将其转换成电量输出。因此**传感器一般由敏感元件、传感元件及测量转换电路三部分组成**,如图1.4所示。

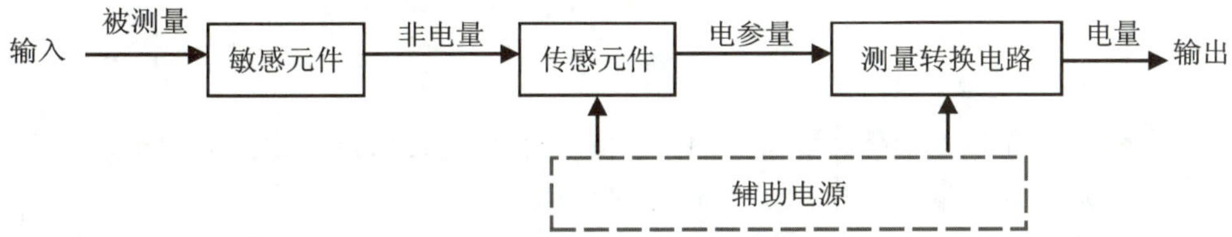

图1.4 传感器的组成框图

其中,敏感元件是传感器的核心,它是可以利用各种物理、化学、生物效应直接感受被测量,并输出与被测量成确定关系的其他物理量(包括电量)的元件(如电阻应变片、光敏电阻、热敏电阻等)。被测量通过敏感元件转换后,再经传感元件转换成电参量。测量转换电路的作用是将传感元件输出的电参量转换成易于处理的电压、电流或频率等电量,比如4~20 mA、0~5 V、0~12 V电信号。辅助元件包括辅助电源,固定、支撑件等。

【例1-1】 测量压力的电位器式压力传感器。

电位器式压力传感器原理和实物如图1.5所示。当被测压力 p 增大时,弹簧管撑直,通过齿条带动齿轮转动,从而带动电位器的电刷产生角位移。电位器电阻的变化量反映了被测压力 p 的变化。

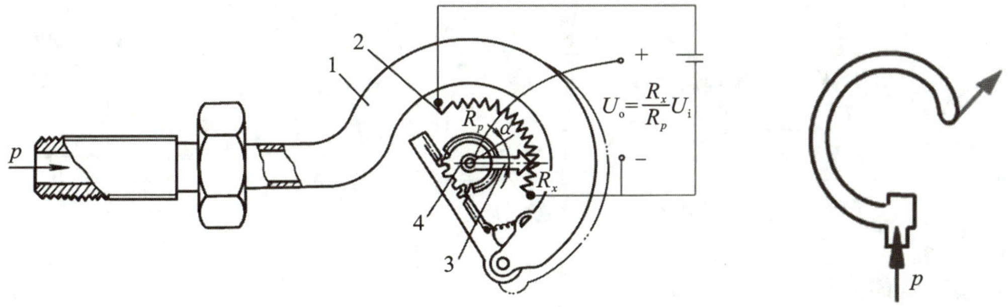

(a) 原理示意图

图1.5 电位器式压力传感器的原理及实物

1—弹簧管(敏感元件);2—电位器(传感元件、测量转换电路);3—电刷;4—传动机构(齿轮-齿条)

（b）实物图

续图 1.5

在这个传感器中，弹簧管为敏感元件，它将压力转换成角位移 α。电位器为传感元件，它将角位移转换为电参量——电阻的变化（$\Delta R = R_p - R_x$）。

当电位器的两端加上电源后，就形成分压比电路，滑动臂输出电压 U_o 与被测压力成确定关系，测量电路如图 1.6 所示。在这个例子中，电位器又属于分压比式测量转换电路。

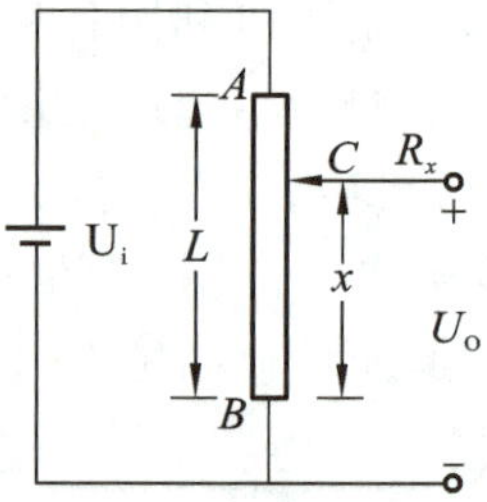

图 1.6　电位器式压力传感器的测量电路

直滑电位器式压力传感器的输出电压 U_o 与滑动触点 C 的位移量 x 成正比：

$$U_o = \frac{x}{L} U_i$$

电位器式压力传感器原理框图如图 1.7 所示。

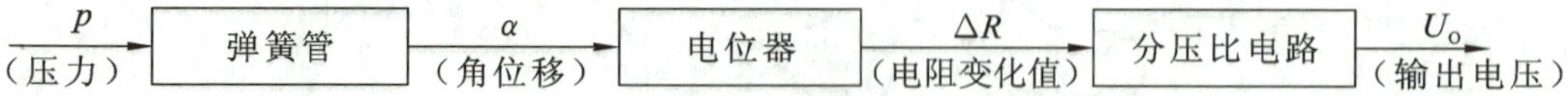

图 1.7　电位器式压力传感器原理框图

3. 传感器的分类

传感器种类繁多，功能各异。由于同一被测量可基于不同转换原理实现探测，利用同一种物理法则、化学反应或生物效应可设计制作能检测不同被测量的传感器，而功能大同小异的同一类传感器可用于不同的技术领域，因此传感器有不同的分类法。具体分类见表 1.3。

表 1.3 传感器的分类

分类方法	传感器的种类	说明
按依据的效应分类	物理传感器	基于物理效应（光、电、声、磁、热）
	化学传感器	基于化学效应（吸附、选择性化学分析）
	生物传感器	基于生物效应（酶、抗体、激素等分子识别和选择功能）
按利用场的定律还是利用物质的定律分类	结构型传感器	通过敏感元件几何结构参数变化实现信息转换
	物性型传感器	通过敏感元件材料物理性质的变化实现信息转换
按工作原理分类	应变式、电容式、电感式、电磁式、压电式、热电式传感器等	传感器以工作原理命名
按输入量分类	位移、速度、温度、压力、气体成分、浓度传感器等	传感器以被测量命名
按输出信号分类	模拟式传感器	输出为模拟量
	数字式传感器	输出为数字量
按能量关系分类	能量转换型传感器	直接将被测量转换为输出量的能量
	能量控制型传感器	传感器能量由外部供给，而输出量能量由被测量控制
按是否依靠外加电源分类	有源传感器	传感器工作需要外加电源
	无源传感器	传感器工作不需要外加电源
按使用的敏感材料分类	半导体传感器、光纤传感器、陶瓷传感器、金属传感器、高分子材料传感器、复合材料传感器等	传感器以使用的敏感材料命名

4. 传感器的应用

近年来，传感器不断发展和完善，已经广泛应用于国防军事、航空航天、土木工程、能源、机器人、工业自动控制、环境保护、交通运输、医疗化工、家用电器及遥感技术。

日常生活中使用的智能手机，常带有加速度传感器，利用加速度使压电晶体产生电压，检测走路或跑步产生的振动，可用作计步器。CCD（电荷耦合器件）图像传感器将光学图像转换成电信号，可用于拍摄图像。电容式触摸指纹传感器根据电容与距离的变化采集指纹数字信息，从而用于身份辨识。传感器的上述应用如图 1.8 所示。

航空航天领域也应用了大量传感器。如图 1.9 所示的宇宙飞船，除使用传感器进行速度、加速度和飞行距离的测量外，其飞行的方向、飞行姿态、飞行环境、飞行器本身的状态及内部设备的监控状态，还有飞船内部环境状态（如湿度、温度、空气成分等）也都要通过传感器进行检测。

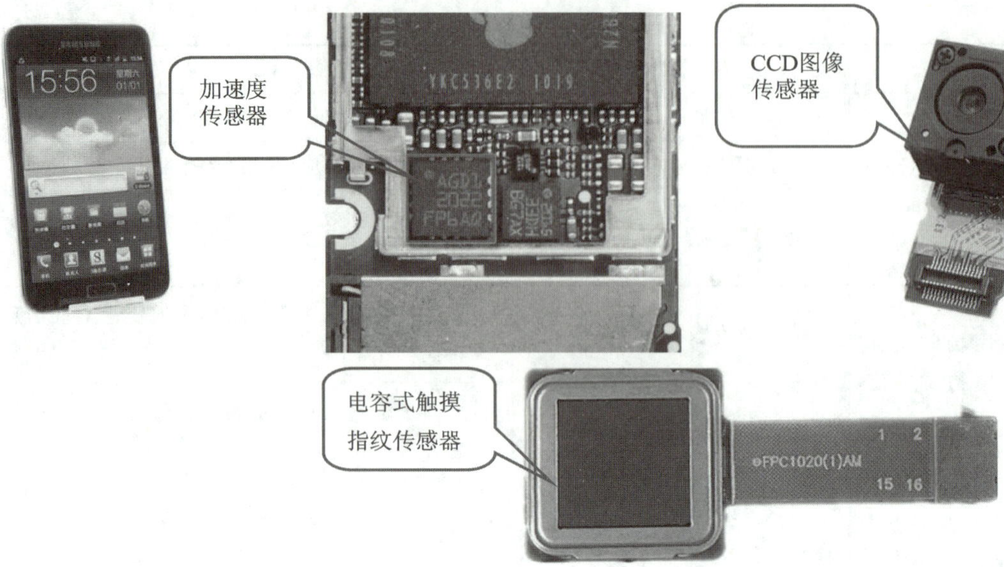

图 1.8　传感器应用

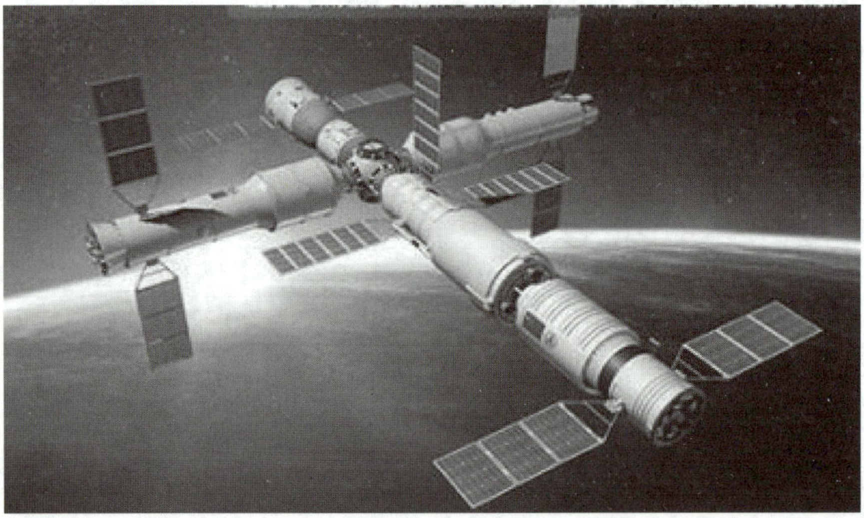

图 1.9　传感器在航天航空中的应用实例

二、任务实施

根据上述传感器的基本工作原理，请查阅应变式传感器的相关资料，结合图 1.10 和图 1.11，思考并回答以下问题。

(1) 图 1.10 所示电子秤使用了什么传感器？

(2) 哪个是敏感元件？实现什么功能？

(3) 图 1.11 所示电子秤测量转换电路的构成有什么特点？该电子秤如何实现质量的测量？

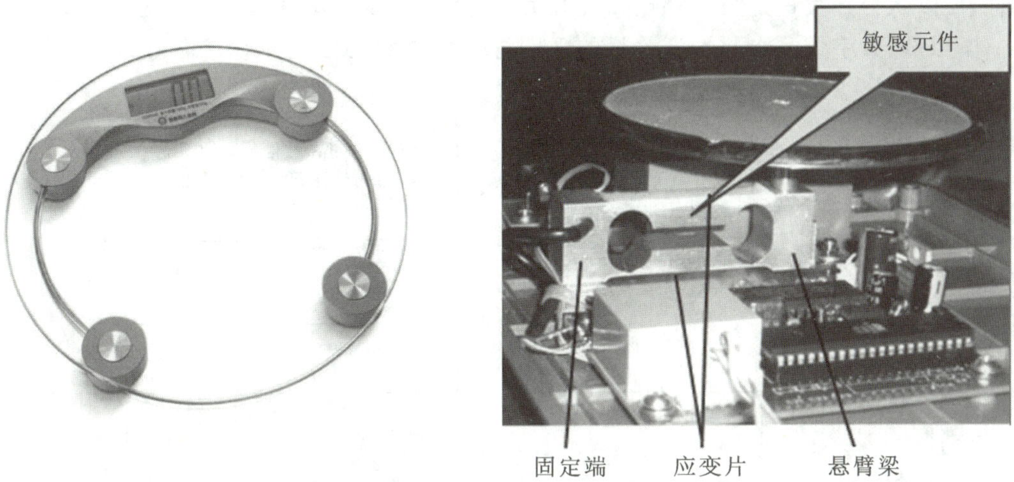

图 1.10 电子秤实物与结构

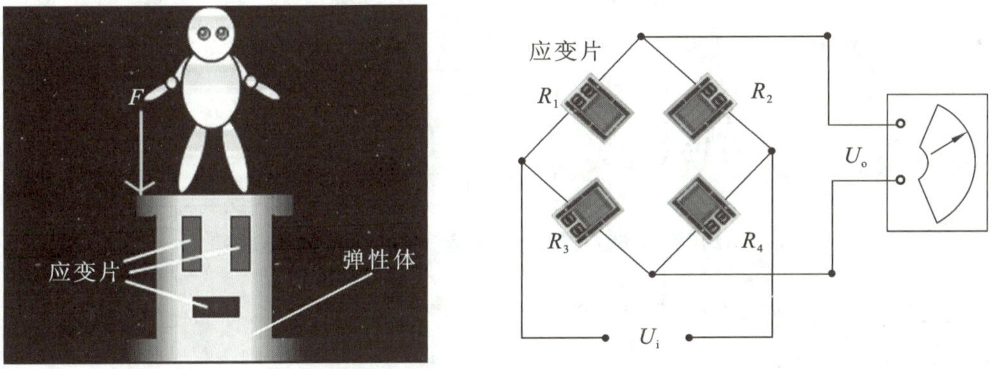

图 1.11 电子秤的工作原理示意图

任务 2 设计 PLC 外围接线原理图

一、知识平台 传感器的信号及使用

1. 模拟量、数字量、脉冲量和开关量

模拟量是一种随时间连续变化的物理量，如温度、压力、湿度、流量、转速、电压、电流等。模拟量在 PLC 系统中有着非常广泛的应用，特别是在过程控制系统中。通常电压信号为 0～10 V，电流信号为 4～20 mA。可以用 PLC 的模拟量模块进行数据采集，然后将其转换为数字量。

数字量是在时间和数值上都是断续变化的离散信号。通常所说的数字量由“0”和“1”组成，可经过编码形成有规律的信号。作为数字量采集信号，模拟量可以设置临界值量化，小于临界值时数字量为“0”，大于或等于临界值时数字量为“1”。

脉冲量通常是指电压或电流在瞬间由某一数值跃变到另一数值，它可以是数字量也可以是模拟量。

开关量为反映通断的状态信号，如开关的开、合，按钮、接触器触点的闭合、断开。触点闭合，可以认为开关量是“1”，触点断开开关量是“0”。多个开关量可以组成数字量。

模拟量、数字量、脉冲量、开关量的区别与联系如图 1.12 所示。

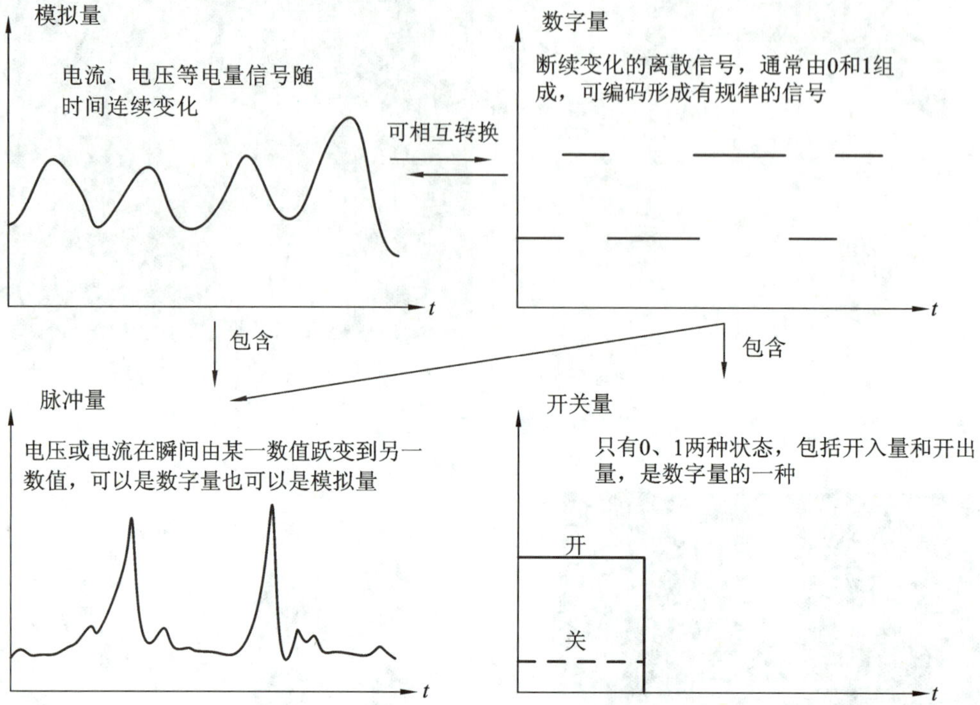

图 1.12　模拟量、数字量、脉冲量、开关量的区别与联系

2. 无源接点和有源接点

1）无源接点的定义

无源接点俗称干接点或**无源开关**。无源接点是一种电气开关，具有闭合和断开两种状态；**两个接点之间没有极性，可以互换**。电路接线时，无源接点与普通开关类似，无极性之分，故可接在交直流电路中，如图 1.13 所示。

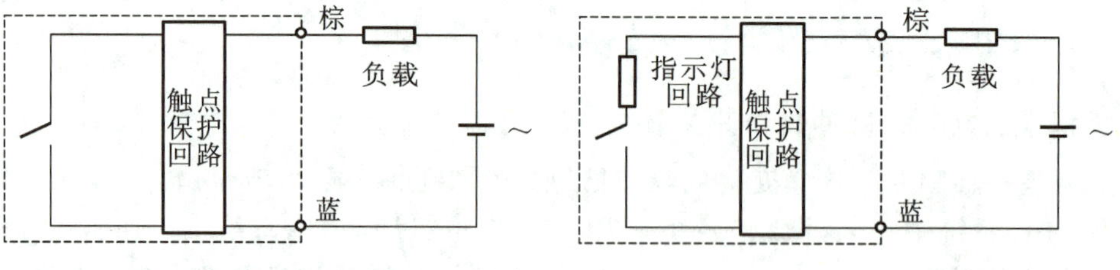

（a）不含指示灯回路　　（b）含指示灯回路

图 1.13　两线式有触点传感器的电路连接

常见的无源接点信号：①各种开关，如限位开关、行程开关、脚踏开关、旋转开关、温度开关、液位开关等；②各种按钮、按键；③各种传感器的输出，如继电器、干簧管的输出。如图 1.14 所示为有触点式磁性开关，其内部有由两片磁簧管组成的机械触点，当磁性物接近时，触点动作。

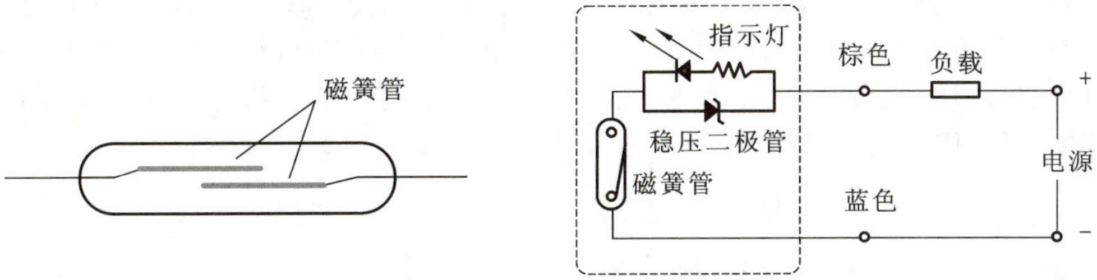

（a）磁簧管　　（b）电路连接

图 1.14　有触点式磁性开关

2）有源接点的定义

有源接点俗称湿接点或**有源开关**，具有有电和无电两种状态；**两个接点之间有极性，不能反接**。传感器内部有判定回路，没有机械式触点，通过晶体管的接通、断开输出 ON-OFF 信号。最常见的有源接点信号为 NPN 及 PNP 三极管的集电极输出信号。两线式无触点传感器的电路连接如图 1.15 所示。

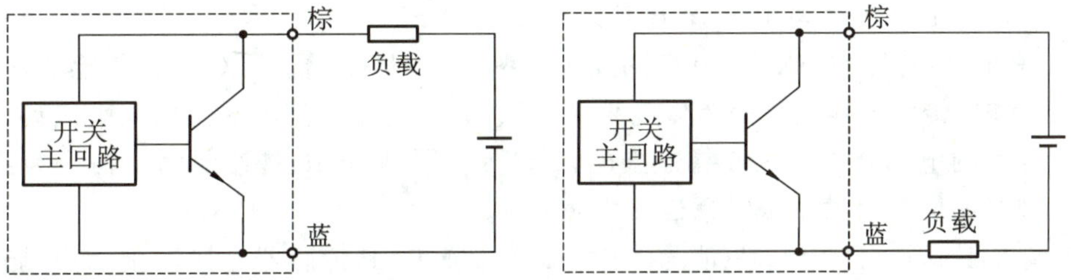

图 1.15　两线式无触点传感器的电路连接

为便于识别成套装置中各种导线的作用和类别，国家标准(GB 681)明确规定了各类导线的颜色标志，如：棕色接直流电路的正极，蓝色接直流电路的负极。一般而言，传感器的导线颜色按图 1.16 所示标志。但在具体应用中，为避免误接线，应根据产品使用手册来接线和使用。

按引脚数分
- 二线制
  - 红(棕)色线：DC 24 V
  - 蓝线：0 V
- 三线制
  - 红(棕)色线：DC 24 V
  - 蓝线：0 V
  - 黑线：信号输出，常开
- 四线制
  - 红(棕)色线：DC 24 V
  - 蓝线：0 V
  - 黑线：信号输出，常开
  - 白线：信号输出，常闭

图 1.16　各类传感器的线色标志

3. NPN、PNP 传感器

NPN 与 PNP 传感器是利用三极管的饱和与截止，输出高、低电平两种状态的传感器，属于开关型传感器。NPN 和 PNP 传感器一般有三条引出线，即电源线 VCC(棕或红色)、GND(蓝色)、OUT 信号输出线(黑或白色)。无检测信号时 NPN 传感器因上拉电阻，集电极输出高电平；当有信号触发时，输出线 OUT 和 GND 连接，相当于 OUT 输出低电平。PNP 传感器无检测信号时因下拉电阻，集电极输出低电平；当有信号触发时，输出线 OUT 和 VCC 连接，相当于 OUT 输出高电平。NPN、PNP 传感器的回路连接方法如图 1.17 所示。NPN 与 PNP 传感器的输出信号一般有常开(NO)、常闭(NC)两种类型。

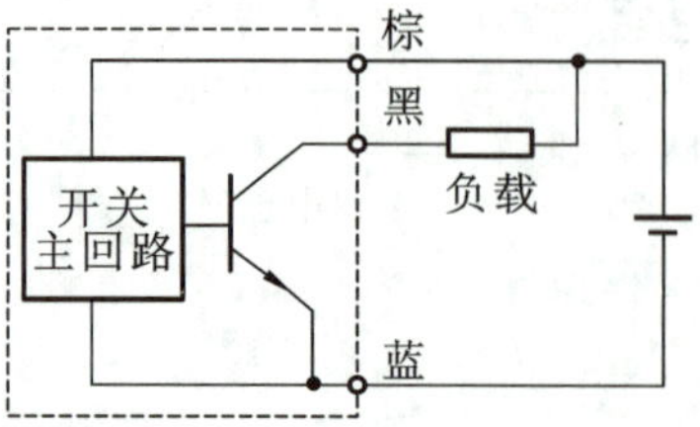

(a) NPN传感器的回路连接方法　(b) PNP传感器的回路连接方法

图 1.17　NPN、PNP 传感器的回路连接方法

4. 传感器与 PLC 的连接

1) NPN、PNP 传感器与 PLC 的连接方式

NPN、PNP 传感器与 FX3U PLC 的连接如图 1.18 所示。将 PLC 看作传感器回路中的“负载”，因 **NPN 传感器输出信号为低电平**，要形成一个电流自高电平向低电平流动的回路，PLC 输入回路的电源公共端 **S/S 需连接电源 24 V**。同理，**PNP 传感器输出信号为高电平**，PLC 输入回路的电源公共端 **S/S 需连接电源 0 V**。

一般情况下，同一台 PLC，只能与 NPN 传感器或 PNP 传感器直接连接，而不能同时连接。如果同一台 PLC 需要同时连接 NPN 与 PNP 两类传感器，可采用 NPN-PNP 转换模块，将两类传感器转换为同一种类型后再进行连接。

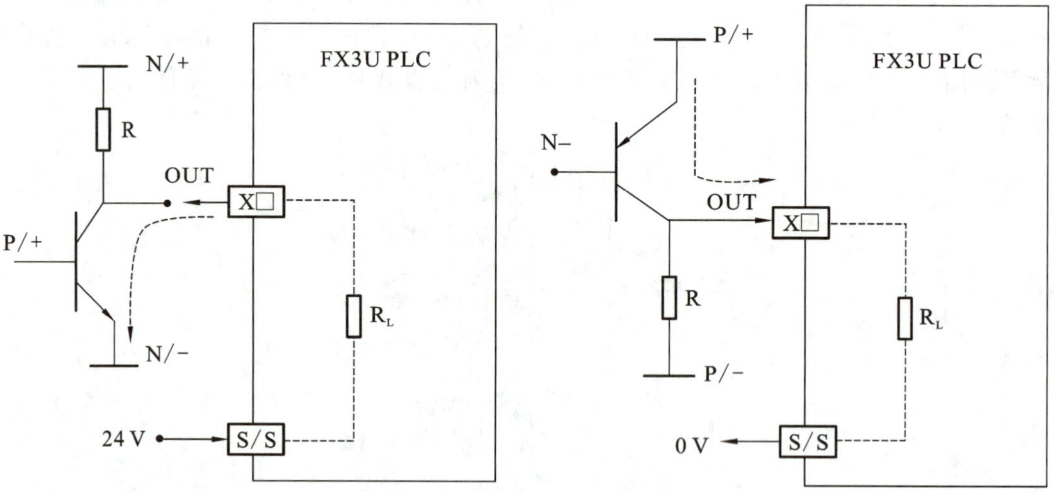

(a) NPN传感器与FX3U PLC的连接　(b) PNP传感器与FX3U PLC的连接

图 1.18　NPN、PNP 传感器与 FX3U PLC 的连接

2) 无触点/有触点传感器与 PLC 的连接

有触点传感器的两个接点之间没有极性，可以互换。无触点传感器与 PLC 的连接，需

考虑传感器在输入回路中的极性。图 1.19(a)中有一个三线式 NPN 传感器、一个有触点两线式传感器、一个无触点两线式传感器，在与 FX3U PLC 连接时，输入回路的 S/S 公共端应连接高电平(24 V)，而各传感器的公共端应接低电平(0 V)，故无触点两线式传感器的正端(棕色线)接 PLC 的 X 端，负端(蓝色线)接 0 V。而在图 1.19(b)中，当三线式传感器为 PNP 型时，S/S 端应接 0 V，各传感器的公共端应接高电平(24 V)，无触点两线式传感器的两线也要进行调换。

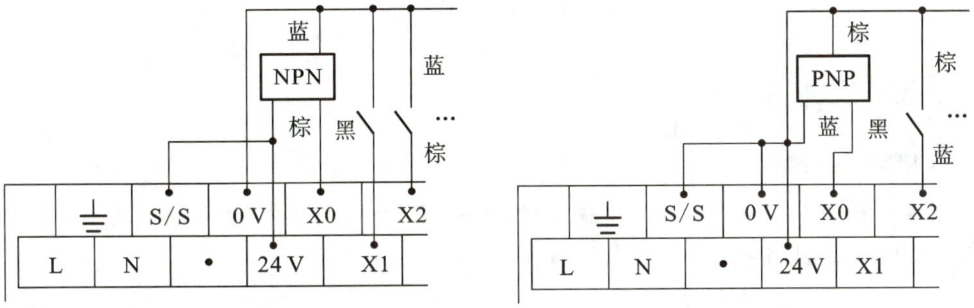

(a) 有NPN传感器时　　(b) 有PNP传感器时

图 1.19　无触点/有触点传感器与 PLC 的连接示例

5. 传感器使用时的安全注意事项

1) 注意传感器的规格参数

传感器最典型的供电电源为 5 V 和 24 V。单片机系统中常常使用 5 V DC 工作电源的传感器，如压力传感器、位置传感器、部分速度传感器等。而在 PLC 控制系统中一般使用 24 V DC 工作电源的传感器。选用传感器时务必留意传感器的工作电压、电流等参数，并考虑应用场合的供电电压。如果所选用传感器的实际工作电压低于规格电压，则传感器可能无法正常工作；如果施加的电压超过规格电压范围，则可能导致产品破损或烧毁。故切勿在超出规格电压范围的条件下使用传感器。

2) 防止误接线

请勿误接线，如混淆电源极性等，如图 1.20 所示，否则可能导致产品破损或烧毁。大多传感器的接线满足“棕正、蓝负、黑白输出”的接线规律。但为了确保安全，接线前应查阅传感器的技术手册或使用说明。

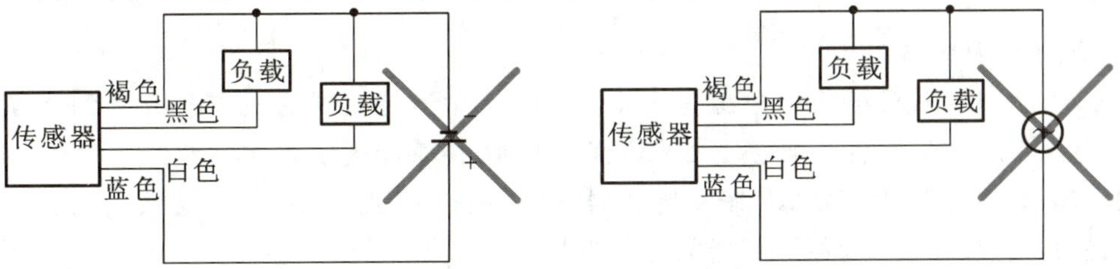

图 1.20　电源极性接线错误

3) 防止负载短路

请勿使负载短路。如图 1.21 所示，请勿将传感器的输出信号线与电源线直接相接，以免造成传感器电路因短路而破裂、烧毁。

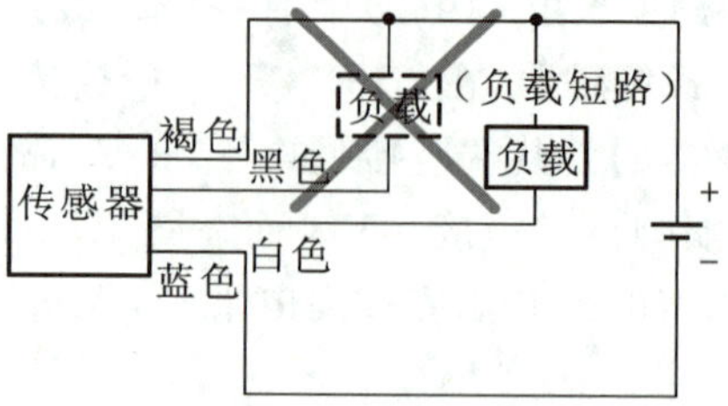

图 1.21　传感器负载短路

二、任务实施

1. 连接输入回路

根据项目描述及供料单元I/O(输入/输出)分配表即表1.4,将供料单元的输入元件与FX3U-32MR PLC相连接,画出电气原理图。

表 1.4　供料单元 I/O 分配表

PLC 地址	输入元件		功能说明
X0	1B1	两线式无触点磁性传感器	顶料到位
X1	1B2	两线式无触点磁性传感器	顶料复位
X2	2B1	两线式无触点磁性传感器	推料到位
X3	2B2	两线式无触点磁性传感器	推料复位
X4	BG1	三线式 NPN 传感器	出料台物料检测
X5	BG2	三线式 NPN 传感器	物料不足检测
X6	BG3	三线式 NPN 传感器	物料有无检测
X7	BG4	三线式 NPN 传感器	金属材料检测
X12	SB1	常开式按钮	停止
X13	SB2	常开式按钮	启动

1) 设计电源回路

FX3U-32MR PLC的供电电源为220 V AC,表中各传感器的工作电压为24 V DC。采用开关电源将220 V交流电转换为24 V直流电,为传感器提供工作电源。

因BG1~BG4均为三线式NPN传感器,PLC的输入回路采用漏型接法,将S/S(输入回路电源公共端)接+24 V,各传感器的公共端接0 V。

2) 连接输入回路

按钮SB1、SB2为有触点无极性开关,一端连接X12、X13,另一端连接输入公共端0 V。

4个气缸磁性传感器1B1、1B2、2B1、2B2均为两线式无触点磁性传感器,其棕色线分别连接至X0~X3端(+24 V高电平),蓝色线均连接至输入公共端(0 V低电平)。

4个光电传感器BG1、BG2、BG3、BG4均为三线式NPN无触点传感器,其3根引线按照

"棕正、蓝负、黑信号"的原则进行连接。

按上述步骤完成的电气原理图如图 1.22 所示。

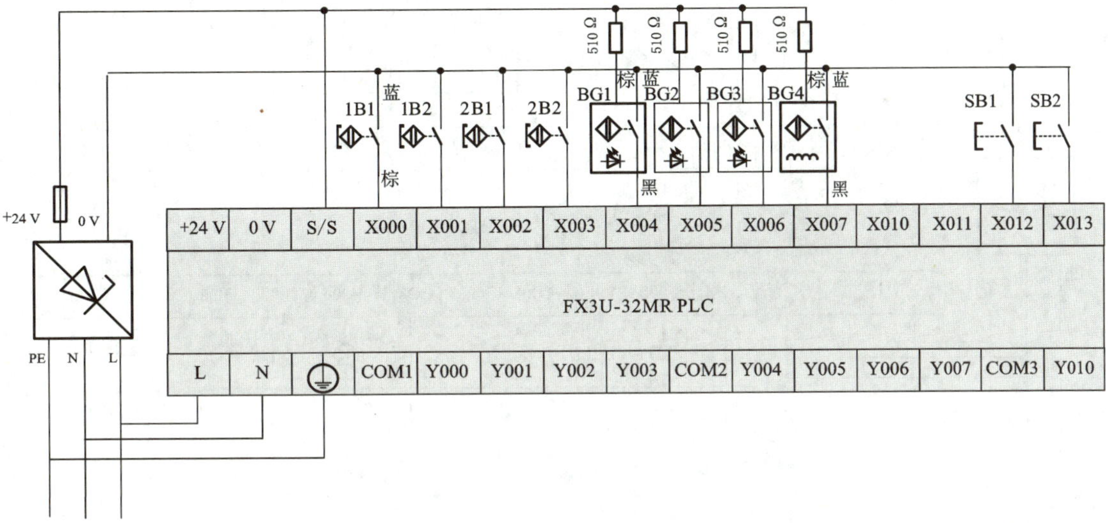

图 1.22 输入回路电气原理图

2. 连接输出回路

根据表 1.5，将供料单元的输入输出元件与 FX3U-32MR PLC 相连接，画出电气原理图。

表 1.5 供料单元 PLC 输出地址分配表

PLC 地址	输出元件		功能说明
Y0	1Y	气动电磁换向阀	气缸顶料
Y1	2Y	气动电磁换向阀	气缸推料
Y4	HL1	黄色指示灯	就绪状态
Y5	HL2	绿色指示灯	正常运行状态
Y6	HL3	红色指示灯	停止状态

1）设计输出电源回路

因输出回路的负载为气动电磁换向阀、指示灯两种输出元件，其工作电压均可为 24 V DC，故采用开关电源输出的 24 V 直流电作为输出回路的电源电压。

因气动电磁换向阀需按极性连接才能正常工作，故 PLC 的输出回路采用漏型接法，即输出回路电源公共端 COM 接 0 V。

2）连接输出元件

指示灯 HL1～HL3 为无极性元件，一端连接 PLC 的输出信号端 Y4～Y6，另一端连接输出公共端+24 V。2 个气动电磁换向阀 1Y、2Y 为两线式有极性负载，其红色线分别连接至 Y0、Y1 端（0 V 低电平），蓝色线均连接至输出公共端（+24 V 高电平）。按上述步骤完成的电气原理图如图 1.23 所示。

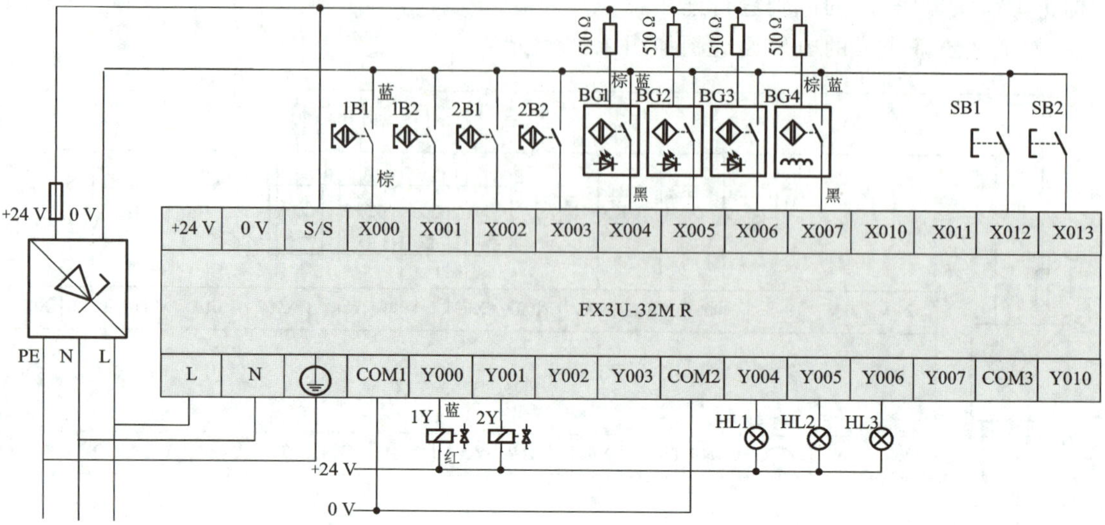

图 1.23　输出回路电气原理图

任务 3　设计 PLC 程序

一、知识平台　三菱 FX3U 系列 PLC 的应用

1. 三菱 FX3U 系列 PLC 概述

FX3U 系列 PLC 是三菱公司开发出的第三代小型可编程控制器，是 PLC 大家族中的经典，在实际项目中得到了很广泛的应用。它的优点是小型化、大存储、多功能，运算速度快，逻辑处理能力强，是一款性价比高的 PLC。

为了提高抗干扰能力，PLC 输入端口都采用光电耦合器来隔离输入信号与内部处理电路的传输。因此，输入端的信号只驱动光电耦合器的内部 LED 导通，被光电耦合器的光电管接收，即可使外部输入信号可靠传输。

目前 PLC 数字量输入端口一般分单端共点与双端输入两种。由于这两种端口有区别，因此用户在选配外部传感器时需要对传感器接法有一定的区分与了解，才能正确使用传感器与 PLC，为后期的编程工作和系统稳定奠定基础。

2. 认识 FX3U 系列 PLC 基本单元

1）三菱 FX3U 系列 PLC 的型号说明

FX3U 系列 PLC 的型号说明如图 1.24 所示。使用每一款 PLC，我们都需要掌握其接线方式，知道 PLC 所接电源电压是多少，怎么把信号接入 PLC，怎么用 PLC 的输出信号来控制负载。

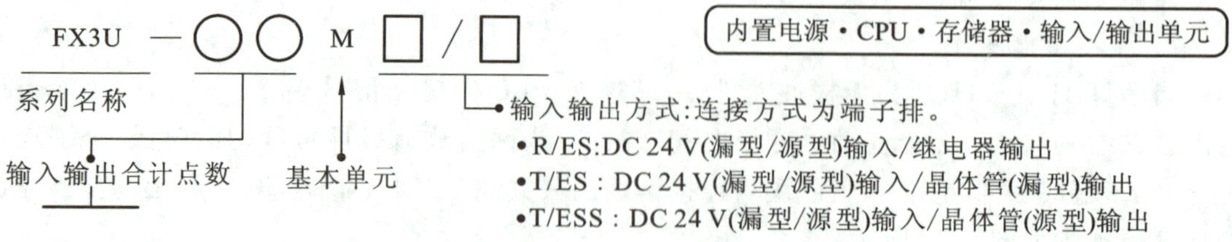

图 1.24　FX3U 系列 PLC 的型号说明

三菱 FX3U 系列 PLC 的基本单元包含内置电源、CPU、存储器、输入/输出单元。PLC 的输入和输出都可以分为源型和漏型两种，三菱 FX3U 系列 PLC 都可以使用，通过 S/S 端子是与 0 V 连接还是与 24 V 连接来决定使用源型输入还是漏型输入，但是 S/S 端子的接线一定要连接。用户可根据使用习惯和输入传感器的种类，选择漏型输入还是源型输入，无须担心不匹配问题。

2) FX3U 系列 PLC 基本单元的输入规格

PLC 的数字量输入端子，按电源分为直流与交流两种。表 1.6 为 DC 24 V 输入（源型/漏型）基本单元的输入规格。可见，各输入端子的输入感应电流（ON）大于 3.5 mA，输入信号电流大于 5 mA，输入响应时间约为 10 ms。为确保检测信号能准确无误地被 PLC 扫描并采集，应注意信号电流大小及频率在此范围内。

表 1.6　DC 24 V 输入基本单元的输入规格

项目		规格					
		FX3U-16M□/□S(S)	FX3U-32M□/□S(S)	FX3U-48M□/□S(S)	FX3U-64M□/□S(S)	FX3U-80M□/□S(S)	FX3U-128M□/□S(S)
输入点数		8 点	16 点	24 点	32 点	40 点	64 点
输入的连接方式		固定式端子排（M3 螺钉）	拆装式端子排（M3 螺钉）				
输入形式		漏型/源型					
输入信号电压		AC 电源型：AC（24±10%）V　DC 电源型：DC 16.8～28.8 V					
输入阻抗	X000～X005	3.9 kΩ					
	X006、X007	3.3 kΩ					
	X010 以上	—	4.3 kΩ				
输入信号电流	X000～X005	6 mA/DC 24 V					
	X006、X007	7 mA/DC 24 V					
	X010 以上	—	5 mA/DC 24 V				
ON 输入感应电流	X000～X005	3.5 mA 以上					
	X006、X007	4.5 mA 以上					
	X010 以上	—	3.5 mA 以上				
OFF 输入感应电流		1.5 mA 以下					
输入响应时间		约 10 ms					
输入信号形式		无电压触点输入 漏型输入时：NPN 开集电极型晶体管 源型输入时：PNP 开集电极型晶体管					
输入回路隔离		光耦隔离					
输入动作的显示		光耦驱动时面板上的 LED 灯亮					

3）基本单元输入回路的结构

漏型、源型输入回路的结构如图1.25所示。三菱PLC是根据端口的输入/输出属性，并考虑电流流向来定义漏型或源型输入/输出的。PLC的输入端口应作为信号负载：当电流从PLC的输入端口流出时，定义为漏型输入；当电流从输入端口流入时，则定义为源型输入。PLC的输出端口是信号源：当电流反向灌入PLC的输出端口时，定义为漏型输出；而电流从PLC的输出端口流出时，则为源型输出。需注意，西门子PLC对漏型或源型输入/输出的定义与三菱PLC的定义存在较大差异。

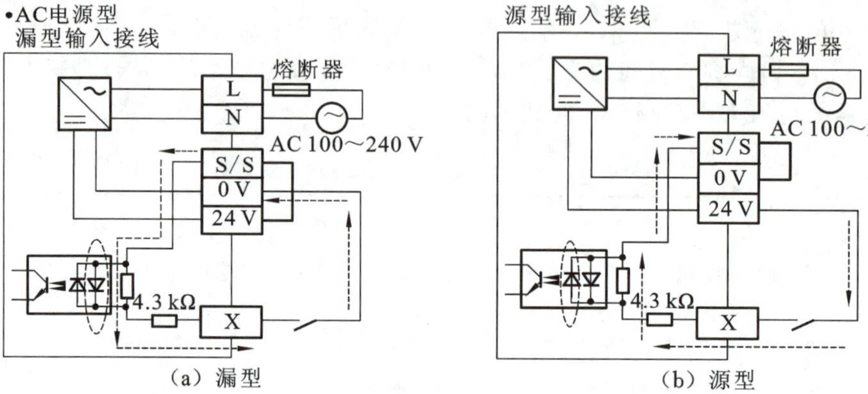

（a）漏型　　（b）源型

图1.25　漏型、源型输入回路的结构

漏型输入接法：输入点X接0 V，S/S接24 V，电流从X端流出，从S/S端流入，PLC里面的二极管就由右边的二极管导通。

源型输入接法：输入点X接24 V，S/S接0 V，电流从X端流入，PLC里面的二极管就由左边的二极管导通。

输入信号的电源可以使用PLC上提供的24 V电源，也可以使用外部提供的24 V电源。PLC内部两个并联双向二极管的作用是实现源型和漏型输入。

（1）外部接线示例（漏型输入）。漏型输入接线如图1.26所示。漏型输入时，S/S接24 V，

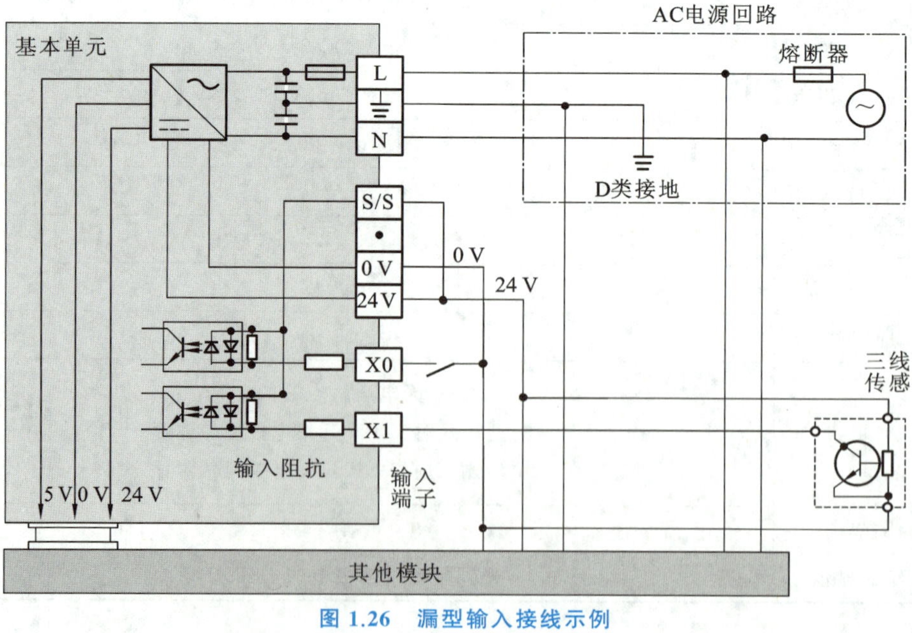

图1.26　漏型输入接线示例

输入公共端接 0 V。连接晶体管输出型的传感器,可使用 NPN 集电极开路型晶体管,采集(低电平输出)信号。

(2) 外部接线示例(源型输入)。源型输入接线如图 1.27 所示。漏型输入时,S/S 接 0 V,输入公共端接 24 V。连接晶体管输出型的传感器,可使用 PNP 集电极开路型晶体管,采集(高电平输出)信号。

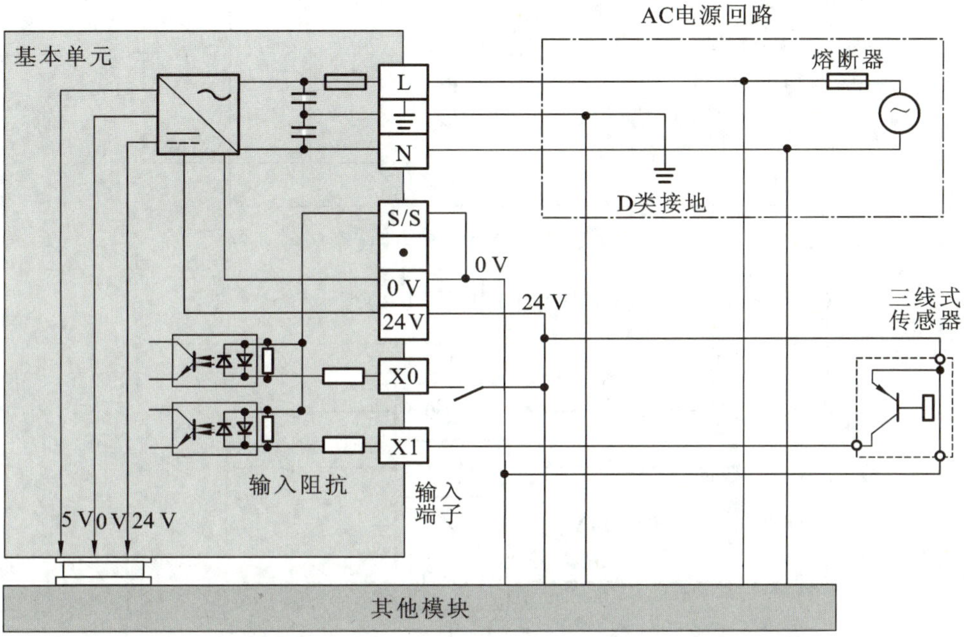

图 1.27 源型输入接线示例

4) 基本单元的输出接口电路

FX3U 系列 PLC 输出接口电路带光电隔离器及滤波器,常包括继电器、晶体管、晶闸管三种输出方式。其中,继电器输出单元用于驱动非频繁动作的交/直流负载(见图 1.28),用户电源可采用交流或直流电源。晶体管输出单元适用于驱动直流负载,在外接负载及用户电源时,需考虑极性(见图 1.29)。晶闸管输出单元可用于驱动频繁动作的交/直流负载。各种输出类型的规格参数请参看“FX3U 用户手册(硬件篇)”,在此不再赘述。

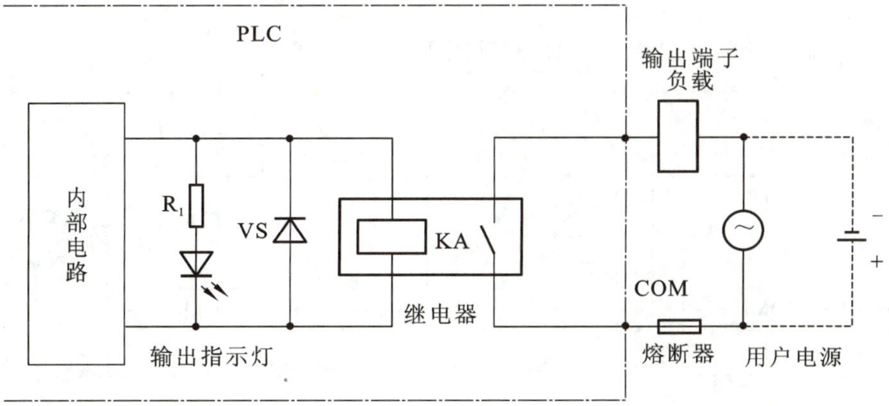

图 1.28 继电器输出回路

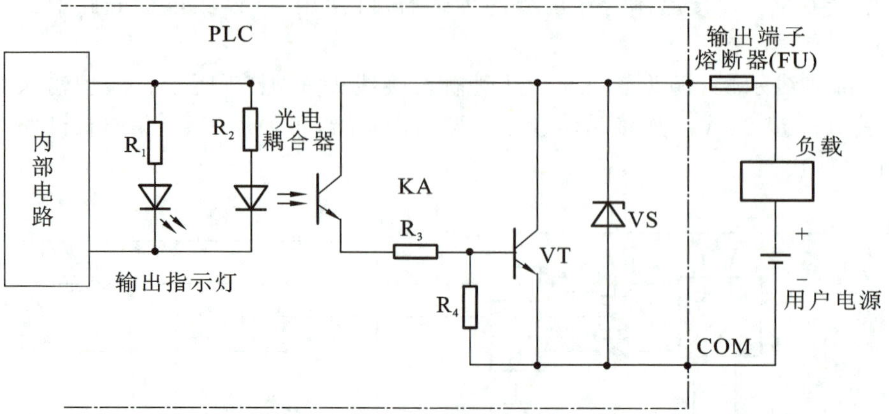

图 1.29 晶体管输出回路

（1）PLC 继电器输出回路连接示例(见图 1.30)。

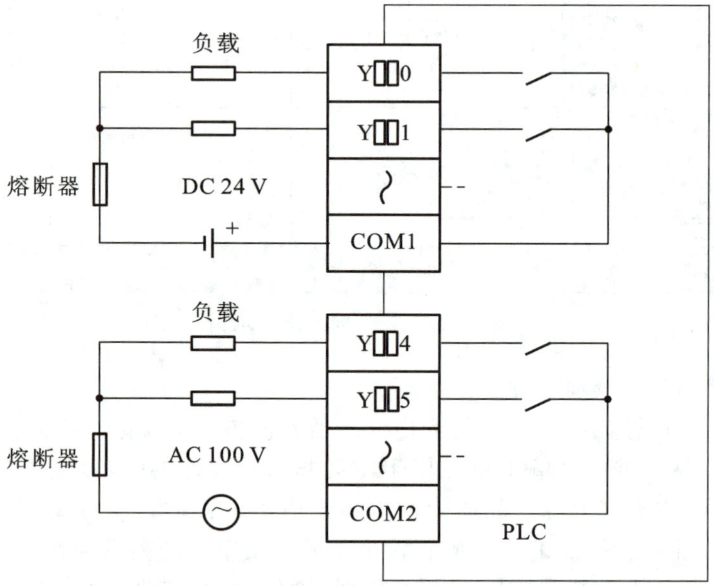

图 1.30 PLC 继电器输出回路连接示例

（2）PLC 晶体管输出回路连接示例(见图 1.31)。

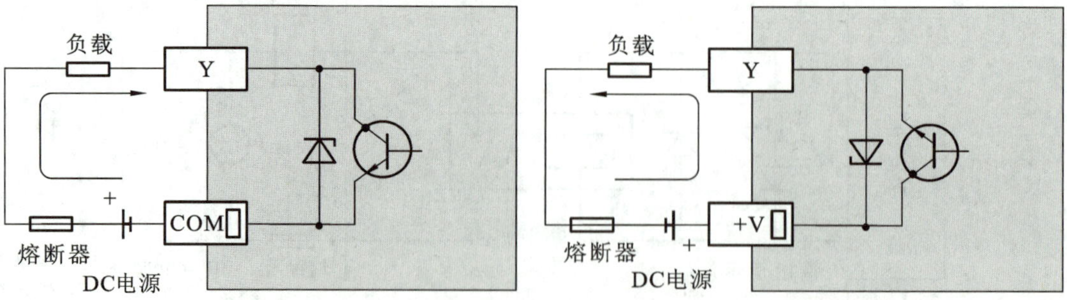

（a）漏型输出　　（b）源型输出

图 1.31 PLC 晶体管输出回路连接示例

FX3U 系列 PLC 基本单元中的晶体管输出类型包括漏型输出、源型输出。

漏型输出[—公共端]:负载电流流入输出(Y)端子。

源型输出[+公共端]:负载电流从输出(Y)端子流出。

3. PLC 基本设计编程方法

根据逻辑关系,控制电路可以分为组合电路和时序电路,在一个复杂的控制电路中可能既有组合电路也有时序电路。

1) 组合电路的设计

控制结果只和输入有关的电路称为组合电路。组合电路的控制结果由于只和输入变量的状态有关,所以可以用布尔代数(也称开关代数或逻辑代数)通过计算而得出。若读者觉得布尔代数的手工运算烦琐,建议采用软件工具辅助完成。

组合电路的梯形图设计步骤一般如下:①根据控制条件列出真值表;②由真值表写出逻辑表达式并进行化简;③根据逻辑表达式画出控制电路。

【例 1-2】 在楼梯走廊安装有一照明灯,楼上楼下各有一个开关来控制灯的亮灭,试设计 PLC 控制的梯形图程序。

解:首先根据控制要求确定输入、输出信号,然后进行 I/O 信号分配,如表 1.7 所示。根据题意可知,两个开关共有四种状态,当只有其中一个开关动作时灯亮,当两个开关都动作或都不动作时灯不亮,据此列出真值表,如表 1.8 所示。

表 1.7 PLC 的 I/O 信号表

输入信号(开关)			输出信号(照明灯)		
序号	PLC 信号端	信号名称	序号	PLC 信号端	信号名称
1	X0	楼上开关 SA1	1	Y0	指示灯 HL
2	X1	楼下开关 SA2	2		

表 1.8 真值表

输 入 信 号		输 出 信 号
X0	X1	Y0
0	0	0
0	1	1
1	0	1
1	1	1

由真值表写出逻辑表达式 $Y0=\overline{X0}\cdot X1+X0\cdot\overline{X1}+\overline{X0\cdot X1}$,根据逻辑表达式画出梯形图(见图 1.32)。

图 1.32 两个开关控制一个灯的梯形图

【例 1-3】 使用黄、绿、红三个信号灯分别显示三台电动机的运行状态，要求：当没有电动机运行时红灯亮，只有一台电动机运行时黄灯亮，有两台及以上电动机运行时绿灯亮。

解：对 PLC 的信号进行端子分配(见表 1.9)。

表 1.9 PLC 的 I/O 信号表

输入信号(电动机)			信号灯输出信号		
序号	PLC 信号端	信号名称	序号	PLC 信号端	信号名称
1	Y0	1#电动机	1	Y3	红灯
2	Y1	2#电动机	2	Y4	黄灯
3	Y2	3#电动机	3	Y5	绿灯

根据控制要求列出真值表(见表 1.10)。

表 1.10 真值表

输 入 信 号			输 出 信 号		
Y0	Y1	Y2	Y3	Y4	Y5
0	0	0	1		
0	0	1		1	
0	1	0		1	
0	1	1			1
1	0	0		1	
1	0	1			1
1	1	0			1
1	1	1			1

根据真值表写出逻辑表达式：

$$Y3=\overline{Y0}\cdot\overline{Y1}\cdot\overline{Y2}$$

$$Y4=\overline{Y3}\cdot\overline{Y5}$$

$$Y5=Y0\cdot Y1+Y0\cdot Y2+Y1\cdot Y2=(Y1+Y2)\cdot Y0+Y1\cdot Y2$$

根据逻辑表达式编辑 PLC 梯形图(见图 1.33)。

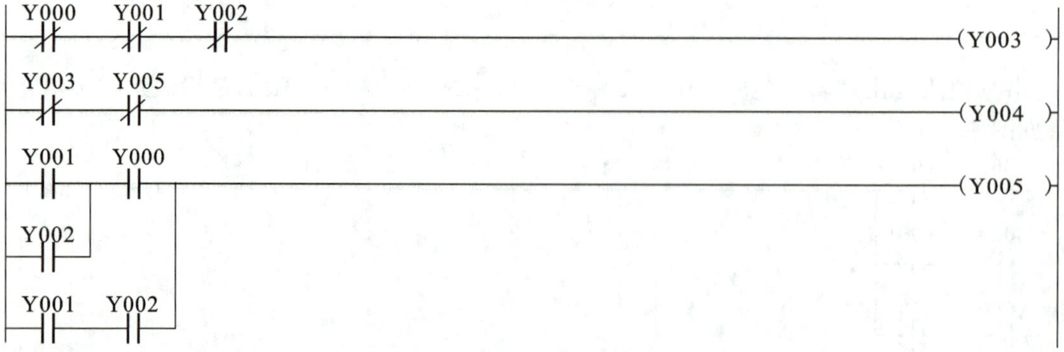

图 1.33 三台电动机运行状态显示 PLC 梯形图

2）时序电路的设计

在控制电路中，绝大部分电路都是时序电路。在由继电器组成的控制电路中，时序电路实际上就是自锁电路，这种电路应用得十分广泛，一般没有特定的设计方式。

时序电路也称记忆电路，其中包含记忆元件。时序电路的控制结果不仅和输入变量的状态有关，也和记忆元件的状态有关。由于中间逻辑元件和输出执行元件中有记忆元件，所以时序电路的控制结果是和输入变量、中间逻辑变量和输出逻辑变量三者都有关系的。由于时序电路的逻辑关系比较复杂，这类电路目前主要用经验法来设计。

在 PLC 梯形图中含有置位 S、计数器 C 等逻辑线圈，以及各种功能指令，它们都可以组成时序电路。

在时序电路中还有一种电路称为顺序控制（顺控）电路，这种电路的特点是控制电路根据控制条件按一定顺序工作，设计方法较多，一般基本指令、步进指令和功能指令都可以使用。但是比较复杂的控制电路一般用步进顺控指令编程，比较直观方便，如经典的“抢答竞赛指示灯的控制”等。

顺序控制电路也可以分为行程顺序控制、时间顺序控制和计数顺序控制等多种形式。例如经典 PLC 编程案例“小车自动循环往返运行”为行程顺序控制；“传送带顺序启动逆序停止”就是一种时间顺序控制。用步进顺控指令编程比较复杂，而用功能指令编程则比较简单。

4. 典型基础程序设计

读者在分析和设计 PLC 程序时，须牢记 PLC“周期扫描”的工作方式。PLC 程序按照一定的 PLC 扫描周期循环往复地执行程序代码。在每一个 PLC 扫描周期内，先读入“输入过程映像区”内的信号状态，然后执行用户程序，最后刷新“输出过程映像区”内的信号状态。用户程序是按照代码的先后顺序自上往下、从左到右依次执行的。

1）振荡电路的设计

振荡电路可以产生特定的通断时序脉冲，用于产生脉冲信号源或闪光报警电路。

（1）方法一：使用系统特殊继电器 M 的振荡电路。

M8011、M8012、M8013 和 M8014 是三菱 PLC 分别产生 10 ms、100 ms、1 s 和 1 min 时钟脉冲的特殊辅助继电器。如图 1.34 所示，M8013 的功能是输出 1 s 的时钟脉冲，0.5 s 为 ON，0.5 s 为 OFF，所以 Y0 输出脉冲宽度也是 0.5 s。

图 1.34 使用 M8013 产生 1 s 时钟脉冲的梯形图

使用系统特殊继电器只能产生特定周期和占空比（50%）的脉冲波形。如要得到其他占空比和周期，就需要自行设计。

（2）方法二：使用定时器 T 组成的振荡电路一。

图 1.35(a)所示梯形图中，X0 接通后，定时器 T0 的线圈接通，开始定时。1 s 后定时时间到，T0 常开触点接通，定时器 T1 线圈接通，开始定时，同时 Y0 的线圈通电。3 s 后 T1 的定时时间到，它的常闭触点断开，使 T0 的线圈断开，Y0 和定时器 T1 的线圈也断开。下一

个扫描周期开始时,因为 T1 的常闭触点接通,T0 又开始定时。Y0 的线圈将这样周期性地断电和通电,直到 X0 断开。即当输入 X0 接通时,输出 Y0 因断开和接通交替而闪烁。接通时间 2 s 由定时器 T1 设定,断开时间 1 s 由定时器 T0 设定。改变 T0、T1 的设定值,可以调整 Y0 的输出脉冲宽度。

图 1.35(b)所示梯形图的功能与图 1.35(a)所示的大致相同,不同之处在于,它使用 T0 设定 Y0 输出波形的断开时间,使用 T1 设定波形周期。其产生的波形如图 1.35(c)所示。

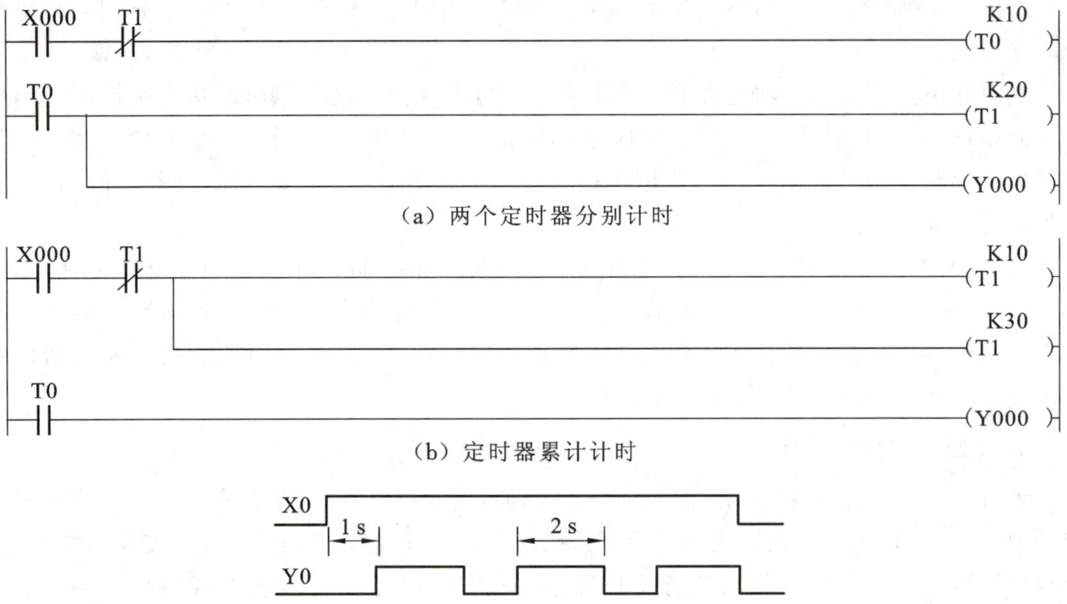

图 1.35 振荡电路一的梯形图及输出波形图

(3) 方法三:使用定时器 T 组成的振荡电路二。

当 X0 接通后,输出 Y0 立即接通,T0 开始计时,持续 2 s 后 T0 常闭触点断开,Y0 线圈断开。与此同时,T0 常开触点接通,T1 开始计时,在 Y0 断开 1 s 后,T1 常闭触点断开,T0 再次接通。此后按这种方式周期循环。Y0 接通和断开的时间分别由 T0、T1 设定,如图 1.36(a)所示。

图 1.36(b)所示梯形图的功能与图 1.36(a)所示的大致相同,不同之处在于,它使用 T0 设定 Y0 输出波形的接通时间,使用 T1 设定波形周期。其产生的波形如图 1.36(c)所示。

2) 单按钮启停程序设计

在设备的自动控制中,经常遇到用按钮控制气缸的伸出/缩回、工件的夹紧/放松、电机的启动/停止、机床可动部件的前进/后退等操作。对于这类动作,如果用两个按钮来控制,当控制对象较多时,则既增加了设备的硬件制造成本,也给设备的操作带来不便——控制面板能安装的按钮的数量往往有限,同时过多的单一功能的控制按钮也会使设备操作十分烦琐。如果在 PLC 程序中通过编程把按钮做成双稳态的,一个按钮同时实现开/关(一键启停),就会使许多问题迎刃而解了。同时,PLC 程序通过一个输入点(按钮)实现双稳态控制,

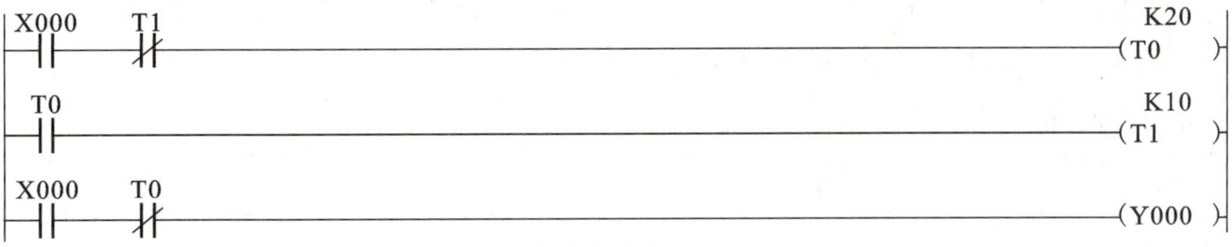

(a) 两个定时器分别计时

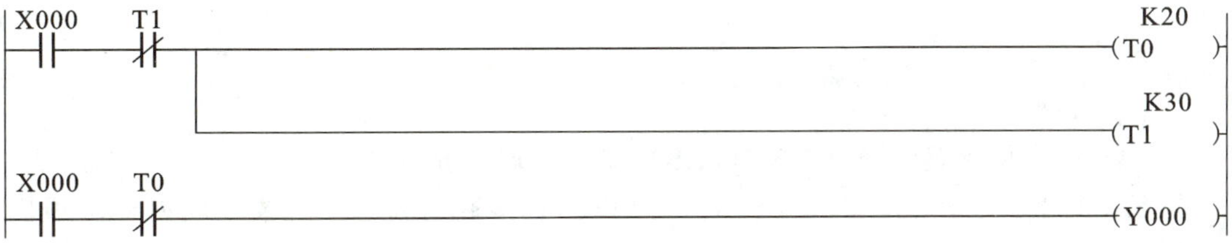

(b) 定时器累计计时

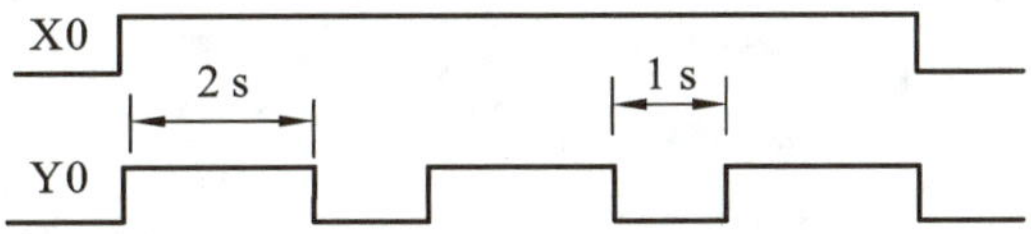

(c) 波形图

图 1.36 振荡电路二的梯形图及输出波形图

还可以减少输入点的数量，这样设计也能提高控制系统的经济性。

在 PLC 中通过编程实现一键启停有多种方法。在此简单介绍其中几种常用方法。

(1) 方法一：通过继电器自锁及周期扫描实现一键启停。

如图 1.37 所示，第一次按下按钮 X0 时，M0 在第一个程序周期输出结果为 ON，由于此时 Y0 常闭触点为 OFF，所以 Y0 线圈输出 ON；在第二个程序扫描周期，由于 X0 按钮没有被再次按下，M0 线圈输出为 OFF，其常闭触点为 ON，而 Y0 常开触点为 ON，所以 Y0 线圈保持自锁为 ON，由此实现了第一次按下按钮，Y0 输出结果始终保持为 ON。

当再次按下按钮 X0 时，M0 再次接通一个扫描周期，M0 常闭触点断开，切断 Y0 的保持电路，Y0 输出为 OFF；在下一扫描周期，因 M0、Y0 均为 OFF，Y0 的输出结果始终保持为 OFF。下一次按钮被按下，则重复上面的程序逻辑。

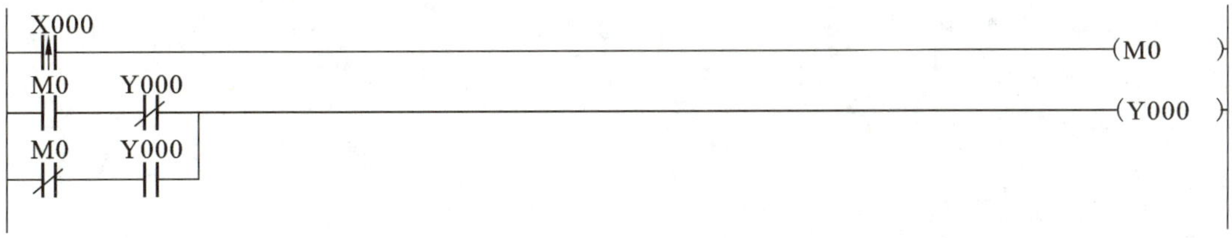

图 1.37 通过继电器自锁及周期扫描实现一键启停

(2) 方法二：通过位指令的周期扫描实现一键启停。

如图 1.38 所示，当 X0 由 OFF 变为 ON 时，PLC 检测到 X0 的上升沿，由于此时 Y1 的常开触点为 OFF，所以 M1 线圈为 OFF；M1 常闭触点接通，Y1 线圈通电，同时实现自锁。

当X0由OFF变为ON时，由于Y1为ON，所以M1常开触点接通，常闭触点断开，此时Y1线圈为OFF，从而实现Y1的OFF控制。

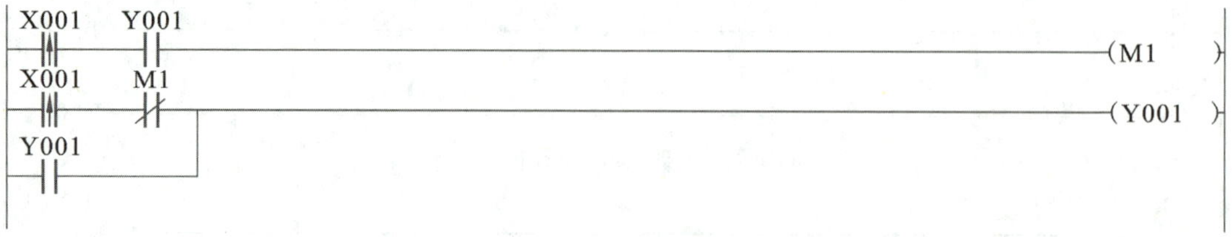

图 1.38　通过位指令的周期扫描实现一键启停

(3) 方法三：使用置位/复位(SET/RST)指令实现一键启停。

如图1.39所示，按下按钮X2，因Y2为OFF，在接通的第一个扫描周期内，M2线圈被置位为1，M2常开触点驱动Y2为ON；再次按下X2，因Y2常开触点为ON，故M2线圈被复位为OFF，Y2线圈也为OFF。M2作为一键启停的辅助点，和Y2线圈状态一致。

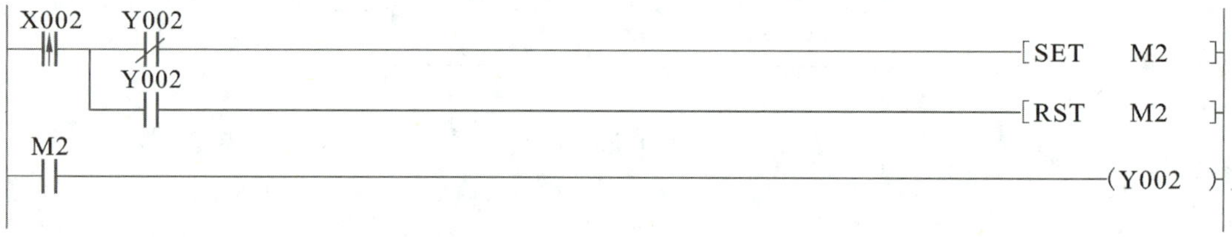

图 1.39　使用置位/复位(SET/RST)指令实现一键启停

(4) 方法四：使用交替指令ALT实现一键启停。

如图1.40所示，ALT指令是三菱PLC的交替输出指令(三菱方便指令)。第一次按下按钮X3，X3的上升沿第一次触发M3，M3及Y3为ON。第二次按下按钮X3，M3及Y3均为OFF。再次按下按钮X3，M3及Y3又为ON，如此交替下去。使用时应注意使用上升沿来实现交替，如果X3不用上升沿，则很可能只按了一次但PLC实际已经读了这个开关两次。

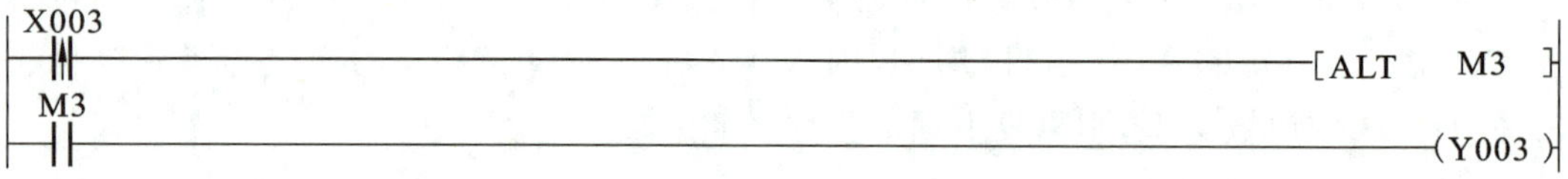

图 1.40　使用交替指令ALT实现一键启停

二、任务实施

1. 设计接线原理图

画出FX3U-32MR PLC与外围输入传感器(料仓欠料、缺料检测传感器，以及气缸顶料到位、顶料复位、推料到位、推料复位磁性传感器)的电气连接原理图。请按照表1.11中的步骤提示，将工作内容补充完整。

表 1.11 接线原理图设计步骤

步　骤	工作内容	备　注
步骤1:明确PLC的所有输入、输出元件,分配I/O地址,列出PLC的I/O分配表		请参考任务2的任务实施
步骤2:画出PLC及其I/O端子		选择PLC的型号、规格
步骤3:画出开关电源及220 V AC、24 V DC供电线路		根据输入、输出电压设计电源回路
步骤4:画出PLC的外部输入元件(传感器、开关)符号,并连成回路		注意S/S端的连接
步骤5:画出PLC的外部输出元件(气动电磁阀、指示灯)符号,并连成回路		注意COM端的连接
步骤6:检查、校核,包括电源电压大小、元件极性等		元件线色标注与极性应相符

2. 设计供料状态显示程序

采用GX Works2编程软件编写指示灯状态控制程序。供料单元的料仓内有足够的工件,且两个气缸均处于缩回位置,则指示灯HL1常亮,表示设备准备好。否则,该指示灯以1 Hz频率闪烁。

若在运行过程中料仓内工件不足,则指示灯HL2以1 Hz频率闪烁,指示灯HL1保持常亮。若料仓内没有工件,则指示灯HL1以1 Hz频率闪烁,指示灯HL2熄灭。供料单元在完成本周期任务后停止工作。除非向料仓补充足够的工件,否则供料单元不再启动。请按照表1.12中的步骤提示,将程序补充完整。

表 1.12　程序设计步骤

步　骤	工作内容	备　注
步骤 1：分别定义料仓内“工件不足”“没有工件”两种状态	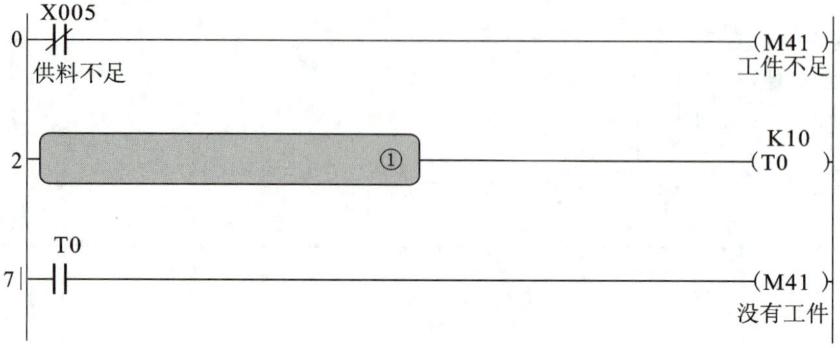	使用M元件记忆传感器的状态
步骤 2：定义系统处于“初始状态”“准备就绪状态”	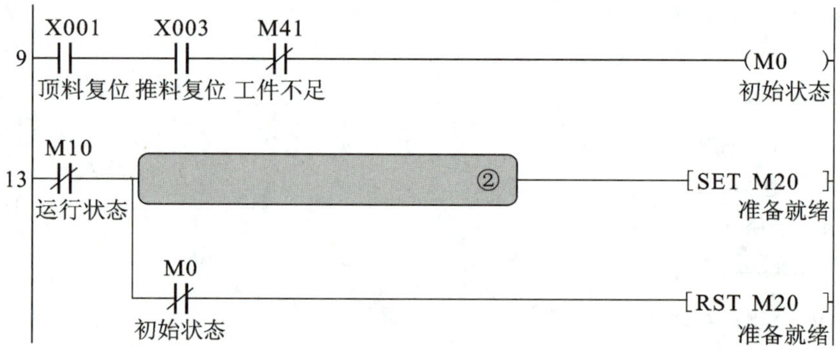	充分考虑“准备就绪”的各种条件
步骤 3：定义“运行状态”“停止状态”	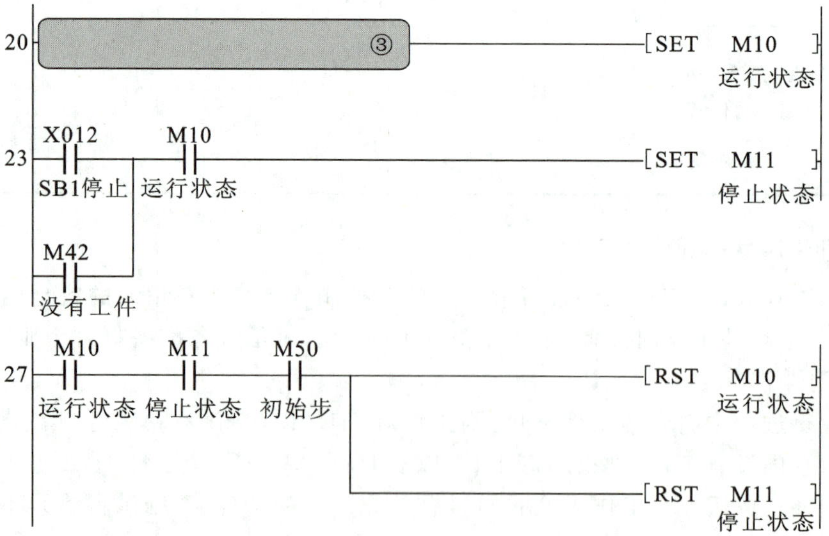	注意“运行”与“停止”两种状态的逻辑关系；注意“SET”“RST”的成对使用

续表

步　　骤	工作内容	备　　注
步骤4：根据就绪条件、供料情况，驱动HL1	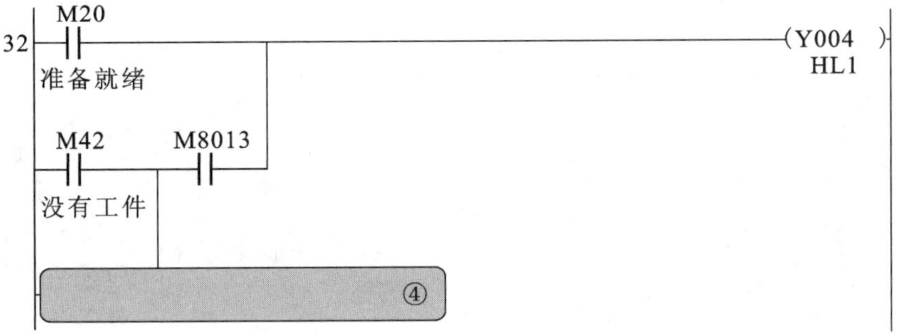	将同一输出的多情况进行合并，避免“双线圈”
步骤5：根据运行情况、供料情况，驱动HL2	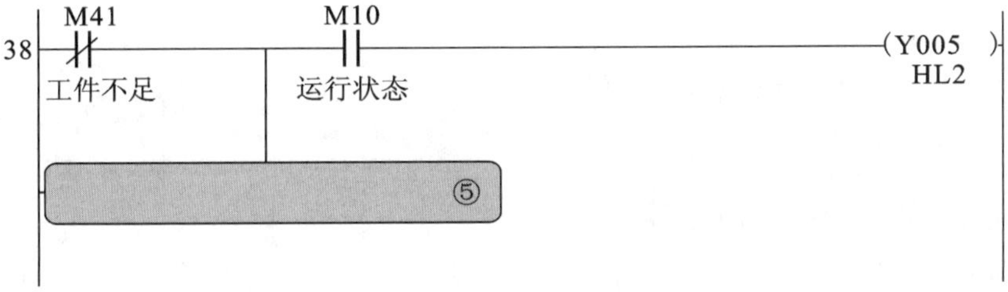	
步骤6：检查、校核，通读程序	存在的问题：	
步骤7：程序调试与运行	存在的问题： 运行情况：	

项目实施记录

表 1.13　项目实施记录

学习情境		供料检测与指示灯状态控制		
序号	实施环节	故障现象	原因分析	解决的办法
1	输入电路通电测试	上电后，PLC 所有输入端信号灯不亮	输入回路未形成 24 V-0 V 通路	输入回路公共端 S/S 为24 V(0 V)；外部公共端为 0 V(24 V)
2	传感器通电测试	磁性传感器电源灯不亮，光电传感器电源灯亮		
3	传感器通电测试	磁性传感器电源灯亮，光电传感器电源灯不亮		
4	输出电路通电测试	PLC 所有输出端指示灯不亮		
5	程序设计	PLC 输出端指示灯无法闪烁		
6				
7				
实施总结				

项目总结

表 1.14 项目总结

问题引导	我的小结
1. 供料单元使用了哪些传感器?	
2. 在供料单元中,这些传感器的作用分别是什么?	
3. 为什么按钮接入电路时不需要考虑极性,而传感器接入电路时却需要考虑极性问题?	
4. 如何根据二线、三线、四线等各类传感器的导线颜色进行接线?	
5. NPN、PNP 传感器的信号输出有什么不同?	
6. NPN、PNP 传感器与 PLC 电路连接时需要注意什么?	
7. FX3U 系列 PLC 在连接输入、输出元件时,其 S/S 端与 COM 端应如何连接?	
8. 在编写供料单元状态显示程序时,使用 M10、M11、M20 等多个中间继电器元件有什么作用?	
9. 若在准备就绪、运行等不同状态下,需要多次驱动同一指示灯,应如何避免输出"双线圈"?	
10. 其他重要知识、技能点	

项目拓展

在完成上述项目任务基本要求的基础上，为供料单元增加以下功能。

(1) 在运行过程中，若料仓内没有工件，则指示灯 HL1 和 HL2 均以 2 Hz 频率闪烁。

(2) 在运行过程中，统计推出的金属工件的数量。若推出的金属工件数量等于设定的数量，则指示灯 HL3(红灯)以 3 Hz 频率闪烁。

项目拓展任务：请编写控制程序，以满足上述任务要求。

习题巩固

一、选择题

1. 传感器是能把外界非电量信息(压力、位移等)转换成(　　)输出的器件或装置。

A. 模拟信号　　B. 数字信号　　C. 电信号　　D. 非电信号

2. 传感器能感知的输入量越小，说明它(　　)。

A. 线性度越好　　B. 迟滞越小　　C. 分辨率越高　　D. 灵敏度越高

3. 传感器有如人的眼睛、耳朵、鼻子等感官，是自动化生产线中的(　　)元件，能感受规定的被测量并按照一定的规律将其转换成电信号输出。

A. 执行　　B. 控制　　C. 存储　　D. 检测

4. 接近传感器引线可根据有关标准的规定用颜色区分：(　　)线接直流电路的正极，(　　)线接负极，(　　)线为信号输出线。

A. 棕色，蓝色，黑色　　B. 棕色，黑色，蓝色

C. 蓝色，黑色，棕色　　D. 黑色，棕色，蓝色

5. 若三菱 FX3U 系列 PLC 的 S/S 端接 0 V，则输入元件(按钮等)公共端接(　　)，磁性传感器的(　　)线接 X 输入端。

A. 24 V，棕色　　B. 24 V，蓝色　　C. 0 V，棕色　　D. 0 V，蓝色

6. FX3U-32MR/ES 表示 PLC 的工作电源为(　　)，输入方式为(　　)，输出方式为(　　)。

A. 交流电源，漏型/源型输入，晶体管输出

B. 交流电源，漏型/源型输入，继电器输出

C. 直流电源，漏型/源型输入，继电器输出

D. 直流电源，漏型/源型输入，晶体管输出

7. FX3U-48MT/ES 表示 PLC 的工作电源为(　　)，输入方式为(　　)，输出方式为(　　)。

A. 交流电源，漏型/源型输入，晶体管输出

B. 交流电源，漏型/源型输入，继电器输出

C. 直流电源，漏型/源型输入，继电器输出

D. 直流电源，漏型/源型输入，晶体管输出

二、判断题

(　　)1. 传感器输出的标准信号有很多，但国际标准电流是 4～20 mA，电压有 0～5 V、0～10 V、1～5 V 等。

(　　)2. 传感器的输出信号往往很微弱，需要进行放大和转换处理。

(　　)3. 晶体管输出型 PLC 只能控制 24 V DC、300 mA 低压直流回路，驱动电流较大，动作频率高，寿命长。

(　　)4. PLC 的工作方式为扫描工作方式，其特点可归结为“循环扫描、顺序执行”。

三、问答题

1. 试分别比较继电器、晶体管的开关特性，比较晶体三极管、晶闸管的输出特性，并分析三种输出方式的用途。

2. 试结合下述型号分别列写 PLC 系列产品类别、主要技术参数。

① FX3U-48MT-001：

② FX1S-36MS-D：

③ FX3U-16EXR：

④ FX3U-485-MD：

⑤ FX3U-2AD：

3. PNP 传感器需连接到 FX3U 系列 PLC 的输入回路中，S/S 端应如何连接？

4. NPN 传感器和 PNP 传感器能不能同时接至 FX3U 系列 PLC 的输入端？如果不能，应该如何解决这一问题呢？

四、程序分析题

如图 1.41 所示，以下程序段中 X0～X6 均为按钮，Y0～Y6 均为指示灯。试分析这些梯形图程序段实现一键启停的方法。

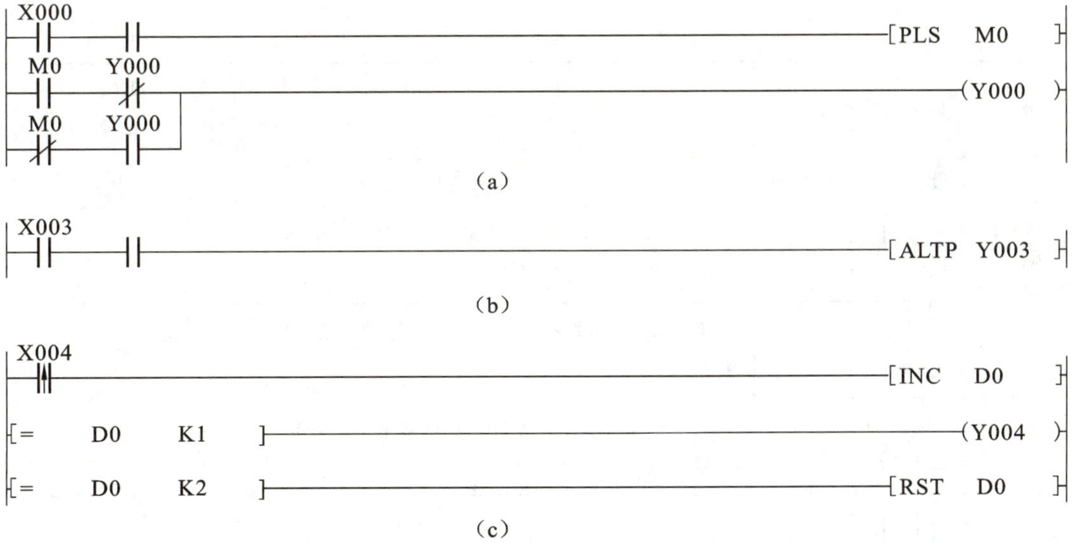

图 1.41　程序分析

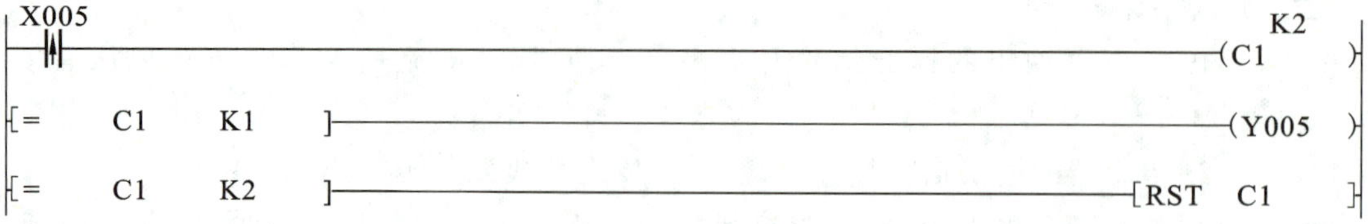

(d)

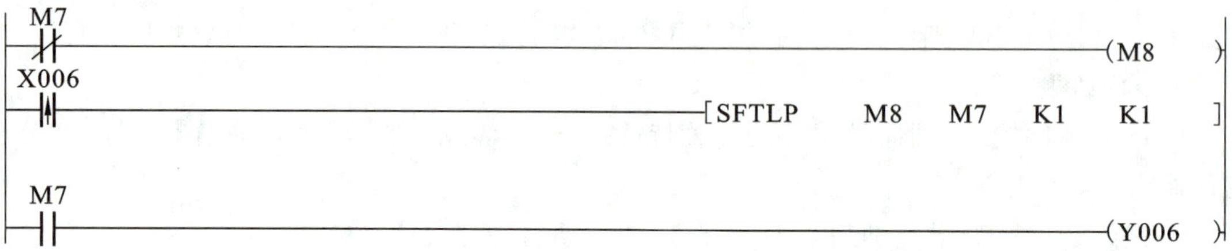

(e)

续图 1.41

五、程序设计题

1. 除书中列出的一键启停实现方法，还有哪些方法能够实现一键启停？请编写程序并进行仿真分析。

2. 试设计一个单按钮控制的闪烁电路。要求：按下点动按钮 X0，Y0 以亮 1 s、灭 2 s 的方式闪烁；再次按下按钮 X0，Y0 停止闪烁。

项目考核与评价

表 1.15　项目考核与评价

项目	内容	配分	要求	自我评价	小组互评	教师评价
实施过程	I/O 分配	10 分	按照任务要求，明确所有输入、输出元件			
	电气设计及接线	10 分	原理图与 I/O 分配对应，绘制规范；接线规范整齐，符合工艺要求			
	传感器安装与调整	10 分	正确安装传感器并合理设置传感器的灵敏度			
功能测试	电路测试与故障排除	10 分	上电前和通电后会使用万用表检测、分析故障，并排除故障			
	程序设计与调试	20 分	编写完整程序并下载调试，分析错误并排除故障			
	系统运行	10 分	实现任务既定功能，系统运行稳定、可靠			

续表

项目	内容	配分	要求	自我评价	小组互评	教师评价
职业素养	分工与配合	5分	任务分配合理,分工明确,配合紧密			
	职业素养	5分	注重安全操作,工具及器件摆放整齐			
资料填写	任务书	10分	搜集信息,引导问题回答正确			
	工作计划	5分	计划步骤安排合理,时间安排合理			
	材料清单	5分	材料齐全			
综合评价						
总评						

项目 2

供料工序控制

项目目标

知识目标

(1) 理解光电传感器的基本原理、组成、分类及应用。
(2) 掌握对射式、漫反射式、镜反射式三类光电传感器的特点及应用。
(3) 理解各类光电传感器与 PLC 的连接方法。

能力目标

(1) 掌握光电传感器的接线和安装方法。
(2) 掌握光电传感器的使用和调节方法。
(3) 会使用万用表检测光电传感器。
(4) 懂得各类光电传感器与 PLC 的连接方法。

素质目标

(1) 能规范使用万用表。
(2) 具备团队协作意识。
(3) 懂得安全用电规范操作。
(4) 具备 5S 意识,并能贯彻实施。

项目描述与任务

1. 项目描述

如图 2.1 所示为供料单元的整体结构。其主要组成为:管形料仓、工件推出装置、支撑架、端子排组件、底板、气动电磁阀组、PLC、按钮/指示灯模块等。其中,管形料仓和工件推出装置用于储存工件原料。工件推出装置在需要时将料仓中最下层的工件推出到出料台上。它主要由推料气缸、顶料气缸、磁感应接近传感器、漫射式光电传感器组成。

管形料仓和工件推出装置部分的工作原理:工件垂直叠放在料仓中,推料气缸处于料仓的底层并且其活塞杆可从料仓的底部通过。当活塞杆在退回位置时,推料气缸与最下层工件处于同一水平位置,而顶料气缸则与次下层工件处于同一水平位置。在需要将工件推出到出料台上时,首先夹紧气缸的活塞杆推出,压住次下层工件;然后推料气缸活塞杆推出,从而把最下层工件推到出料台上。在推料气缸活塞杆返回并从料仓底部抽出后,夹紧气缸活塞杆再返回,松开次下层工件。这样,料仓中的工件在重力的作用下,就自动向下移动,为下一次推出工件做好准备。工件被推料气缸推出,并被出料台挡块挡在出料台固定位置上。出料台下方的出料检测传感器向系统提供本单元出料台有无工件的信号。

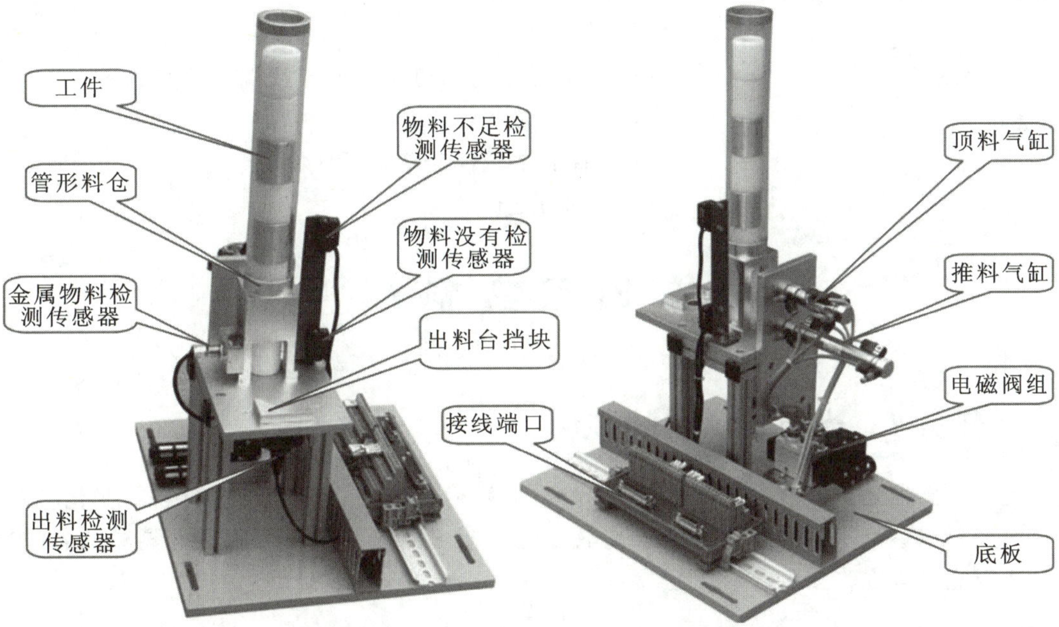

图 2.1　供料单元的整体结构

2. 项目要求

供料单元的主要任务:一是实现供料及运行状态的显示,二是实现供料工艺流程的控制。

本项目只考虑供料单元作为独立设备运行时的情况,供料单元工作的主令信号和工作状态显示信号来自PLC旁边的按钮/指示灯模块。按钮/指示灯模块上的工作方式选择开关SA应置于“单站方式”位置。具体的控制要求如下。

(1) 设备上电和气源接通后,若供料单元的两个气缸均处于缩回位置,且料仓内有足够的待加工工件,则“正常工作”指示灯HL1常亮,表示设备准备好。否则,该指示灯以1 Hz频率闪烁。

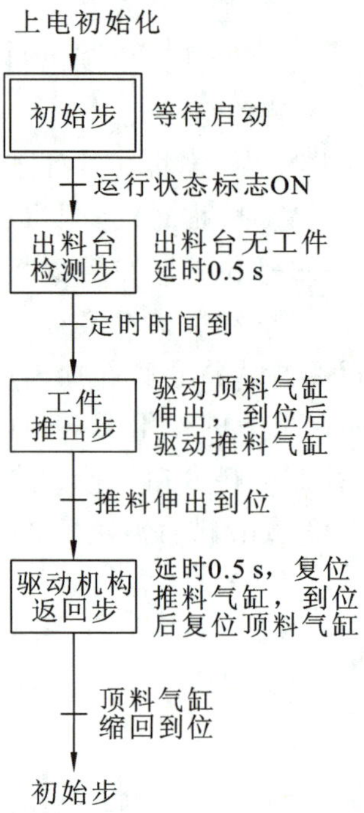

图 2.2　供料动作过程

(2) 若设备准备好，按下启动按钮，供料单元启动，“设备运行”指示灯 HL2 常亮。启动后，若出料台上没有工件，则应把工件推到出料台上。出料台上的工件被人工取出后，若没有停止信号，则进行下一次推出工件操作。动作过程如图 2.2 所示。

(3) 若在运行中按下停止按钮，则在完成本工作周期任务后，供料单元停止工作，指示灯 HL2 熄灭。

(4) 若在运行中料仓内工件不足，则供料单元继续工作，但“正常工作”指示灯 HL1 以1 Hz的频率闪烁，“设备运行”指示灯 HL2 保持常亮。若料仓内没有工件，则指示灯 HL1 和指示灯 HL2 均以 2 Hz 频率闪烁。供料单元在完成本周期任务后停止工作。除非向料仓补充足够的工件，否则供料单元不能再启动。

3. 项目任务

(1) 规划 PLC 的 I/O 分配及接线端子分配。

(2) 系统安装接线。

(3) 按控制要求编制 PLC 程序。

(4) 调试与运行。

项目实施

任务 1　光电传感器的装调

光电传感器是传感器大家族中的成员，它把发射端和接收端之间光的强弱变化转化为电流的变化以达到探测的目的。由于光电传感器输出回路和输入回路是电隔离的(即电缘绝)，所以它可以在许多场合应用。

一、知识平台　光电传感器及其应用

1. 光电传感器的工作原理

本项目中使用的光电传感器又称为光电接近开关，简称光电开关，利用被测物体对光束的遮挡或反射，由同步回路选通电路，从而检测物体的有无。被测物体不限于金属，所有能反射光线的物体均可被检测。光电传感器将输入电流在发射器上转换为光信号射出，再利用接收器根据接收到的光线的强弱或有无，对目标物体进行探测。

根据光电传感器在检测物体时发射器所发出的光线折回到接收器的途径的不同，**光电传感器可分为对射式、漫反射式、镜反射式等不同类型**。

1) 对射式光电传感器

对射式光电传感器的发射器(投光部)和接收器(受光部)是分离的。在发射器与接收器之间如果没有物体遮挡，发射器发出的光线能被接收器接收到，开关不动作。当有物体遮挡

时，接收器接收不到发射器发出的光线，传感器产生输出信号，开关动作，如图 2.3 所示。这种光电传感器能辨别不透明的反光物体，有效距离大。由于发射器发出的光束只跨越感应距离一次，因此不易受干扰，可以可靠地用于野外或者粉尘污染较严重的环境。

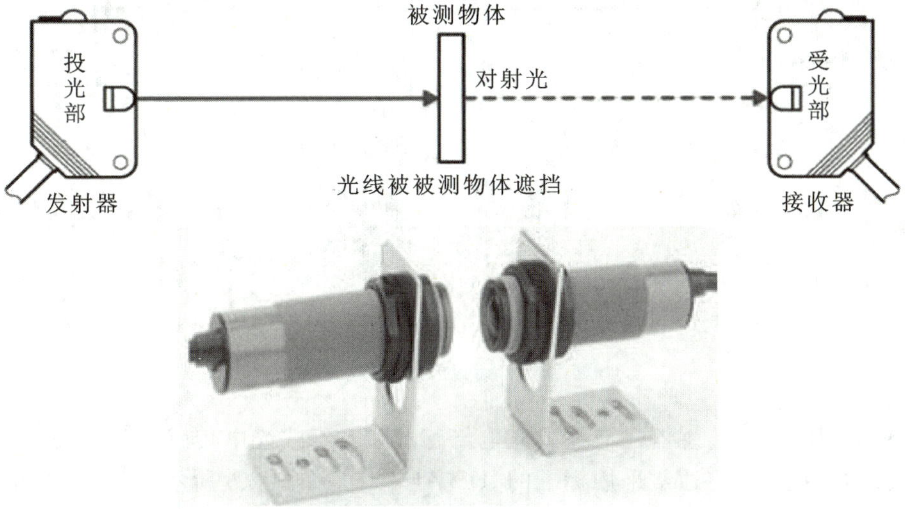

图 2.3　对射式光电传感器

2）漫反射式光电传感器

漫反射式光电传感器集发射器与接收器于一体，在前方无物体时，发射器发出的光不会被接收器所接收到，开关不动作。当前方有物体时，接收器就能接收到物体反射回来的部分光线，通过检测电路产生开关量电信号输出使开关动作，如图 2.4 所示。漫反射式光电传感器的有效作用距离是由被测物体的反射能力决定的，即由被测物体表面性质和颜色决定。

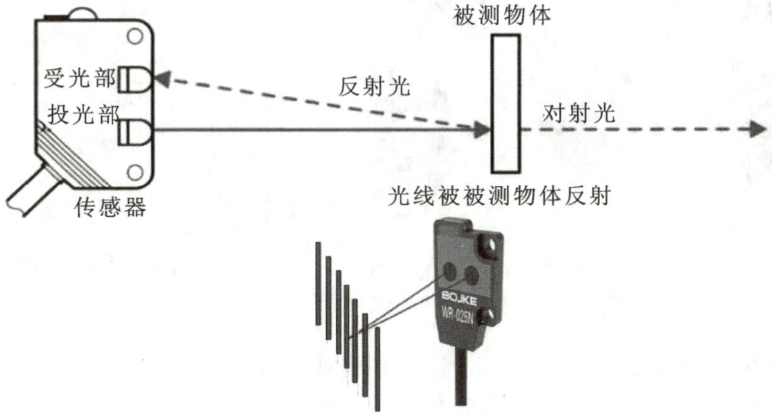

图 2.4　漫反射式光电传感器

3）镜反射式光电传感器

镜反射式光电传感器也是集发射器与接收器于一体的，但与漫射式光电传感器不同的是其前方装有一块回归反射板。当回归反射板与发射器之间没有物体遮挡时，接收器可以接收到光线，开关不动作。当被测物体遮挡住回归反射板时，接收器无法接收到发射器发出的光线，传感器产生输出，开关动作，如图 2.5 所示。

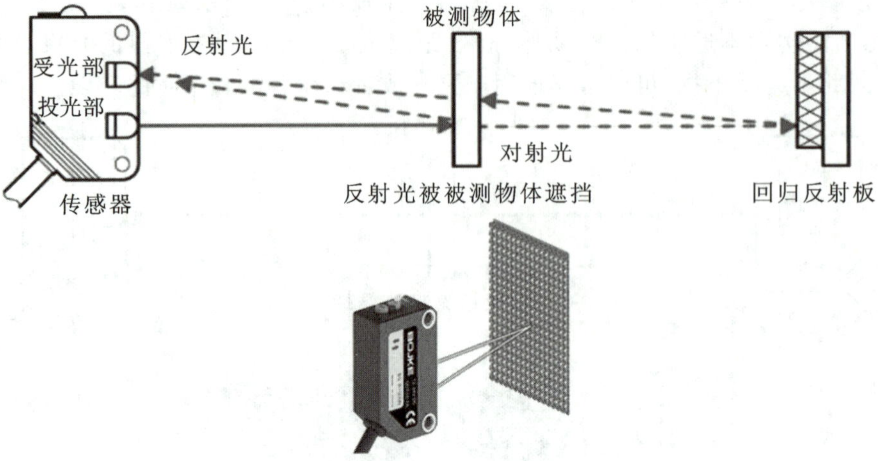

图 2.5　镜反射式光电传感器

此外，常用的光电传感器还有槽式光电传感器和光纤式光电传感器。

槽式光电传感器：它通常采用标准的“U”字形结构，如图 2.6 所示，其发射器和接收器分别位于 U 形槽的两边，并形成一光轴，当被测物体经过 U 形槽且阻断光轴时，传感器就产生了开关量信号，如图 2.7 所示。槽式光电传感器比较适合检测高速运动的物体，并且它能分辨透明与半透明物体，使用安全可靠。

（a）实物图

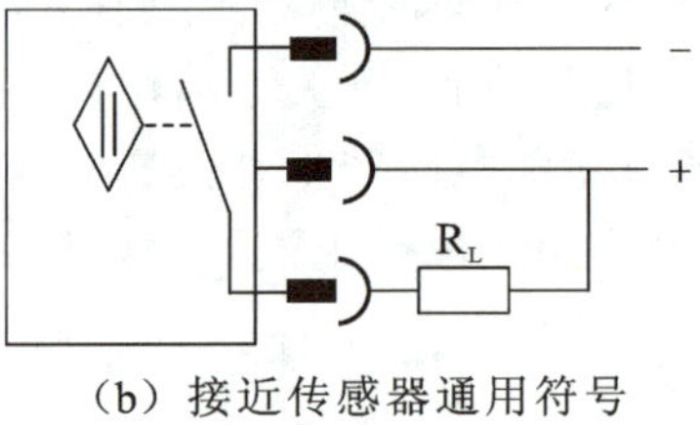

（b）接近传感器通用符号

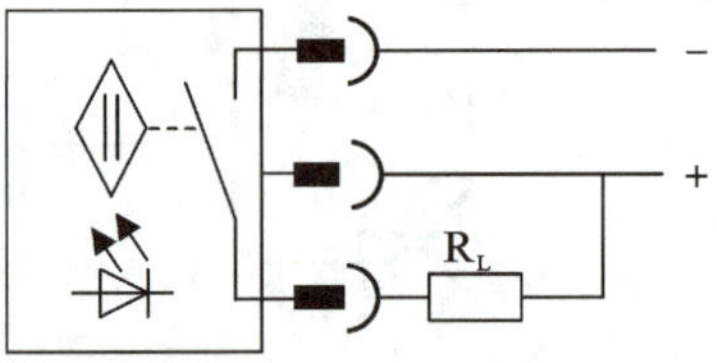

（c）光电传感器图形符号

图 2.6　U 形槽式光电传感器实物及图形符号

光纤式光电传感器：如图 2.8 所示，它采用塑料或玻璃光纤传感器来引导光线，可以对距离远的被测物体进行检测。通常光纤传感器分为对射式和漫反射式传感器。关于该传感器的工作原理及应用将在项目 5 中详细介绍。

光电传感器的相关概念如下。

① 检测距离：被测物体按一定方式移动过程中，开关动作时测得的基准位置（光电传感器的感应表面）到检测面的空间距离。额定动作距离指开关动作距离的标称值。

② 回差距离：动作距离与复位距离之差的绝对值。

③ 响应频率：在规定的 1 s 的时间间隔内，允许光电传感器动作循环的次数。

④ 输出状态：分为常开和常闭两种，如图 2.9 所示。当无被测物体时，常开型光电传感

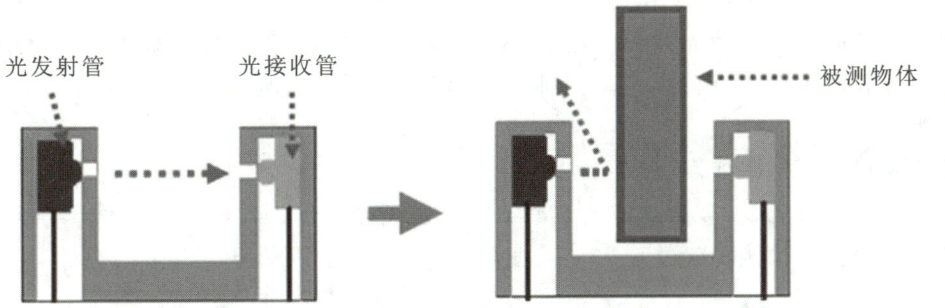

图 2.7　U 形槽式光电传感器的工作原理

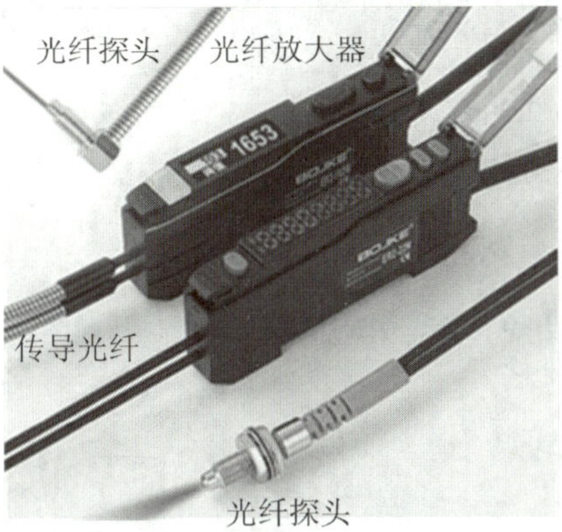

图 2.8　光纤式光电传感器

器所接通的负载由于光电传感器内部的输出晶体管的截止而不工作；当检测到物体时，晶体管导通，负载得电工作。常闭型光电传感器则相反。

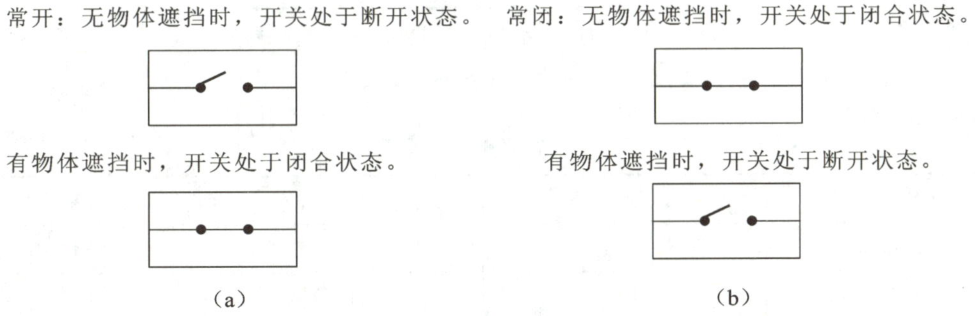

图 2.9　光电传感器的输出状态

⑤ 光：大多光电传感器使用可见光（主要为红色，也用绿色、蓝色来判断颜色）和波长接近可见光的红外光。

⑥ 输出形式：分为 NPN 二线、NPN 三线、NPN 四线、PNP 二线、PNP 三线、PNP 四线、AC 二线、AC 五线（自带继电器），及直流 NPN/PNP/常开/常闭多功能等几种常用的形式。

⑦ 表面反射率：漫反射式光电传感器发出的光线需要经被测物体表面反射才能回其接收器，所以检测距离和被测物体的表面反射率将决定接收器接收到的光线的强度。如图 2.10 所示为对射式、镜反射式、漫反射式三种不同检测方式的光电传感器对应的测量距离，对射

式>镜反射式>漫反射式。

粗糙的表面反射回的光线强度必将小于光滑表面反射回的光线强度，如图 2.11 所示，当被测物体表面为黑色、白色、光泽三种不同表面时，对应检测距离大小为光泽表面>白色表面>黑色表面。

常用材料的反射率如表 2.1 所示。

为接收较强的光线，被测物体的表面必须垂直于光电传感器的发射光线，且光电传感器的外形、体积越大，检测距离就越大。

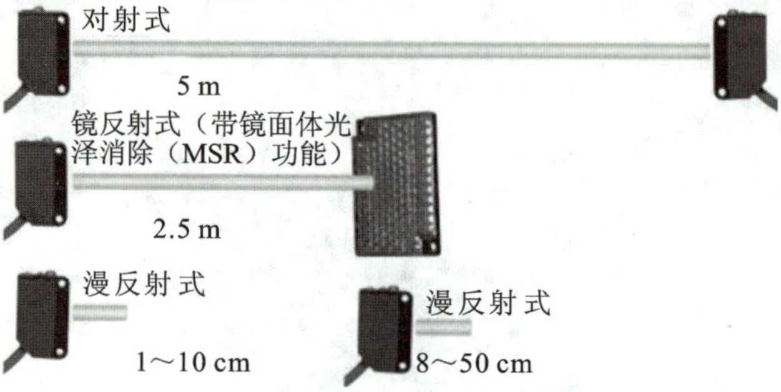

图 2.10　各种类型光电传感器及其测量距离

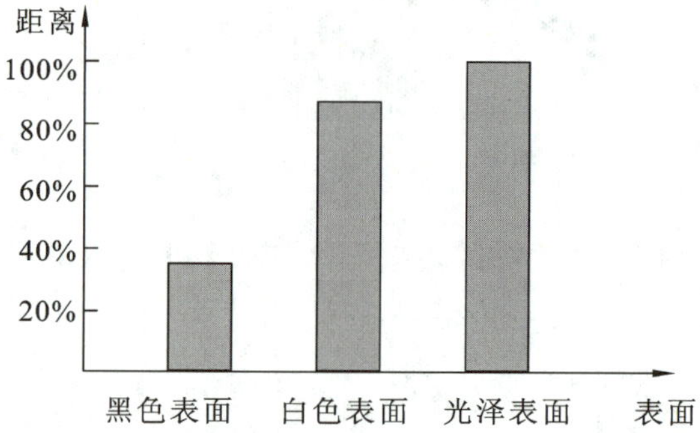

图 2.11　被测物体的表面对检测距离的影响

表 2.1　常用材料的反射率

材　料	反　射　率	材　料	反　射　率
白画纸	90%	不透明黑色塑料	14%
报纸	55%	不透明白色塑料	87%
黑色橡胶	4%		

2. 光电传感器的安装

根据传感器的结构和安装支架的结构，要完成安装，首先要将传感器连接导线从安装架的通孔中穿过，再将传感器的固定孔和安装支架上的安装孔对准，插入螺钉并拧紧固定，传感器就固定在支架上了。可供参考的具体安装方法和步骤如图 2.12 所示。对于圆柱形光电传感器，旋转其外壳上的两个安装螺母可调整检测距离，并将传感器夹持固定在安装支架上，如图 2.13 所示。

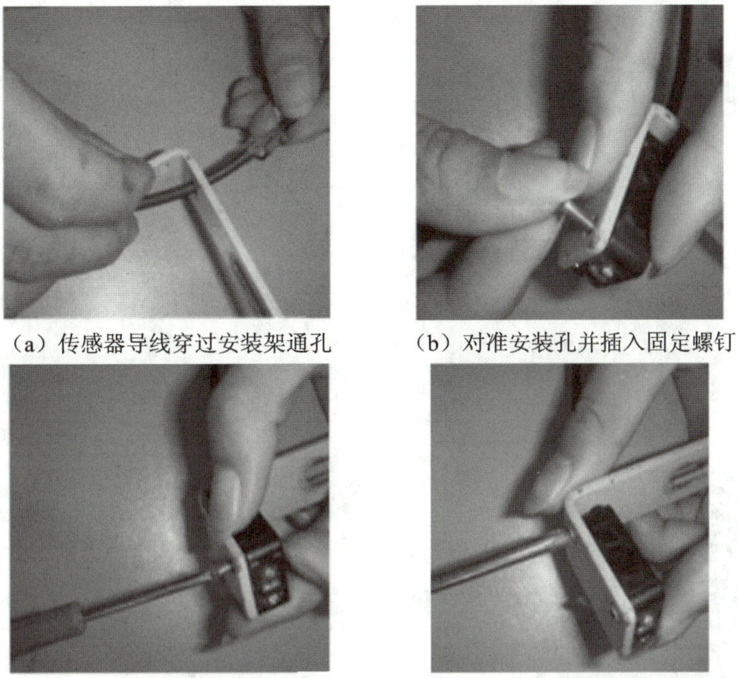

（a）传感器导线穿过安装架通孔　　（b）对准安装孔并插入固定螺钉

（c）拧紧螺钉　　（d）固定支架

图 2.12　光电传感器安装方法和步骤

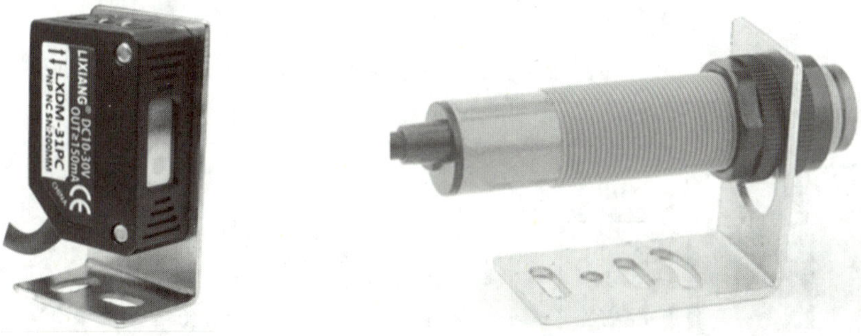

图 2.13　安装于支架上的传感器

3. 光电传感器的电路连接

图 2.14 所示为 NPN 光电传感器的电气原理框图。由振荡回路产生的调制脉冲经反射电路后，由发光管辐射出光脉冲。当被测物体进入接收器作用范围时，被反射回来的光脉冲进入光敏三极管，并在接收电路中被解调为电脉冲信号，再经放大器放大和同步选通整形，然后用数字积分或 RC（电阻器电容器）积分方式排除干扰，最后经延时（或不延时）触发驱动器输出光电传感器控制信号。

图 2.14 中，编号①③④指传感器的输出引线数量。光电传感器可以有 2～4 根引出线。除电源线、信号输出线外，还会有检测模式选择输入线（如粉色引脚②，图中未标注），用于根据背景和被测物体之间的位置选择 BGS（背景抑制）或 FGS（前景抑制）功能，因使用不多，故此处省略。图 2.15 展示了对射式光电传感器发射端与接收端的引出接线。

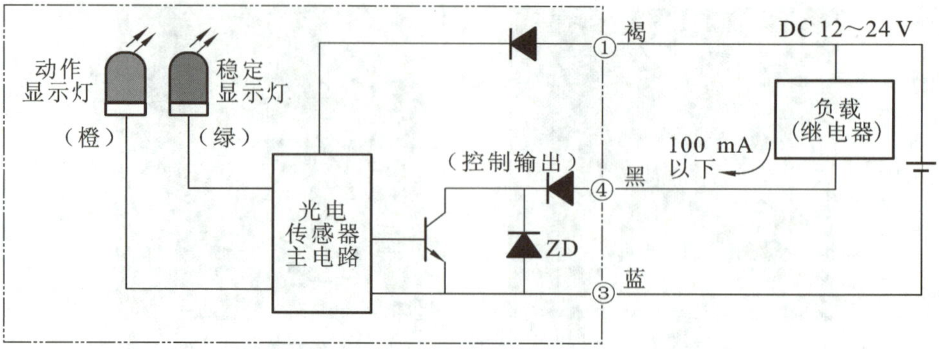

图 2.14　NPN 光电传感器的电气原理框图

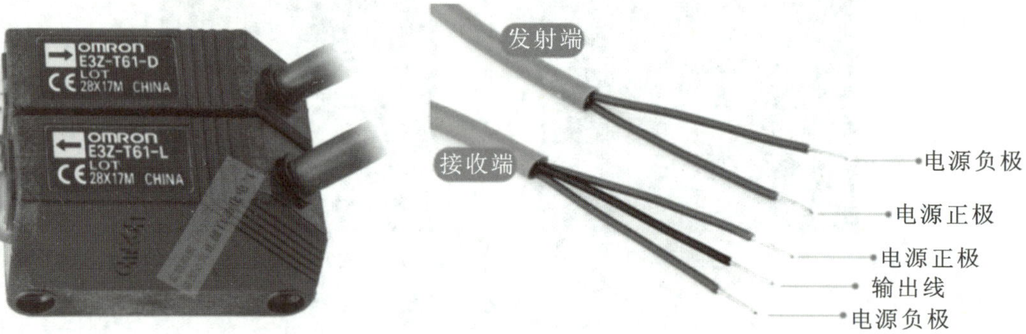

图 2.15　对射式光电传感器的引出接线

从项目 1 可知，两线式光电传感器与 PLC 的接线比较简单，如图 2.16 所示，将传感器与

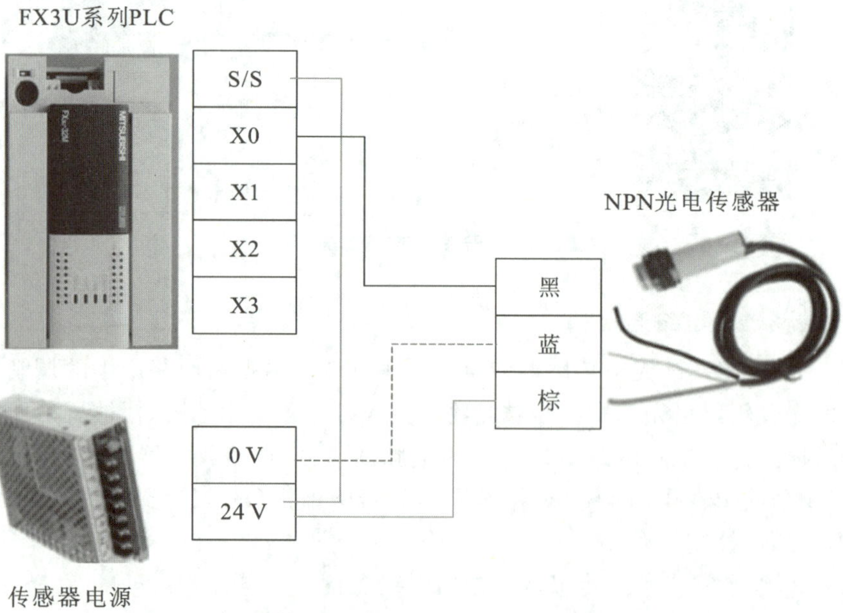

图 2.16　两线式光电传感器与 PLC 的连接示意图

负载串联后接到电源即可。三线式光电传感器的接线方法为:红(棕)色线接电源正端,蓝(黑)色线接电源 0 V 端,黄(黑)色线为信号线,应接负载。负载可以是信号灯、继电器线圈或 PLC 的数字量输入模块。

光电传感器与负载端的连接:对于 NPN 光电传感器,应接到电源正端;对于 PNP 光电传感器,则应接到电源 0 V 端。图 2.17(a)所示为 220 V AC 两线式光电传感器与控制继电器的连接示意图。在光电传感器的输出电压与继电器线圈电压一致的前提下,将光电传感器的电压输出端接到继电器的线圈触点,此时光电传感器的作用等同于开关,用于控制继电器线圈通电/断电。图 2.17(b)所示为 24 V DC 三线式 NPN 光电传感器与中间继电器的连接,将传感器的电源线按极性("棕正、蓝负")接至传感器电源的 24 V 直流输出端,再将传感器的信号线("黑输出")接至中间继电器线圈的"－"端,中间继电器线圈的"＋"端接电源 24 V。

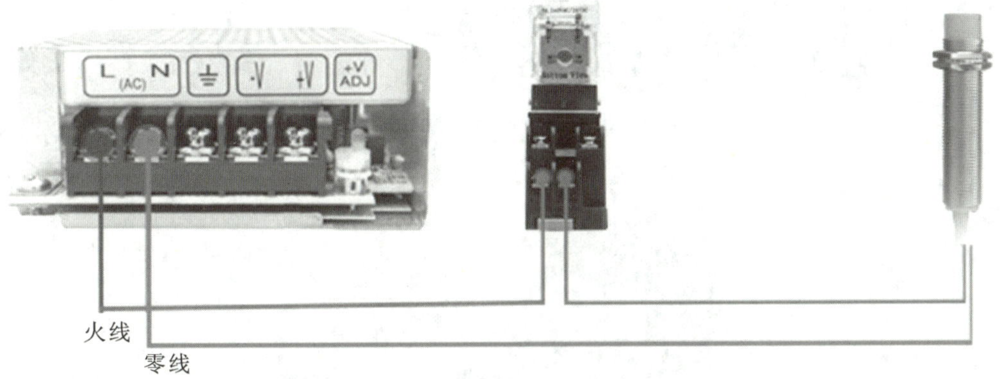

(a) 220 V AC两线式光电传感器与控制继电器的连接

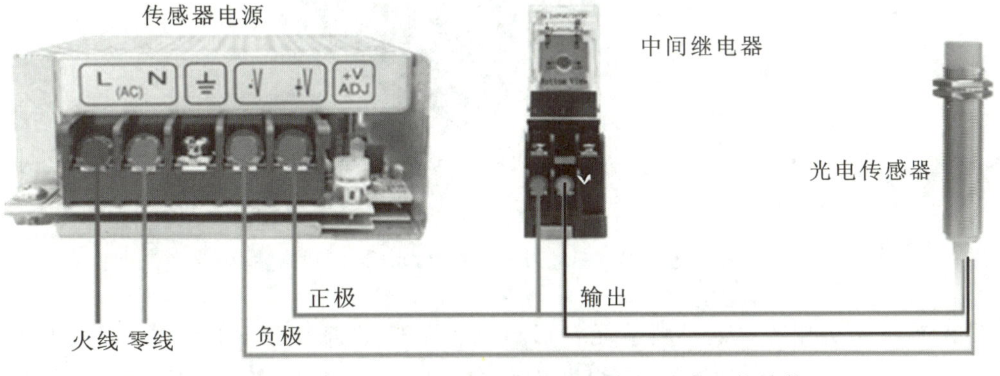

(b) 24 V DC三线式NPN光电传感器与中间继电器的连接

图 2.17　光电传感器与继电器的连接

4. 调试光电传感器

供料单元中,用来检测出料台上有无工件的光电传感器是一个螺纹圆柱形漫射式光电传感器,如图 2.18 所示。工作时该传感器向上发出光线,从而透过小孔检测是否有工件。该光电传感器有一个调节旋钮,可用于调节检测距离,当有检测信号时,指示灯变亮,如图 2.19 所示。

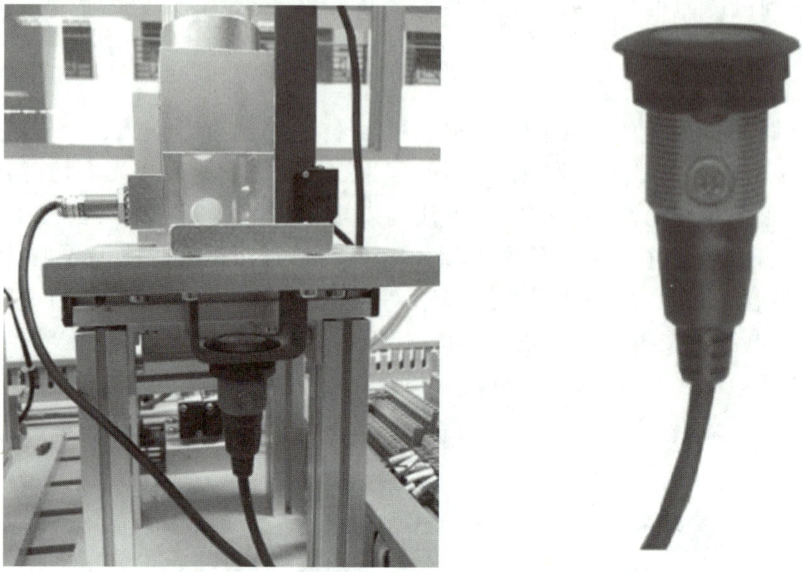

图 2.18 供料单元出料台下的螺纹圆柱形漫射式光电传感器

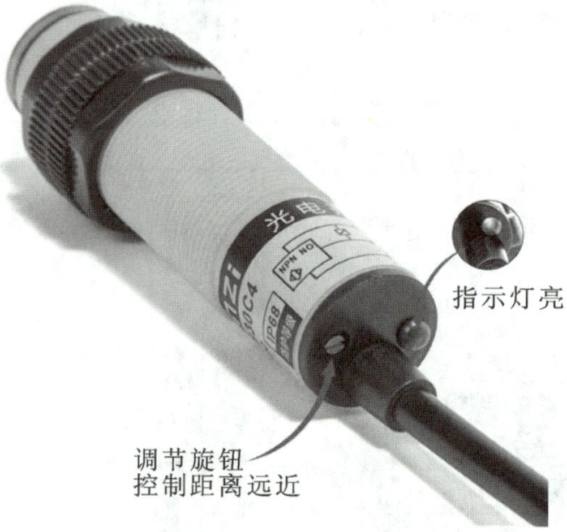

图 2.19 螺纹圆柱形漫射式光电传感器的调整

图 2.20 所示为用于检测供料单元管形料仓内工件是否不足或工件有无的漫射式光电传感器。它具有细小光束(光点直径约为 2 mm),可检测同等距离的黑色和白色物体,检测距离可精确设定。该光电传感器的外形和顶端面上的调节旋钮和显示灯如图 2.20(b)所示。

动作指示灯为橙色 LED,在检测信号输出为 ON 时亮起。

稳定指示灯为绿色 LED,在稳定工作状态时亮起,用于对设置后的环境变化(温度、电压、灰尘等)宽裕度的自我诊断的输出显示。其显示状态有助于预知光电传感器光轴偏移、透镜表面(传感器表面)脏污、地板及背景影响、外部干扰状态等各种传感器异常或故障,有效保护负载设备的稳定性。

调节动作转换开关可改变输出是入光 ON 还是遮光 ON,即当此开关按顺时针方向充分旋转时(L 侧),则传感器进入受光动作(light)模式;当此开关按逆时针方向充分旋转时(D

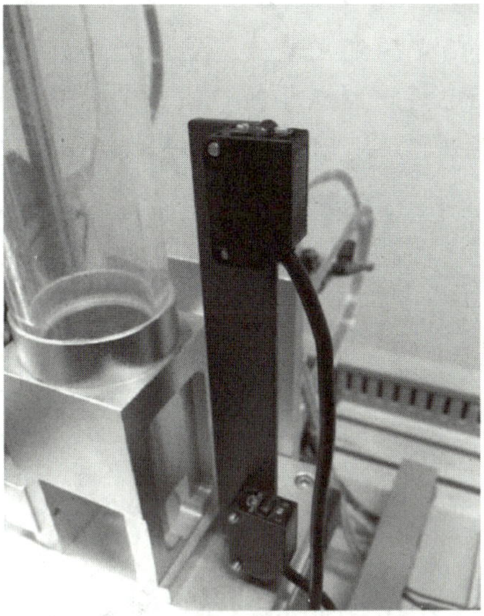

(a) 供料单元料仓侧的光电传感器

(b) 光电传感器的调节旋钮和显示灯

图 2.20 光电传感器的调节

侧),则传感器进入遮光动作(dark)模式。

调节灵敏度旋钮可改变光电传感器的检测距离。沿顺时针方向(即沿 max 侧弧形箭头方向)转动该旋钮将增大有效检测距离,沿逆时针方向(即沿 min 侧弧形箭头方向)转动该旋钮则将减小有效检测距离。

注意:

(1) 调节光电传感器的灵敏度旋钮或动作转换开关时,切勿使用过大的力,否则会造成传感器外部磨损,导致传感器无法调节。

(2) 旋转灵敏度旋钮时请勿超出 max(最大值)及 min(最小值)的范围。

(3) 旋转动作转换开关时请勿超出 L 侧及 D 侧的范围。

5. 光电传感器的应用

1) 测量转速

如图 2.21 所示,电动机带动齿轮旋转,齿盘每转过一个齿,光电传感器就输出一个脉冲信号。通过脉冲频率的测量或脉冲计数,即可获得齿盘转速和角位移。

图 2.21 光电传感器用于转速测量

2）产品计数

如图 2.22 所示，产品在传送带上运行时，不断地遮挡光源到光电传感器的光路，使光电脉冲电路产生一个个电脉冲信号。产品每遮光一次，光电传感器电路便产生一个脉冲信号，因此，输出的脉冲数即代表产品的数目，脉冲数经计数电路计数并由显示电路显示出来。

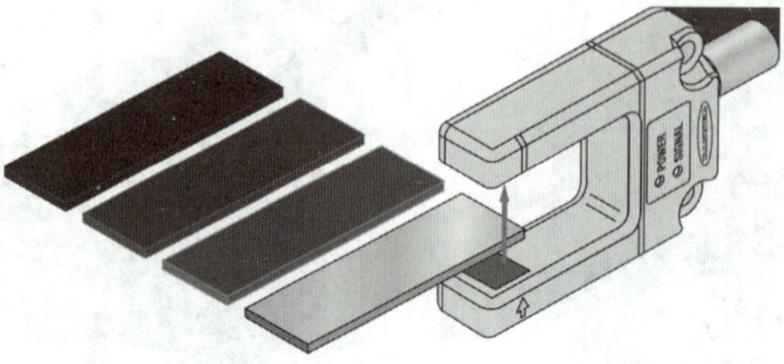

图 2.22　光电传感器用于产品计数

3）定位/限位检测

利用光电传感器除了可进行产品流水线上的产量统计外，还可以对装配件是否到位及装配质量进行检测，例如灌装时瓶盖是否压上、商标是否漏贴，以及送料机构是否断料等，如图 2.23 所示。

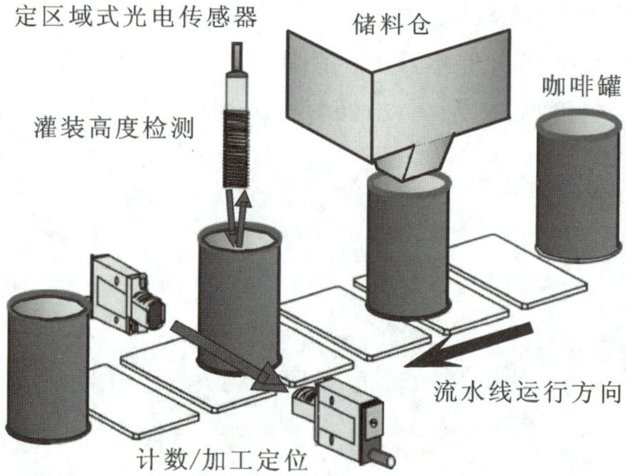

图 2.23　光电传感器用于计数及定位/限位检测

二、任务实施

完成供料单元 PLC 的电气接线，包括：

（1）在供料单元装置侧完成各传感器、电磁阀、电源端子等引线到装置侧接线端口之间的接线；

（2）在 PLC 侧进行电源连接、I/O 端子接线等。

1. 供料单元装置侧电气线路的连接

根据图 2.24，在供料单元装置侧完成各传感器、电磁阀、电源端子等引线到装置侧端口板的接线端口之间的接线。

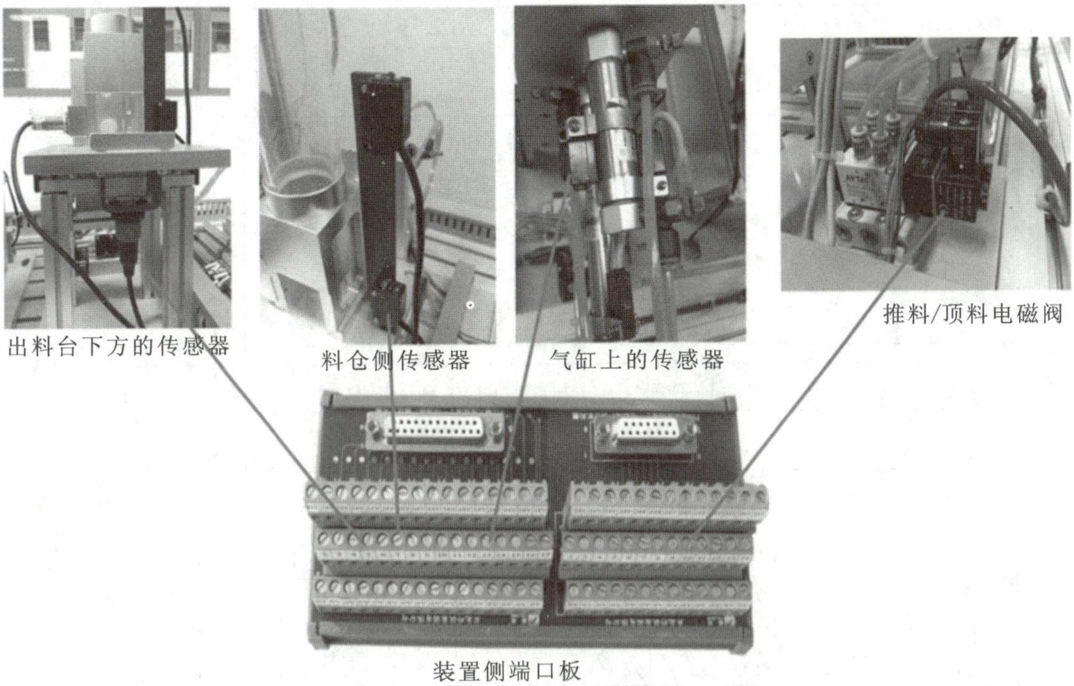

（a）连接示意图

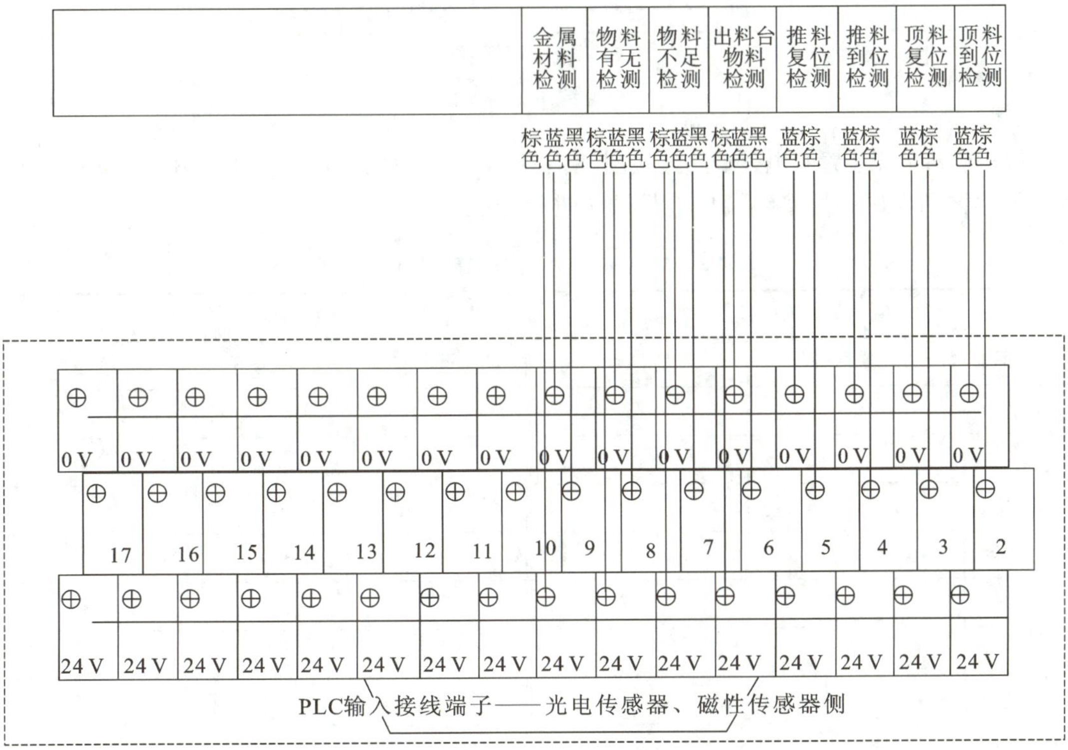

（b）输入端子接线

图 2.24 供料单元装置侧电气线路的连接

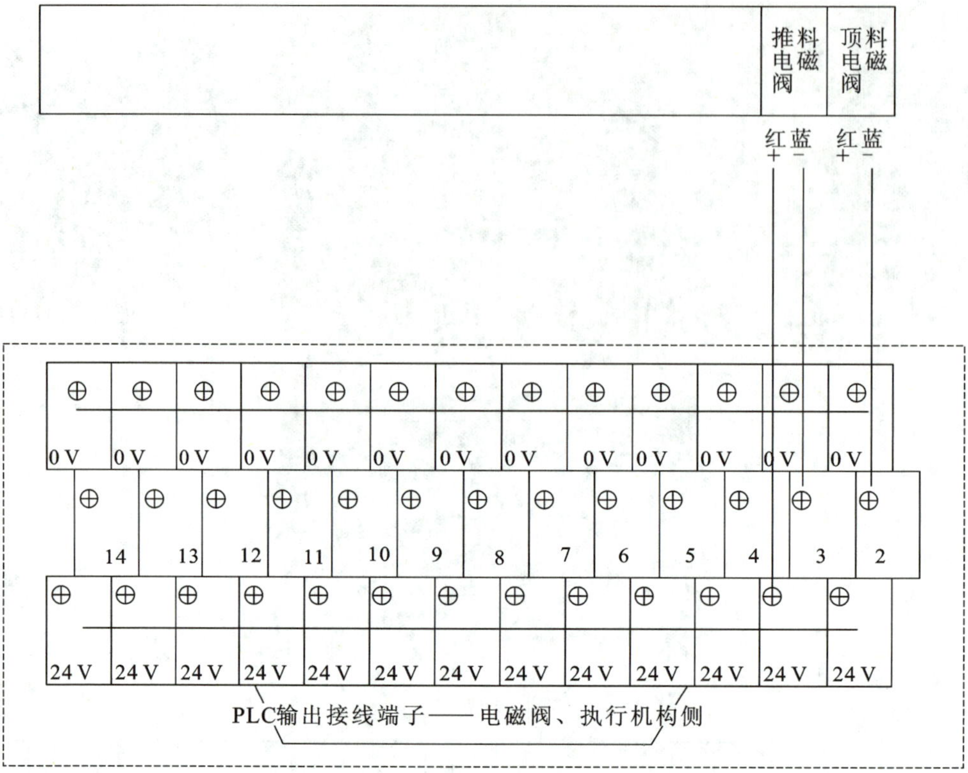

（c）输出端子接线

续图 2.24

根据供料单元装置侧电气线路连接图，填写供料单元装置侧的接线端口分配表(即表 2.2)，即对各传感器和电磁阀的接线端口信号端子进行分配。

表 2.2　供料单元装置侧的接线端口分配表

输入端口中间层			输出端口中间层		
端子号	设备符号	信号线	端子号	设备符号	信号线

2. 供料单元 PLC 侧电气线路的连接

(1) 请根据图 2.25、表 2.3、表 2.4，在 PLC 侧将图中的端口板各端子、PLC 的 I/O 端子、开关电源端子及按钮/指示灯的端子连接起来。

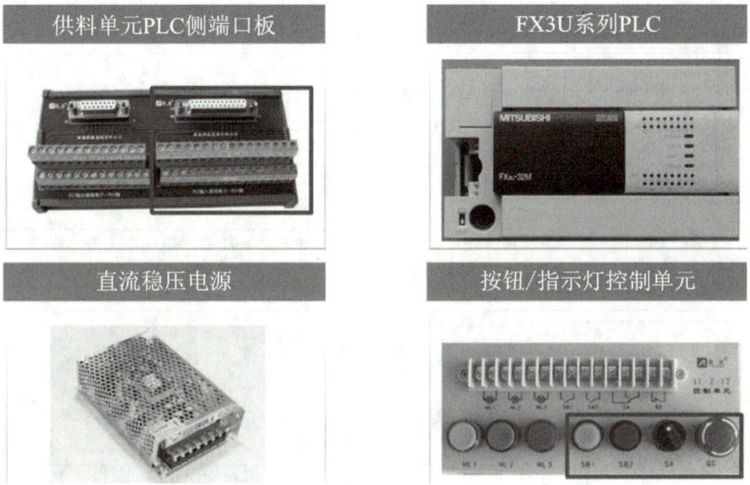

图 2.25　所需连接元件示意图

表 2.3　PLC 侧输入接线

输入端口中间层		
端子号	设备符号	信号线
2	1B1	顶料到位
3	1B2	顶料复位
4	2B1	推料到位
5	2B2	推料复位
6	BG1	出料台物料检测
7	BG2	物料不足检测
8	BG3	物料有无检测
9	BG4	金属材料检测
10＃～17＃端子没有连接		

表 2.4　PLC 侧输出接线

输出端口中间层		
端子号	设备符号	信号线
2	1Y	顶料电磁阀
3	2Y	推料电磁阀
4＃～14＃端子没有连接		

（2）画出与表 2.3 对应的端子接线图，如图 2.26 所示。

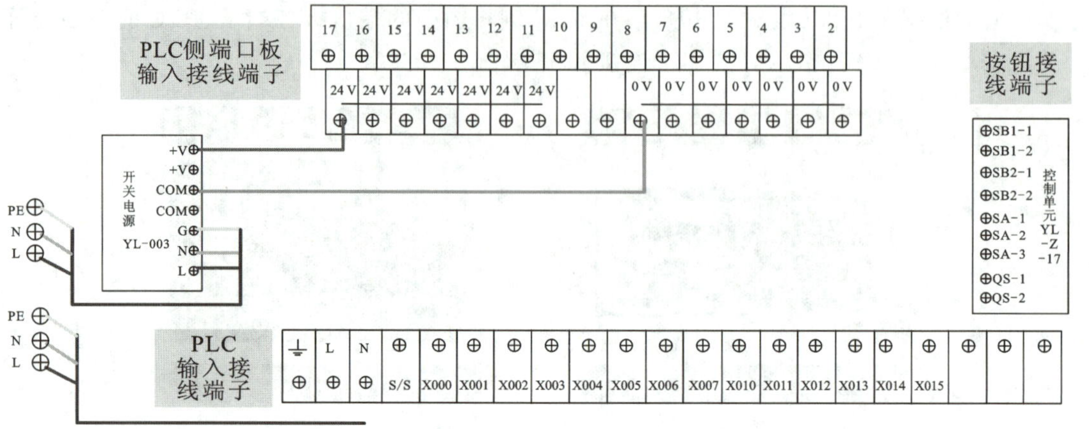

图 2.26　输入端子接线图

（3）画出与表 2.4 对应的端子接线图，如图 2.27 所示。

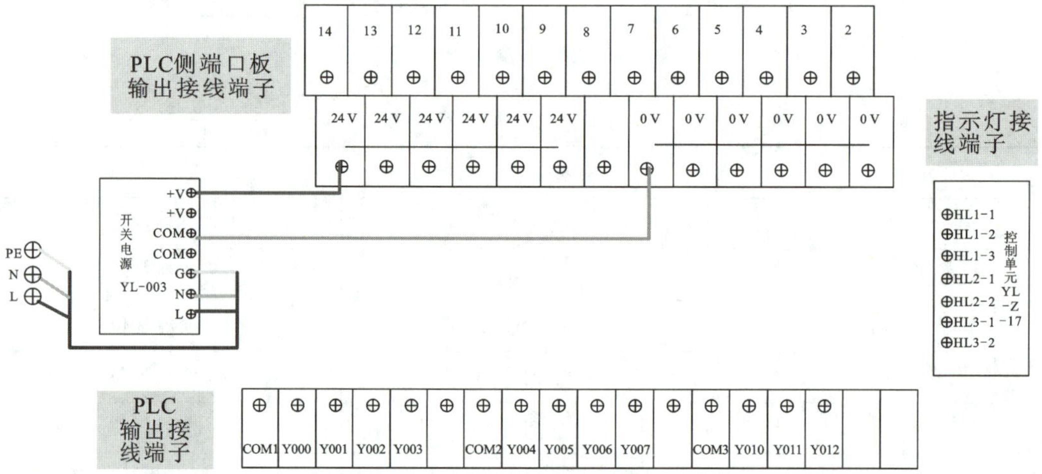

图 2.27　输出端子接线图

注意：

（1）接线时应注意，装置侧接线端口中，输入信号端子的上层端子（+24 V）只能作为传感器的正电源端，切勿用于电磁阀等执行元件的负载。电磁阀等执行元件的正电源端和 0 V 端应连接到输出信号端子下层端子的相应端子上。装置侧接线完成后，应用扎带绑扎，力求整齐美观。

（2）PLC 侧的接线包括：电源接线、PLC 的 I/O 端子和端子板之间的连线、PLC 的 I/O 端子与按钮/指示灯模块的端子之间的连线。具体接线要求与工作任务有关。

（3）电气接线的工艺应符合国家职业标准的规定，例如，导线连接到端子时，采用压紧端子压接方法，连接线须有符合规定的标号，每一端子连接的导线不超过 2 根，等等。

任务 2　PLC 的 I/O 接线与编程

一、知识平台　PLC 顺序控制的编程方式

在 PLC 编程的过程中，常遇到顺序控制的应用场景。选择一种合理高效的编程方式，可以快速地构建顺序控制应用场景。

顺序控制的基本思路是将系统一个工作周期内的动作细分为若干个顺序相连的动作步，每个步执行对应的动作，且步与步之间通过转换条件进行连接和切换。在 PLC 编程中，可以用编程元件（例如辅助继电器 M 和顺序控制继电器 S）来代表各步。

常用的顺序控制编程方法有：①置位复位 M 元件；②寄存器 D 赋值比较；③步进梯形图（STL（步进触点）指令）；④SFC（顺序功能图）程序。现介绍前 3 种方法，第 4 种将在项目 4 中介绍。

【例 2-1】 按下启动按钮 X0，Y0～Y3 间隔 1 s 依次接通，循环点亮对应的指示灯 HL0～HL3 各 1 s；按下停止按钮 X1，任意点亮的灯熄灭。试编写程序，实现上述功能。

图 2.28 所示为指示灯循环点亮的效果示意图。

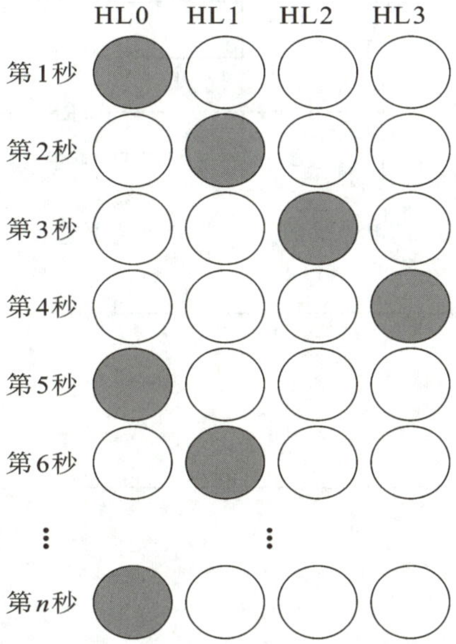

图 2.28　指示灯循环点亮的效果示意图

1. 置位复位 M 元件

将每个灯的点亮作为一个状态步（动作步，step），整个程序运行一周期需点亮 4 个灯，则可将程序分为 4 个状态步，在此分别以 M10～M13 作为状态步的标志。在每个状态步执行动作（驱动输出 Y 线圈及定时器 T 线圈）。当转移条件成立时（如定时时间达到时），使用 RST/SET 复位当前步同时置位下一步，实现状态步的转移。编程思路如图 2.29 所示，程序实现的梯形图如图 2.30 所示。

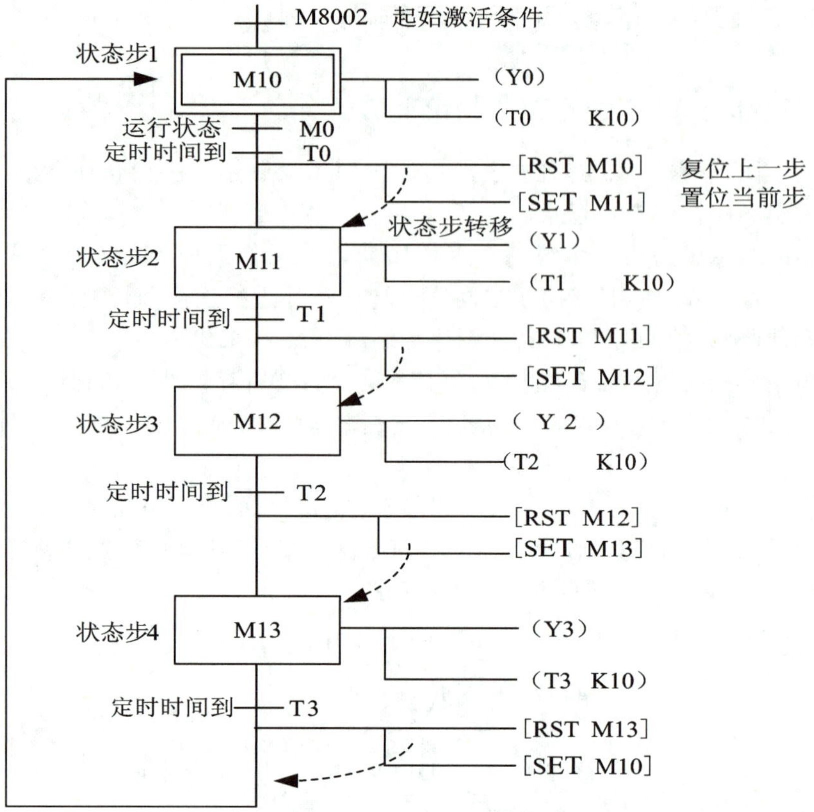

图 2.29 采用置位复位 M 元件的顺序控制编程思路

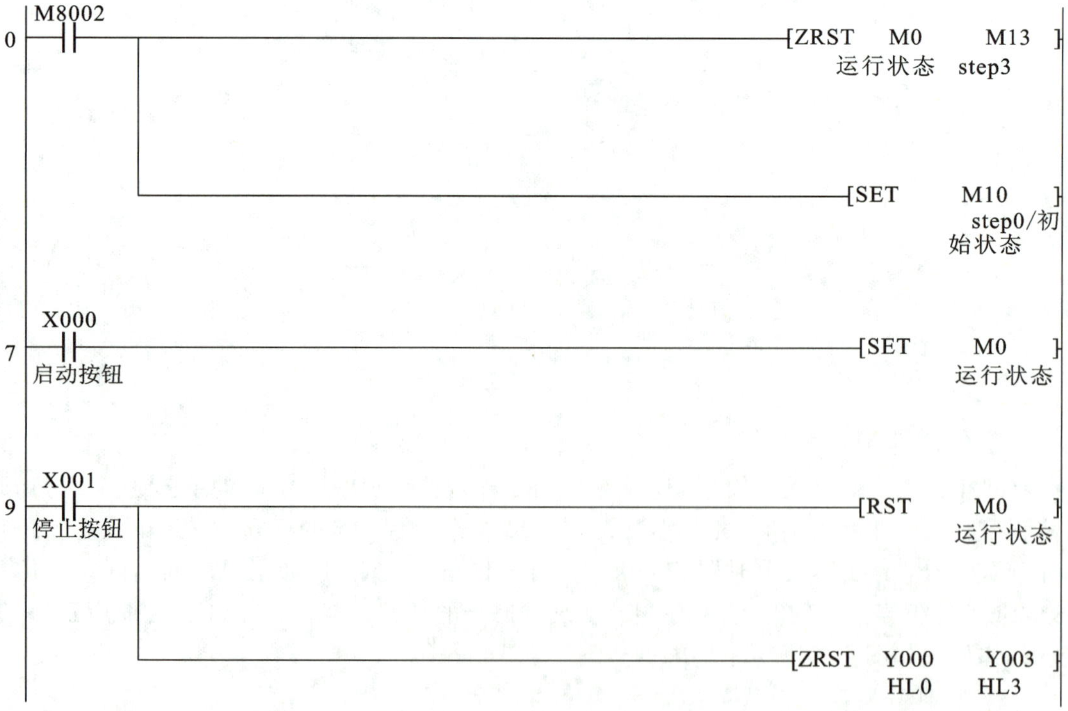

图 2.30 采用置位复位 M 元件的顺序控制梯形图

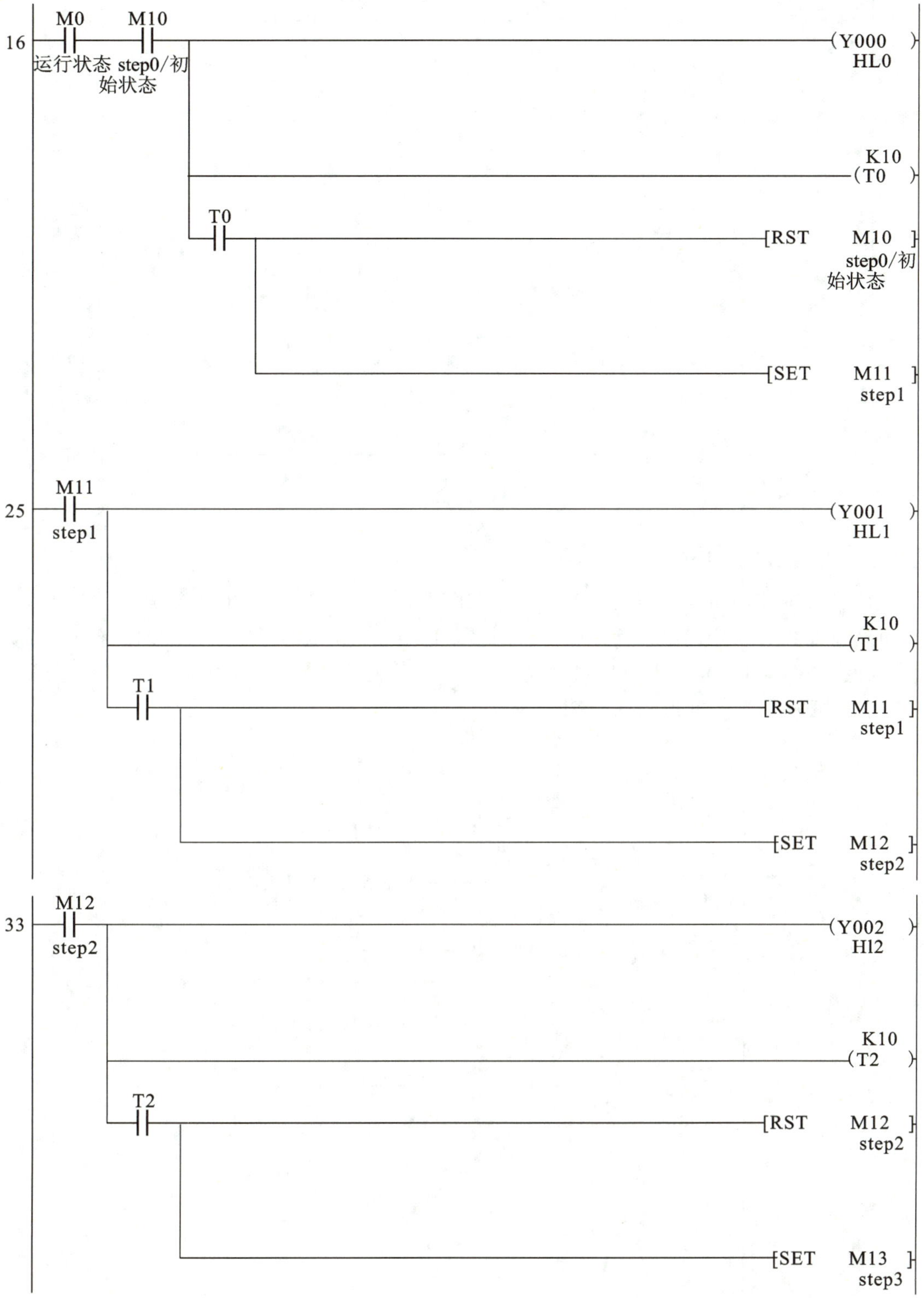
16
M0
M10
运行状态
step0/初始状态
Y000
HL0
K10
T0
T0
RST
M10
step0/初始状态
SET
M11
step1
25
M11
step1
Y001
HL1
K10
T1
T1
RST
M11
step1
SET
M12
step2
33
M12
step2
Y002
Hl2
K10
T2
T2
RST
M12
step2
SET
M13
step3

续图 2.30

续图 2.30

2. 寄存器 D 赋值比较

给数据寄存器赋值，以 D0 的值 K0～K3 作为状态步的标志。在每个状态步执行动作(驱动输出 Y 线圈及定时器 T 线圈)。当转移条件成立时(如定时时间达到时)，使用 MOV 指令改变 D0 的数值，复位当前步同时置位下一步，从而实现状态步的转移。编程思路如图 2.31 所示，程序实现的梯形图如图 2.32 所示。

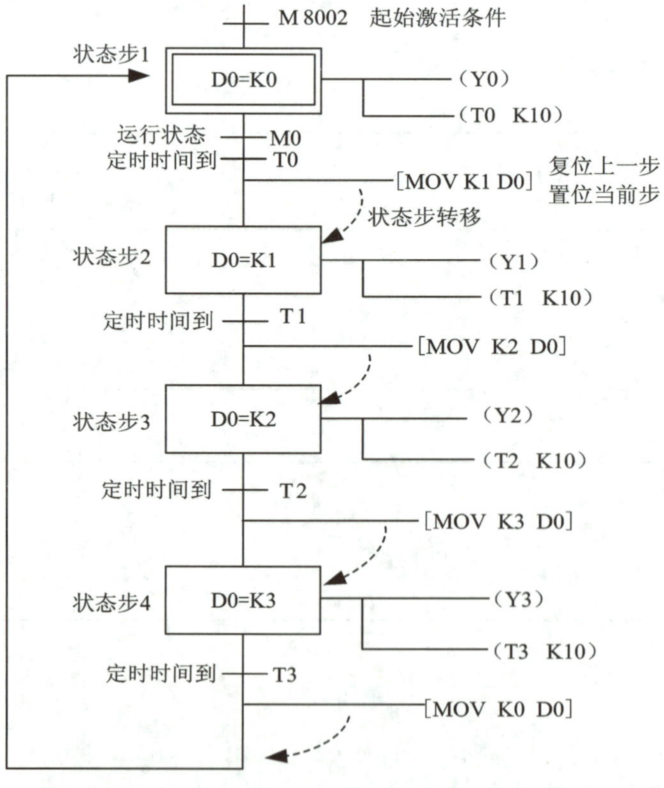

图 2.31 采用寄存器 D 赋值比较的顺序控制编程思路

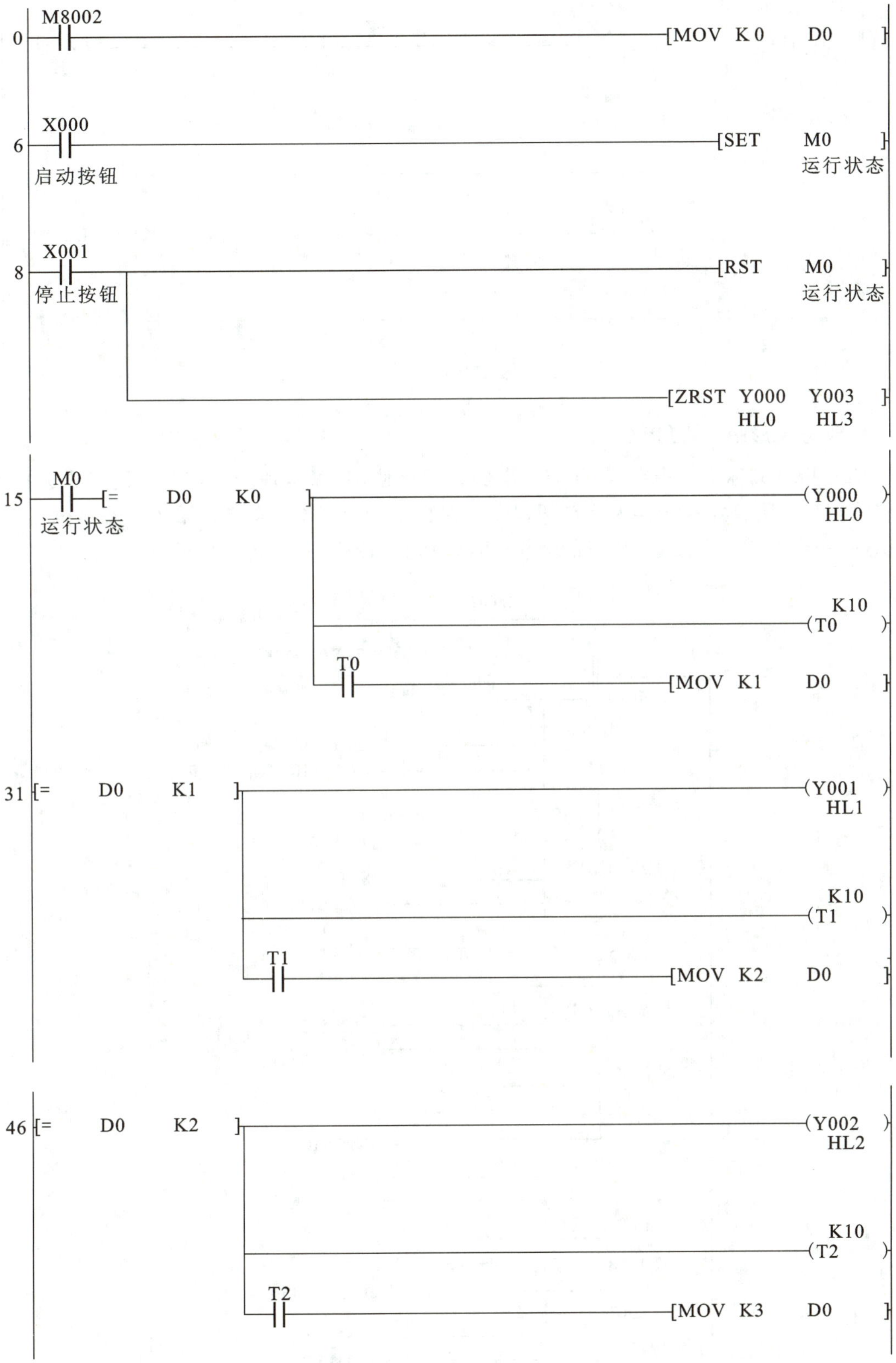

图 2.32　采用寄存器 D 赋值比较的顺序控制梯形图

续图 2.32

3. 步进梯形图(STL 指令)

STL 指令又称步进指令,与状态继电器 S 配合使用,以实现步进控制。使用步进指令,可将状态功能图直观地转换为梯形图程序。在图 2.33 中,各状态步均采用状态继电器 S 来标识,每一步都有三个要素:执行的动作(负载驱动)、转移条件、转移目标。

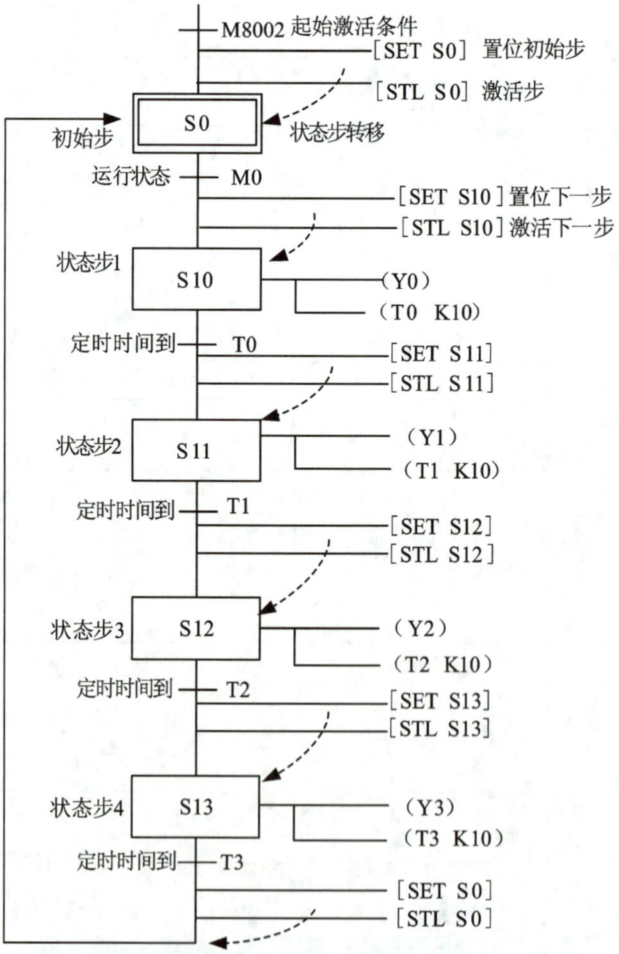

图 2.33 采用步进梯形图(STL 指令)的编程思路

使用 STL 指令时，须先使用 SET 指令置位步(如 SET S0)，然后通过 STL 指令将当前步激活(如 STL S0)，接着进行激活步的驱动处理(如图 2.34 中 Y、T 线圈的驱动)，达到转移条件后(如定时时间到)，再置位下一步(如 SET S10)，以此实现状态步的转移。

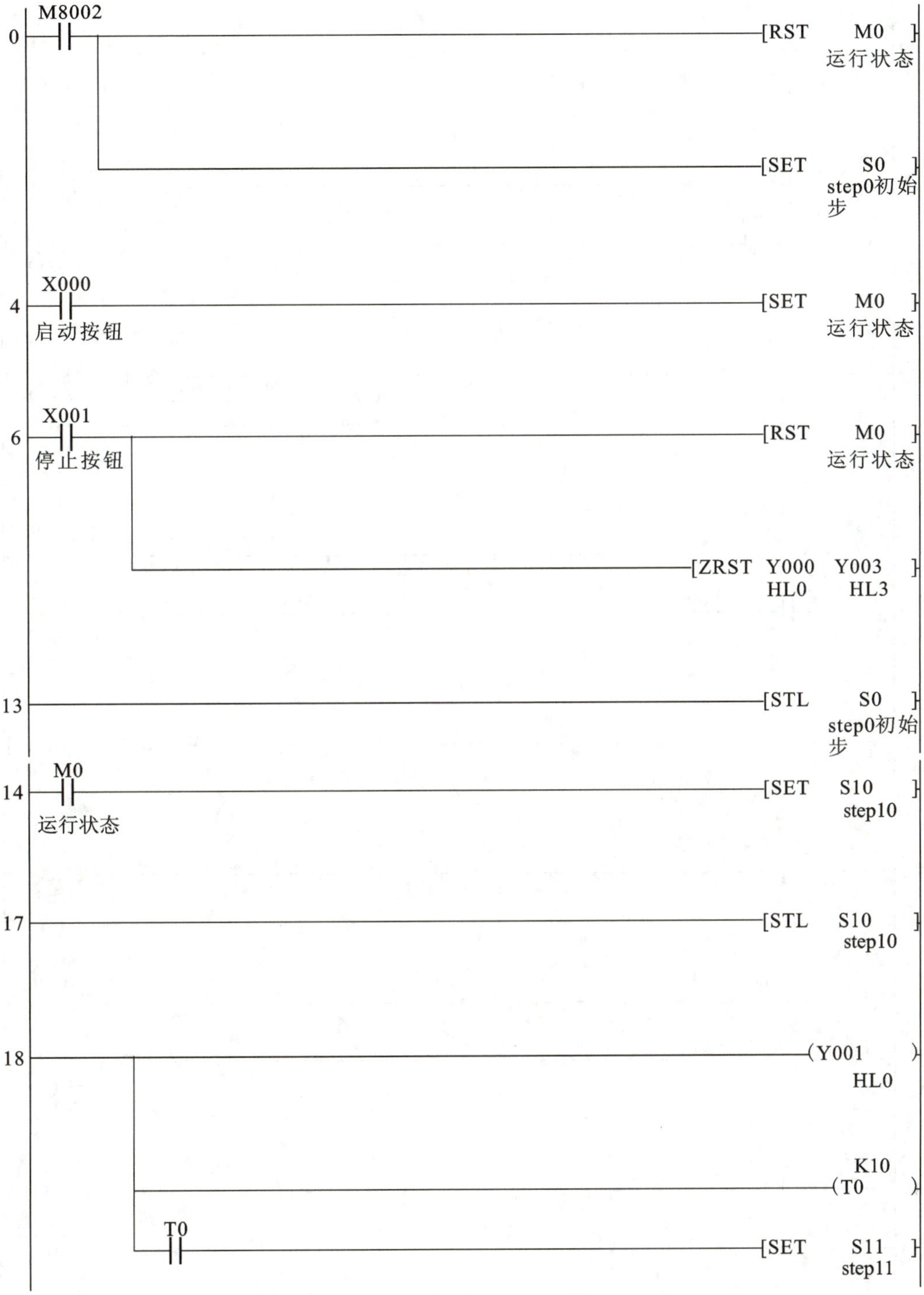

图 2.34 采用步进梯形图(STL 指令)的梯形图

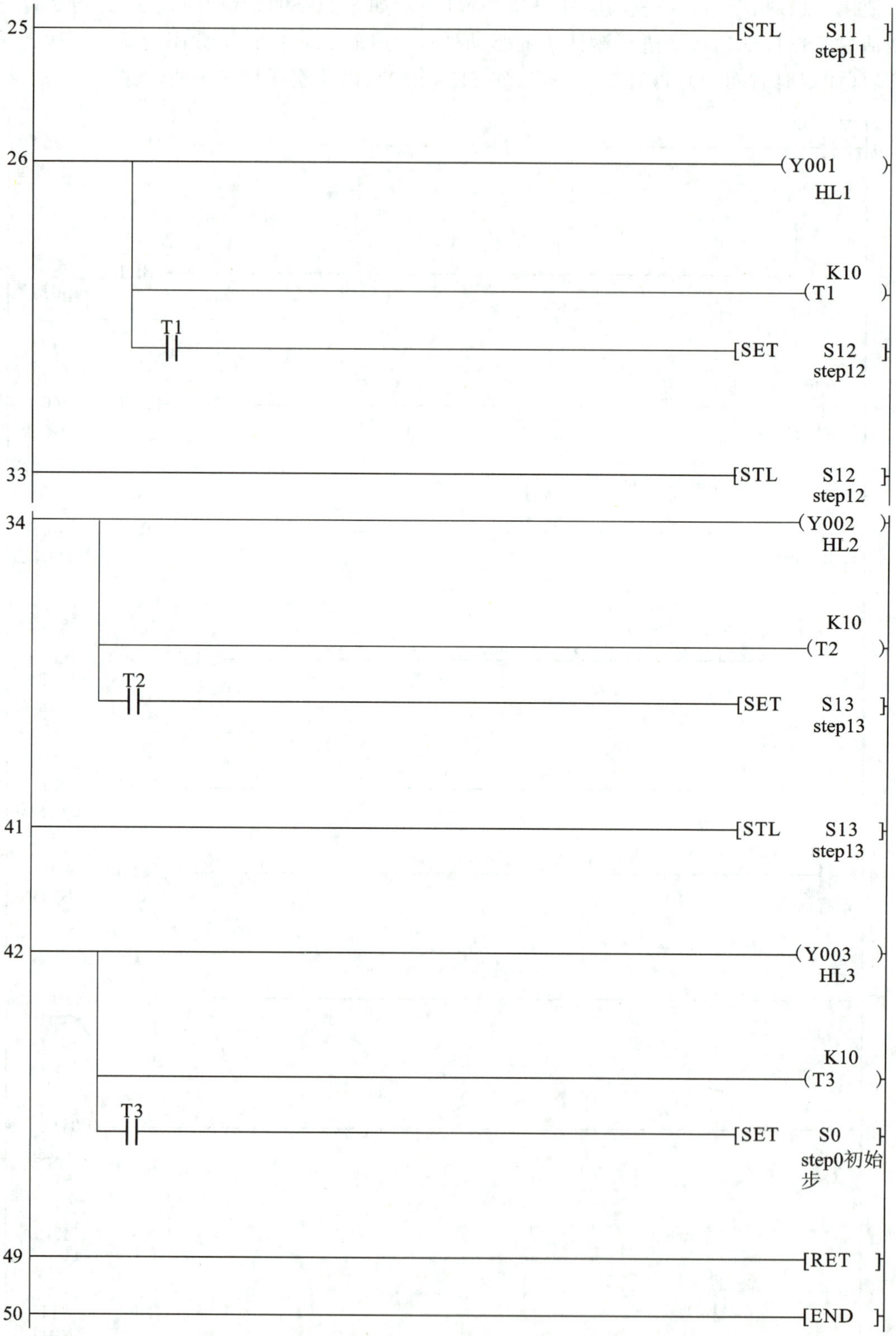
25
[STL S11]
step11
26
(Y001)
HL1
K10
(T1)
T1
[SET S12]
step12
33
[STL S12]
step12
34
(Y002)
HL2
K10
(T2)
T2
[SET S13]
step13
41
[STL S13]
step13
42
(Y003)
HL3
K10
(T3)
T3
[SET S0]
step0初始步
49
[RET]
50
[END]

续图 2.34

注意：

(1) RET 是使 STL 复位的指令，两指令必须成对出现。

(2) STL 触点是与左侧母线相连的常开触点，某 STL 触点接通，则对应的状态为状态步。

(3) 与 STL 触点相连的触点应使用取或取反(LD 或 LDI)指令，使用过 STL 指令后，应用 RET 指令使 LD 触点返回左母线。

(4) 使用 STL 指令时，允许双线圈输出。

(5) STL 指令后不能使用主控/主控复位(MC/MCR)指令，但可以用条件跳转(CJ)指令。

(6) 在中断程序和子程序内，不能使用 STL 指令。

二、任务实施

完成 PLC 的 I/O 接线，将 FX3U-32MR PLC 与外围输入、输出元件进行电气连接。请按照表 2.5 的步骤提示，将工作内容补充完整。

表 2.5 接线原理图设计步骤

步骤	工作内容	备注
步骤 1：选择 PLC 的型号、规格	PLC 选用 FX3U-32M 主单元，共 16 点输入和 16 点继电器输出	根据供料单元装置的 I/O 信号分配和工作任务的要求选择合适的 PLC
步骤 2：装置侧电气线路的连接(输入接线端)		0 V、24 V 及信号线
步骤 3：装置侧电气线路的连接(输出接线端)		根据输入、输出电压设计电源回路
步骤 4：PLC 侧输入接线(电源连接、输入公共端、传感器及按钮)		注意 S/S 端的连接
步骤 5：PLC 侧输出接线(电源连接、输出公共端、电磁阀及指示灯)		注意 COM 端的连接
步骤 6：检查、校核，包括电源电压大小、元件极性等		注意元件线色标注与极性应相符

1. 供料控制程序设计

供料单元单站控制的程序结构：程序由两部分组成，一部分是系统状态显示，另一部分是供料控制。主程序在每一扫描周期都调用系统状态显示子程序，仅在运行状态已经建立时才可能进入供料控制过程。

1）“工作状态显示”程序设计

（1）“是否准备就绪”程序段设计。PLC 上电后应首先进入初始状态检查阶段，确认系统已经准备就绪后，才允许投入运行，这样可及时发现存在的问题，避免出现事故。例如，若两个气缸在上电和气源接入时不在初始位置，则说明气路连接错误，显然在这种情况下不允许系统投入运行。通常对 PLC 控制系统往往有这种常规要求。请在下方方框中写出供料单元准备就绪的状态显示程序段。

（2）“运行/停止”状态显示程序段设计。如果没有停止要求，顺序控制过程将周而复始地不断循环。常见的顺序控制系统的正常停止要求是，接收到停止指令后，系统在完成本工作周期任务即返回到初始步后才复位运行状态，停止下来。请在下方方框中写出供料单元运行/停止的状态显示程序段。

（3）“工件不足预报警”状态显示程序段设计。

若在运行中料仓内工件不足（料仓内工件不超过 3 个），则供料单元继续工作，但“正常工作”指示灯 HL1 应以报警显示(例如以 1 Hz 的频率闪烁)。而此时还可继续进行顶料、推料的动作,故“设备运行”指示灯 HL2 可保持常亮。工件是否充足须由料仓上部的光电传感器进行检测。请在下方方框中写出供料单元料仓内工件不足预报警的状态显示程序段。

(4)“缺料报警”状态显示程序段设计。

当料仓中最后一个工件被推出后,将发生缺料报警。是否缺料须由料仓下部的光电传感器进行检测。正常推料过程中,由于工件被推出后光电传感器存在短暂的“未检出”状态,故应对检测信号进行适当延时,例如 3 s 内光电传感器未能检出工件,则认为料仓内没有工件。延时时间应大于推料周期。

推料气缸复位到位,亦即完成本工作周期任务返回到初始步后,也应退出运行状态而停止下来。与正常停止不同的是,在发生缺料报警而退出运行状态后,必须向供料料仓加入足够的工件,才能再按启动按钮使系统重新启动。请在下方方框中写出供料单元缺料报警的状态显示程序段。

2) 供料控制程序设计

请根据图 2.2,选择以下方法中的一种编写供料步进顺序控制程序。

(1) 采用置位复位 M 元件,编写供料顺序控制程序,编程思路如图 2.35 所示。

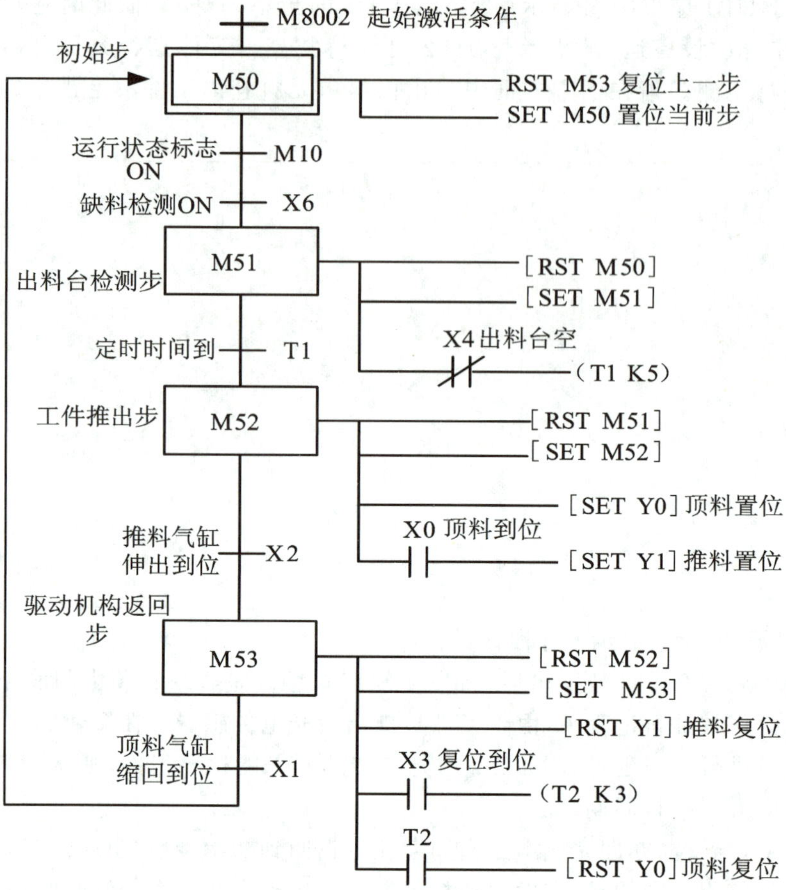

图 2.35　采用置位复位 M 元件的供料顺序控制编程思路

采用置位复位 M 元件的供料顺序控制程序：

（2）采用寄存器 D 赋值比较法编写供料顺序控制程序，编程思路如图 2.36 所示。

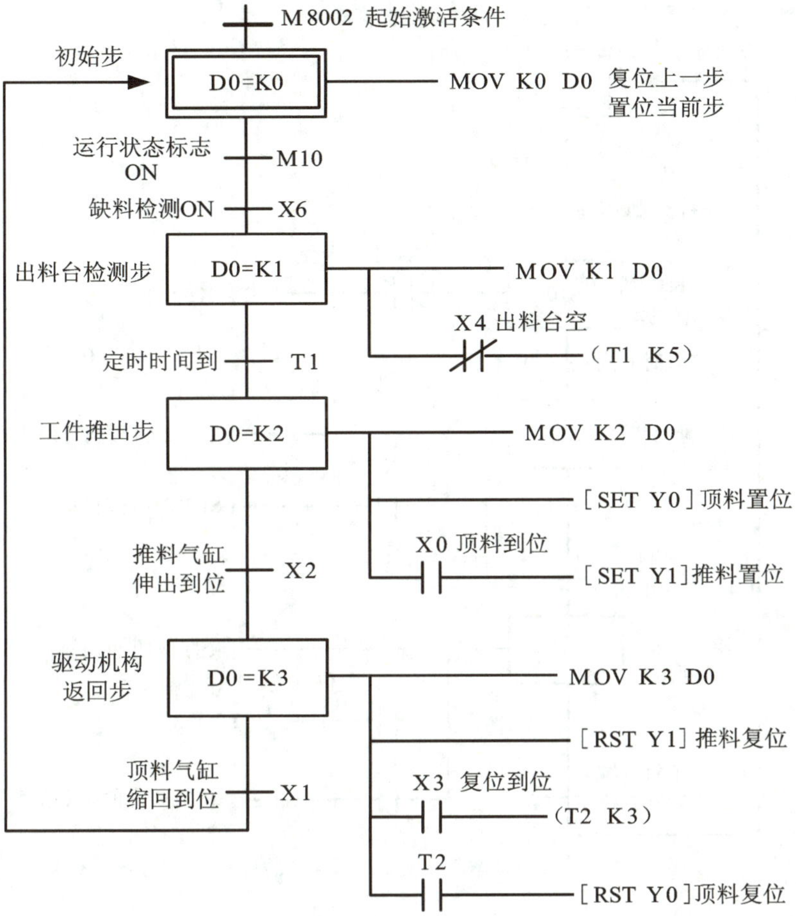

图 2.36　采用寄存器 D 赋值比较的供料顺序控制编程思路

采用寄存器 D 赋值比较的供料顺序控制程序：

(3) 采用步进梯形图(STL 指令)编写供料程序,编程思路如图 2.37 所示。

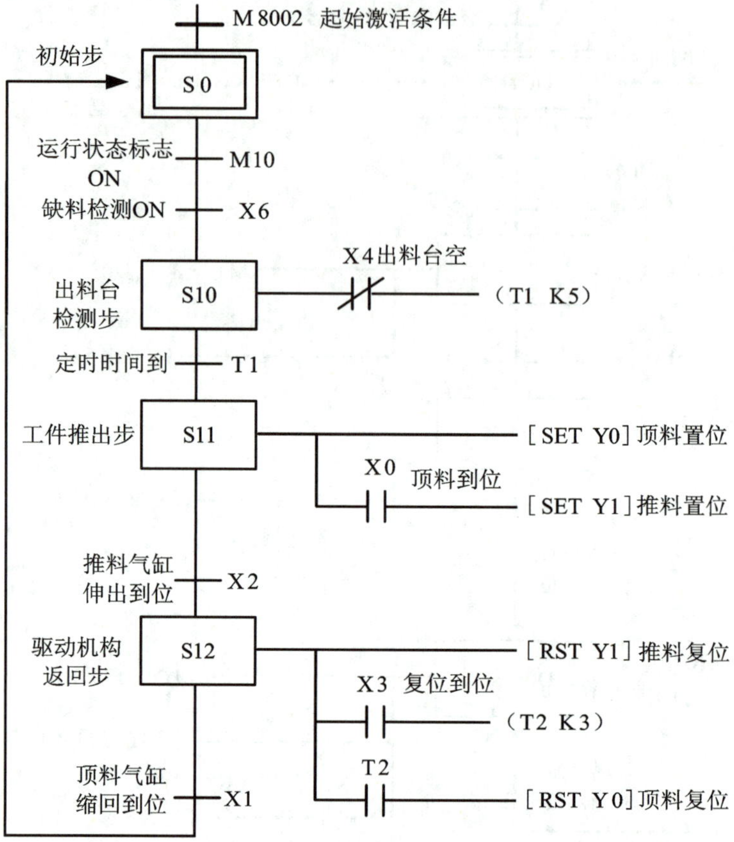

图 2.37 采用步进梯形图(STL 指令)的供料编程思路

采用步进梯形图(STL 指令)的供料程序:

2. 运行调试

(1) 调整气动部分,检查气路是否正确,气压是否合理,气缸的动作速度是否合理。

(2) 检查磁性传感器的安装位置是否准确,磁性传感器工作是否正常。

(3) 检查 I/O 接线是否正确。

(4) 检查光电传感器安装是否合理,距离设定是否合适,保证检测的可靠性。

(5) 运行程序,检查供料单元动作是否满足任务要求。

(6) 调试各种可能出现的情况,例如在料仓工件不足情况下,系统能否可靠工作;在料仓没有工件的情况下,系统能否满足控制要求。

(7) 进一步优化程序。

项目实施记录

表 2.6 项目实施记录

学习情境		供料工序控制设计		
序号	实施环节	故障现象	原因分析	解决的办法
1	光电传感器的检测	通电后,工作状态电源灯不亮		
2	光电传感器的安装与调试	被测物体靠近或远离时,光电传感器的信号输出没变化		
3	光电传感器的调整	光电传感器的输出信号不稳定		
4	程序调试	未能实现供料过程的顺序控制		
5				
6				
7				
实施总结				

项目总结

表 2.7　项目总结

问题引导	我的小结
1. 请论述光电传感器的基本工作原理。	
2. 常用的光电传感器的检测方式有哪些?	
3. 光电传感器的检测灵敏度与哪些因素有关?	
4. 供料单元使用的光电传感器是如何安装的?	
5. 光电传感器一般有多少根引出线? 各有什么作用?	
6. 光电传感器如何与继电器连接?	
7. 如何调整供料单元光电传感器的检测距离?	
8. 简述供料单元装置侧电气线路的连接步骤。	
9. 简述供料单元 PLC 侧电气线路的连接步骤。	
10. 简述供料单元单站控制的程序结构及编程思路。	
11. 其他重要知识、技能点	

项目拓展

(1) 编写程序实现供料单元供料总数量、金属与非金属工件数量的统计。

(2) 采用北京昆仑通态自动化软件科技有限公司研发的 MCGS 软件系统设计 HMI(人机接口)画面,以监控供料单元的运行状态。

习题巩固

一、选择题

1. (　　)通常由初始状态、一般状态、转移线和转移条件组成。

A. 顺序控制图　　B. 电气控制图　　C. 电气安装图　　D. 梯形图

2. 在顺序控制图中,控制过程的初始状态用(　　)来表示。

A. 单线框　　B. 双线框　　C. 菱形框　　D. 椭圆形

3. 状态元件 S 是用于步进顺序控制编程的重要软元件,其中初始状态元件为(　　)。

A. S10～S19　　B. S20～S499　　C. S0～S9　　D. S500～S899

4. 向前面状态进行转移的流程称为(　　),用箭头指向转移的目标状态。

A. 顺序　　B. 置位　　C. 复位　　D. 循环

5. 当有多条路径时,只能选择其中一条路径来执行,这种分支方式称为(　　)。

A. 选择分支　　B. 并行分支　　C. 跳转　　D. 循环

6. (　　)指转移条件满足时,同时执行几个分支,当所有分支都执行结束后,若转移条件满足,再转向汇合状态。

A. 选择分支　　B. 并行结构　　C. 跳转　　D. 循环

7. 既可以向下面的状态直接转移,又可以向系列外的状态转移的结构是(　　)。

A. 选择分支　　B. 并行分支　　C. 跳转程序结构　　D. 循环

8. STL 指令的操作元件为(　　)。

A. 定时器 T　　B. 计数器 C　　C. 辅助继电器 M　　D. 状态元件 S

9. 步进触点只有(　　)。

A. 常闭触点　　B. 常开触点　　C. 驱动线圈　　D. 定时循环

10. PLC 中步进触点返回指令 RET 的功能是(　　)。

A. 程序复位

B. 程序结束

C. 将步进触点由子母线返回到原来的左母线

D. 将步进触点由左母线返回到原来的副母线

二、判断题

(　　)1. 顺序功能图(sequential function chart,SFC)又称状态转移图。

(　　)2. 状态元件 S 是用于步进顺序控制编程的重要软元件。随状态动作的转移,原状态元件自动复位,只是状态元件的常开/常闭触点使用次数有所限制。

(　　)3. 在状态转移过程中,一个扫描周期内会出现两个状态同时动作的可能性,因此两个状态中不允许同时动作的驱动元件之间应进行联锁控制。

(　　)4. PLC 步进指令中的每个状态继电器需具备三个功能:驱动有关负载,指定转移目标,指定转移条件。

(　　)5. PLC 中的选择性流程指的是多个流程分支可同时执行的分支流程。

(　　)6. 用 PLC 步进指令编程时,先要分析控制过程,确定步进和转移条件,按规则画出状态转移图;再根据状态转移图画出梯形图;最后由梯形图写出程序表。

(　　)7. 当状态元件不用于步进顺序控制时,状态元件也可作为输出继电器用于程序。

(　　)8. 在步进触点后面的电路块中不允许使用主控或主控复位指令。

(　　)9. 由于步进触点指令具有主控和跳转作用,因此不必在每一条 STL 指令后都加一条 RET 指令,只需在最后使用一条 RET 指令就可以了。

三、问答题

1. 简述状态步之间转移的条件。
2. 顺序功能图具有哪些特点?
3. 顺序功能图编程通常有哪几种结构形式?
4. 状态元件有哪几种类型?

项目考核与评价

表 2.8　项目考核与评价

项目	内容	配分	要求	自我评价	小组互评	教师评价
实施过程	I/O 分配	10 分	按照任务要求,明确所有输入、输出元件			
	电气设计及接线	10 分	原理图与 I/O 分配对应,绘制规范;接线规范整齐,符合工艺要求			
	传感器安装与调整	10 分	正确安装传感器并合理设置传感器的灵敏度			
功能测试	电路测试与故障排除	10 分	上电前和通电后会使用万用表检测、分析故障,并排除故障			
	程序设计与调试	20 分	编写完整程序并下载调试,分析错误并排除故障			
	系统运行	10 分	实现任务既定功能,系统运行稳定、可靠			
职业素养	分工与配合	5 分	任务分配合理,分工明确,配合紧密			
	职业素养	5 分	注重安全操作,工具及器件摆放整齐			
资料填写	任务书	10 分	搜集信息,引导问题回答正确			
	工作计划	5 分	计划步骤安排合理,时间安排合理			
	材料清单	5 分	材料齐全			
综合评价						
总评						

项目3 气缸位置检测与控制

项目目标

知识目标

(1) 理解磁性传感器的基本工作原理、组成、分类及应用。
(2) 了解不同磁性传感器的外形特点及安装方法。
(3) 掌握磁性传感器与PLC的连接方法。

能力目标

(1) 掌握磁性传感器的接线和安装方法。
(2) 会使用万用表检测磁性传感器。
(3) 掌握磁性传感器与PLC的连接方法。

素质目标

(1) 能规范使用万用表。
(2) 具备团队协作意识。
(3) 懂得安全用电规范操作。
(4) 具备5S意识,并能贯彻实施。

项目描述与任务

1. 项目描述

加工单元的功能是实现工件的冲压,其过程为:先把待加工工件从物料台移送到加工区域冲压气缸的正下方,再对工件进行冲压加工,最后将冲压后的工件送回原位。

加工单元装置侧主要结构组成为:加工台及滑动机构、加工(冲压)机构、按钮/指示灯盒、电磁阀组、接线端口、底板等。该单元机械结构总成如图 3.1 所示。

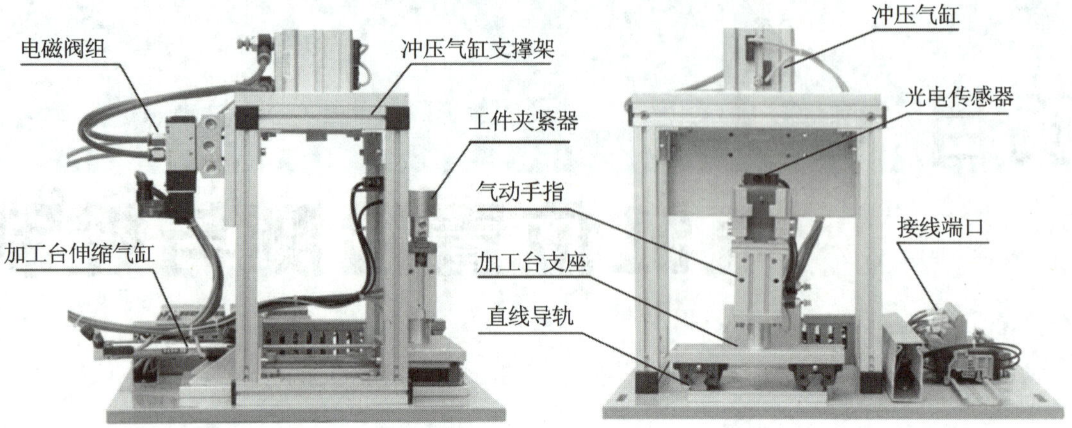

图 3.1 加工单元装置侧机械结构总成

1) 加工台及滑动机构

加工台及滑动机构如图 3.2(a)所示,加工台用于固定被加工件,并把工件移到加工(冲压)机构正下方进行冲压加工。它主要由气动手指、加工台伸缩气缸、线性导轨及滑块、磁性传感器、漫射式光电传感器等组成。

2) 加工(冲压)机构

加工(冲压)机构如图 3.2(b)所示,用于对工件进行冲压加工。它主要由冲压气缸、冲压头、安装板等组成。

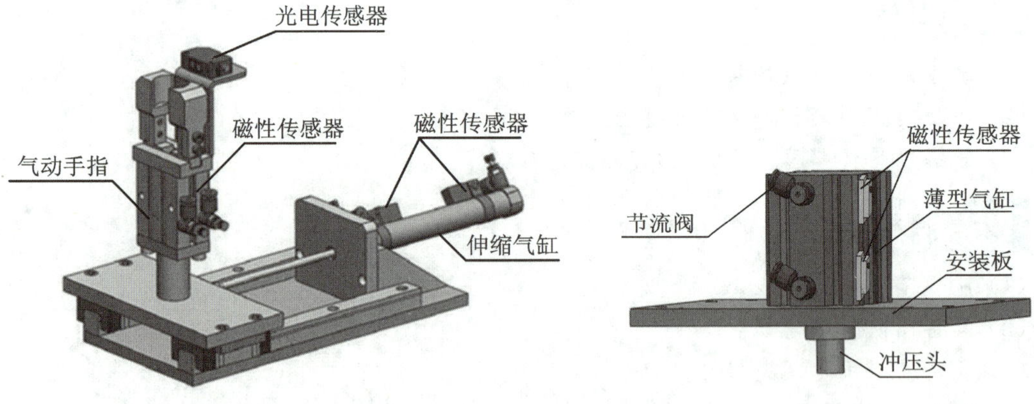

(a) 加工台及滑动机构　　(b) 加工(冲压)机构

图 3.2 工作机构

2. 项目要求

(1) 初始状态:设备上电和气源接通后,加工台伸缩气缸处于伸出位置,加工台气动手指处于松开的状态,冲压气缸处于缩回位置,急停按钮没有按下。

(2) 按下启动按钮,设备启动。设备按如图 3.3 所示工作流程进行冲压加工。如果没有停止信号输入,当再有待加工工件送到加工台上时,加工单元又开始下一周期的工作。

(3) 在工作过程中，若按下停止按钮，则加工单元在完成本周期的动作后停止工作。

(4) 在工作过程中，当急停按钮被按下时，加工单元所有机构应立即停止运行；急停解除后，加工单元从急停前的断点开始继续运行。

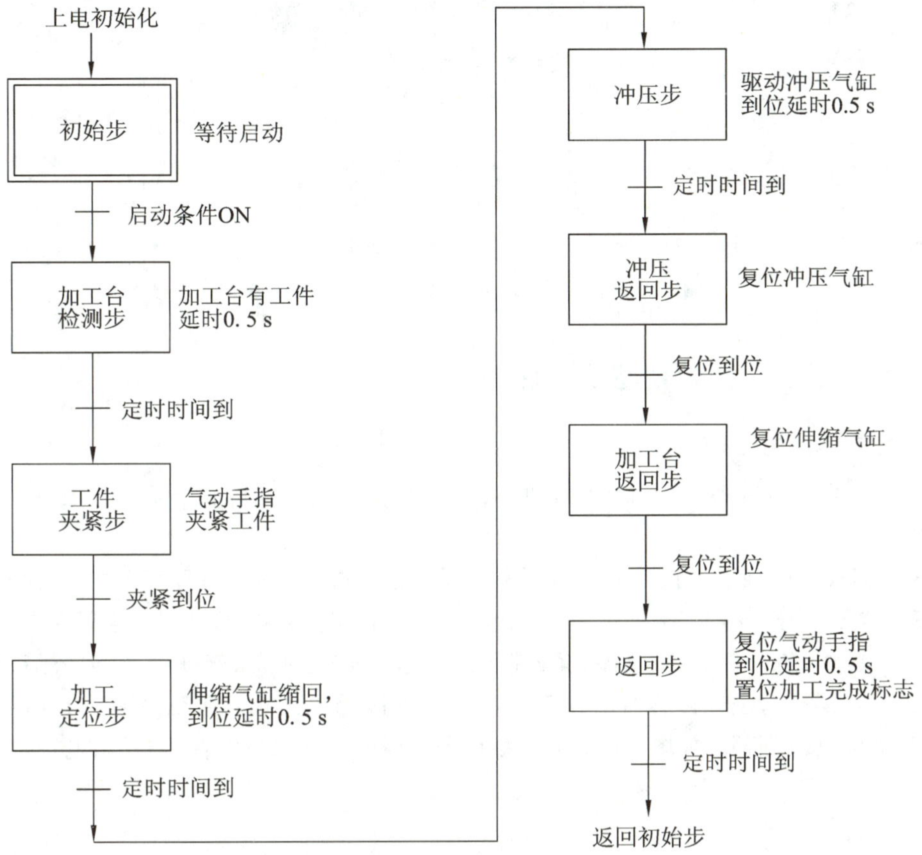

图 3.3 加工流程

3. 项目任务

(1) 规划 PLC 的 I/O 分配及接线端子分配。

(2) 设计 PLC 与外围输入、输出元件的电气接线原理图。

(3) 根据加工流程，编制 PLC 的步进顺序控制程序。

(4) 调试与运行程序。

项目实施

任务 1 磁性传感器的装调

冲压加工单元使用了手指气缸（气动手指）、笔形气缸（伸缩气缸）和微动气缸（冲压气缸），这些气缸上均安装了磁性传感器，以检测夹紧、伸缩及冲压动作的状态及位置，并将检测结果反馈给 PLC。磁性传感器功能类似于按钮，可以起通断作用，执行元件（气缸）到位传感器就闭合，不到位传感器就断开，如图 3.4(a)所示。为满足不同类型及规格气缸安装需要，磁性传感器的外形也呈多样化(见图 3.4(b))。图 3.4(c)所示为磁性传感器的符号。

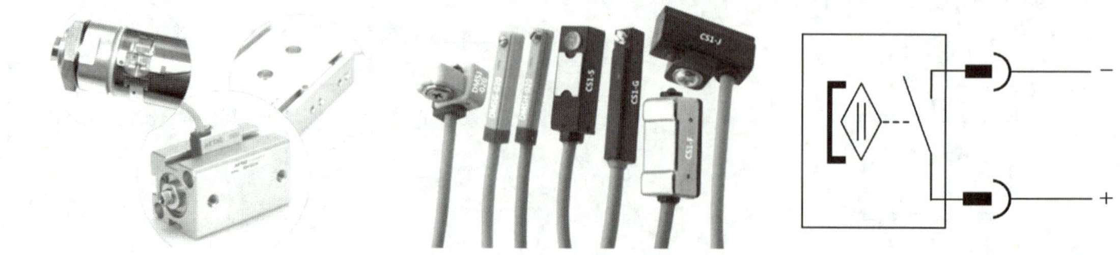

(a) 磁性传感器在气缸上的应用　(b) 磁性传感器实物　(c) 磁性传感器的图形符号

图 3.4　各种磁性传感器实物、图形符号及应用

一、知识平台　磁性传感器的原理与安装

1. 磁性传感器的工作原理

磁性传感器分为有触点的和无触点的两大类。有触点磁性传感器通过机械触点的动作实现通断。

图 3.5 所示是有触点磁性传感器的结构。有触点磁性传感器用舌簧开关作磁场检测元件。舌簧开关成形于合成树脂块内，并且一般与动作指示灯、过电压保护电路塑封在一起。磁性传感器安装于气缸外侧，气缸活塞上安装了一个永久磁铁制成的磁环。当磁环随活塞移动并靠近磁性传感器时，磁性传感器内舌簧的两根簧片被磁化而相互吸引，触点闭合；当磁环移开后，簧片失磁，触点断开，如图 3.6 所示。触点闭合或断开时，磁性传感器发出电控信号。

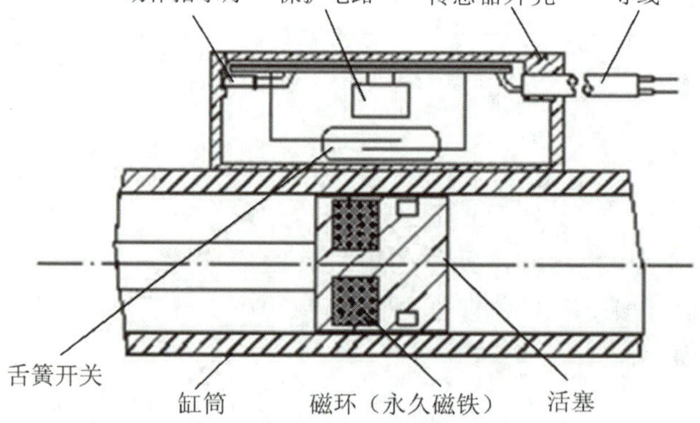

图 3.5　有触点磁性传感器的结构

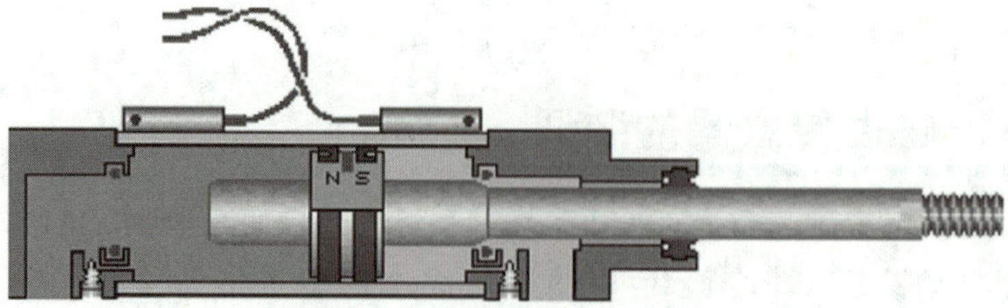

图 3.6　磁性传感器内部原理

无触点磁性传感器内部没有机械触点，是由磁敏电阻和其他电路（如晶体管电路）组成的磁性传感器，因此也被称作电子磁性传感器。磁敏电阻由强磁性合金薄膜制成，作为磁电转换元件，它对磁场变化相当敏感。当磁性传感器进入永久磁铁的磁场内时，磁敏电阻的输出信号明显增强，该输出信号经放大电路处理后，转换成磁性传感器的通断信号。

2. 磁性传感器的安装

由于气缸有不同的结构类型，所以与之相适应的磁性传感器也有不同的结构与安装形式。如图 3.7 所示为常见的磁性传感器安装配件。

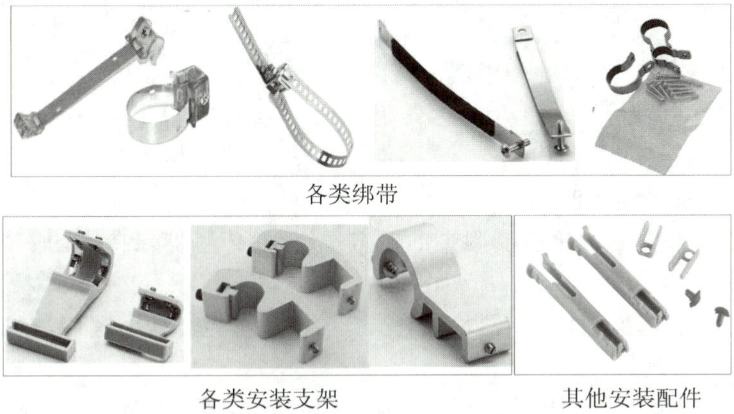

图 3.7　磁性传感器安装配件

以下介绍几种常见的安装方式。

1）绑带或钢带固定

如图 3.8 所示，采用钢带将磁性传感器安装在筒形气缸上。

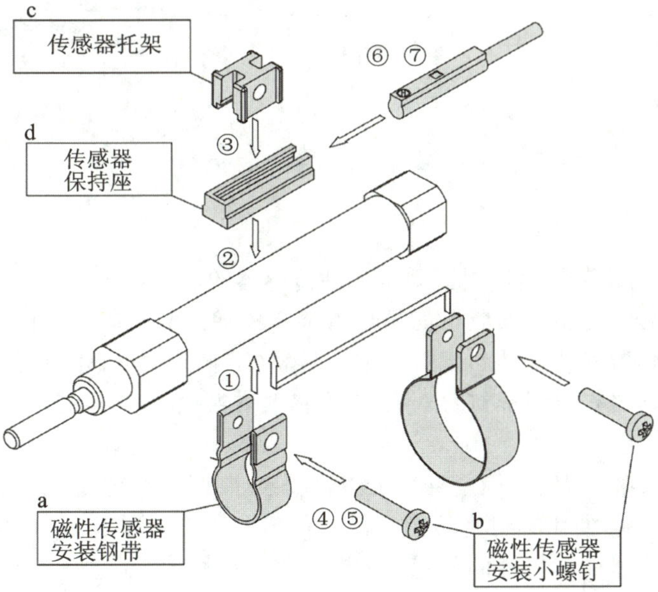

图 3.8　钢带固定磁性传感器安装步骤

安装步骤如下：

（1）将磁性传感器安装钢带安装到缸筒上；

（2）将传感器保持座放置到①的开口中；

（3）传感器托架的凹部朝下，放置到②上，将磁性传感器安装钢带的两个端部装入传感器托架两侧面的肋部；

（4）将磁性传感器安装钢带所附带的磁性传感器安装小螺钉穿过磁性传感器安装钢带的通孔，并通过传感器托架的通孔，预拧到磁性传感器安装钢带的螺纹上；

（5）用规定的磁性传感器安装小螺钉的安装力矩进行紧固，固定传感器托架和传感器保持座；

（6）将磁性传感器插入②的传感器保持座的磁性传感器安装槽；

（7）确认检测位置后，拧入磁性传感器附带的紧定螺钉，固定磁性传感器；拧紧时请使用握径合适的钟表（精密）螺丝刀。

磁性传感器位置调整方法如下：

（1）若要微调，松开磁性传感器附带的紧定螺钉，在传感器保持座的安装槽内滑动磁性传感器，以调整位置；

（2）若要大幅度移动磁性传感器位置，松开磁性传感器安装小螺钉，在缸筒上滑动传感器保持座来调整其位置。

安装说明：①适用于无拉杆的中小型缸；②磁性传感器安装钢带不得倾斜安装，否则传感器受冲击返回至正常位置时便会松动（如图 3.9 所示）；③请在合适的紧固力矩范围内使用，以防止拉长钢带反而不能固定，甚至拉断钢带。

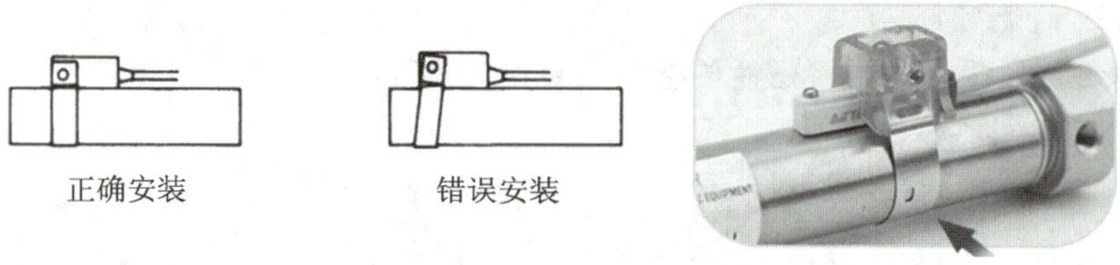

（a）安装质量　　（b）安装完成

图 3.9　磁性传感器安装说明及效果

2）直接安装

如图 3.10(a)所示，使用螺母螺钉固定磁性传感器的步骤如下：

（1）把插入缸筒的传感器安装槽的螺母滑移至传感器的大体设定位置；

（2）将磁性传感器安装臂的凸部放入缸筒导轨的凹部，并滑移至螺母的位置；

（3）将磁性传感器安装小螺钉穿过磁性传感器安装臂的安装孔，轻轻拧入磁性传感器安装螺母。

（4）再次确认安装位置后，拧紧磁性传感器安装小螺钉，固定磁性传感器。

如图 3.10(b)所示，使用螺钉直接锁紧磁性传感器的步骤如下：

（1）把磁性传感器插入气缸的传感器安装槽内，大体上设定在磁性传感器的安装位置。

（2）确认位置后，拧紧安装止动螺钉，磁性传感器便固定了。

3）导轨固定

导轨固定步骤如图 3.11 所示。

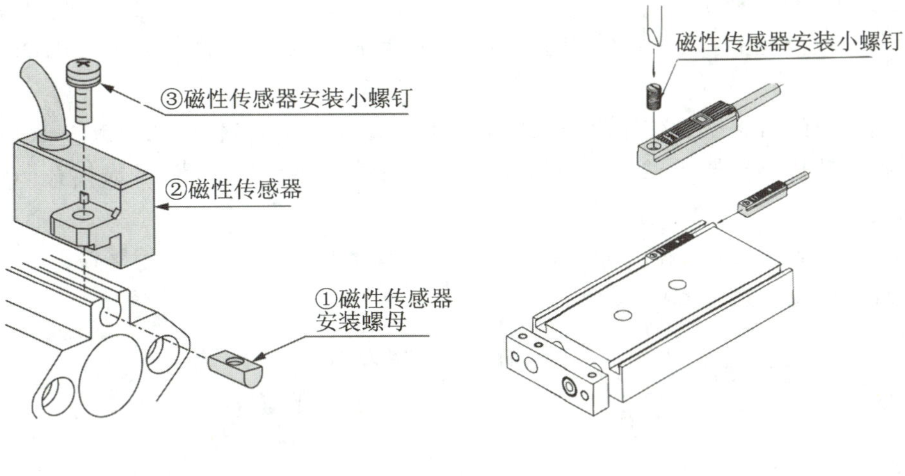

（a）安装螺母固定　　　　（b）螺钉直接锁紧

图 3.10　直接固定磁性传感器

（1）把方螺母插入传感器安装轨道，大体设定在传感器安装位置上。

（2）把磁性传感器安装件臂的凸部放入轨道的凹部，并滑移至螺母的位置。

（3）把磁性传感器安装件安装小螺钉通过磁性传感器安装件臂的安装孔轻轻旋入方螺母。

（4）取下附在磁性传感器上的紧定螺钉。

（5）将磁性传感器插入磁性传感器安装件的磁性传感器安装部。

（6）固定磁性传感器安装小螺钉。

（7）确认位置后，固定磁性传感器安装件安装小螺钉。

（8）位置的变更按固定磁性传感器的步骤(3)进行。

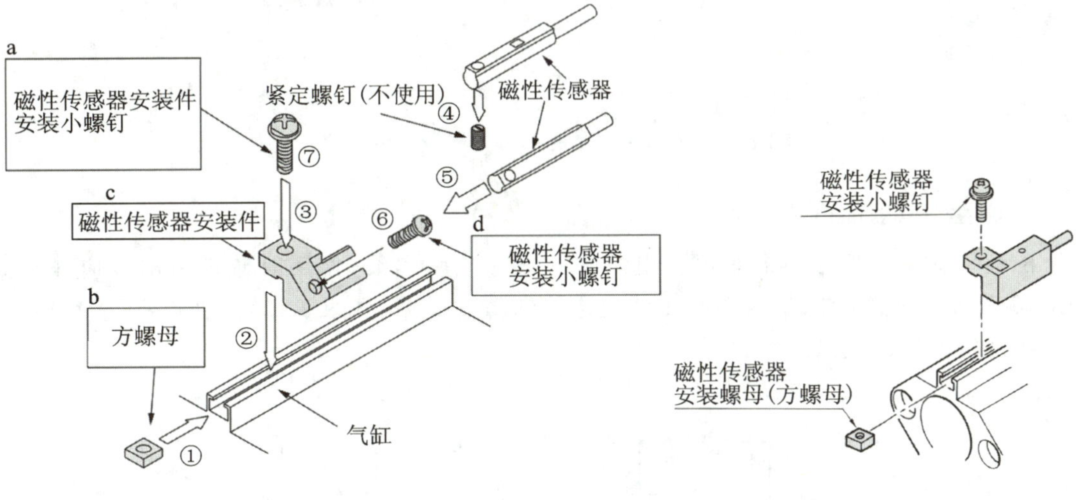

（a）安装步骤　　　　（b）安装示例

图 3.11　导轨固定

4）拉杆安装

如图 3.12 所示，对于带拉杆的气缸，采用壳体上有带孔夹片或带孔凸缘的磁性传感器，其安装及移动的步骤如下。

（1）在气缸拉杆上，放入磁性传感器安装件，且确保磁性传感器安装件的底面与缸筒接触。

（2）用紧定螺钉将磁性传感器安装件固定在检测位置上，可使用六角扳手等工具。

（3）把磁性传感器插入磁性传感器安装件的磁性传感器安装槽上，大体在磁性传感器的设定位置上。

（4）确认位置后，拧入附在磁性传感器上的安装小螺钉，固定磁性传感器。

（5）位置的变更按步骤(3)进行。

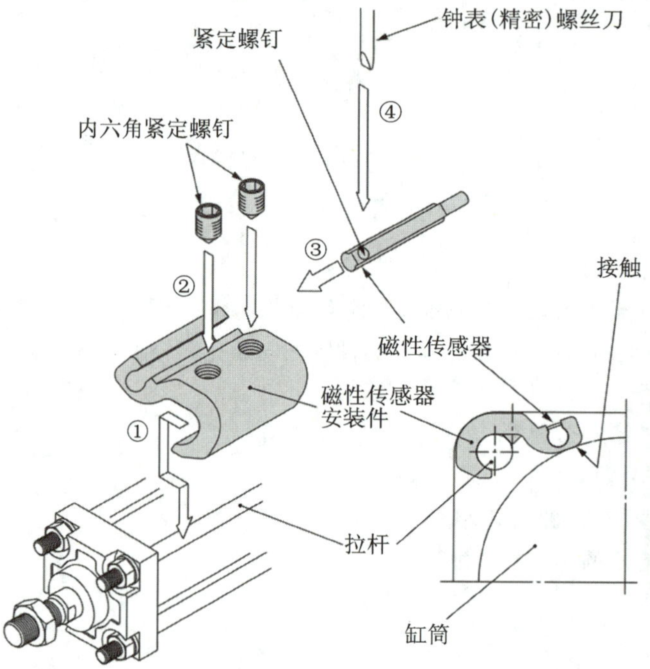

（a）安装步骤

（b）安装卡扣

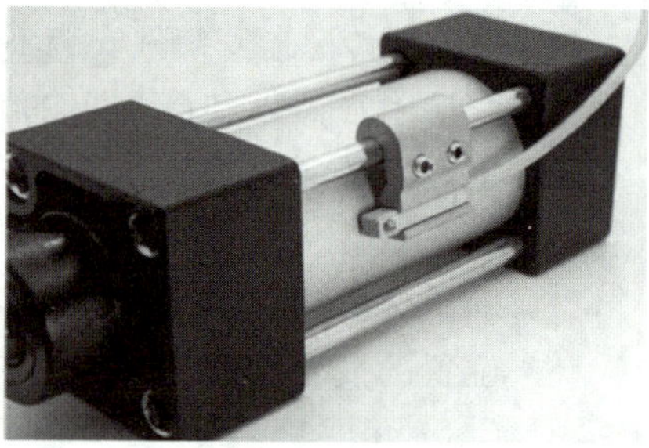

（c）安装完成

图 3.12　采用卡扣将磁性传感器安装在气缸拉杆上

3. 磁性传感器的电路连接

磁性传感器一般有一根蓝色引出线和一根棕色引出线，使用时蓝色引出线应连接到 PLC 输入回路的低电平端，棕色引出线应连接到高电平端（见图 3.13），且回路应接负载，不能直接连接电源（短接）。

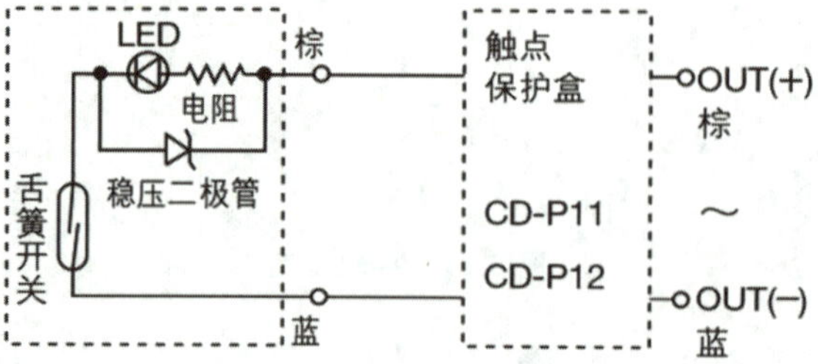

图 3.13　D-A93（带指示灯）

如图 3.14 所示为 SMC 公司 MC03 系列磁性传感器的有触点磁性传感器内部电路。带指示灯的磁性传感器一般有极性。如果逆向连接，磁性传感器动作，但发光二极管（LED）不亮。请注意，如果在负载短路的状态下令其打开，则会流过电流，使磁性传感器瞬间损毁。如果流过的电流超出规定值，会造成发光二极管损毁，不能动作。

接线时请尽量缩短配线长度，如果到负载的配线过长，磁性传感器开时的突入电流会增大，缩短产品寿命。如果使用没有设置触点保护回路的磁性传感器，配线长度在 5 m 以上时，请使用触点保护盒。

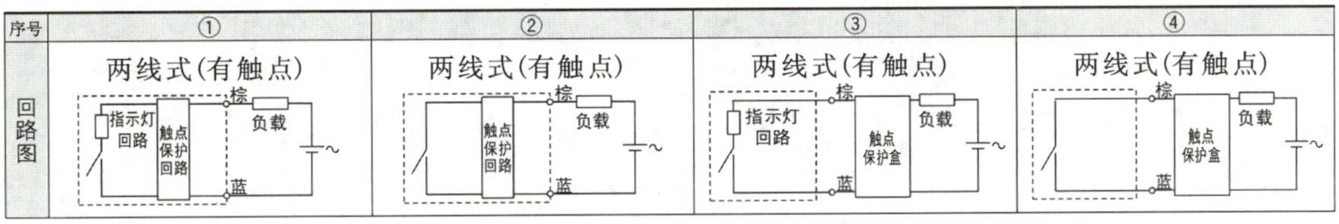

图 3.14 有触点磁性传感器内部电路

无触点磁性传感器按引线分为两线式与三线式两类，其内部电路如图 3.15 所示。两线式磁性传感器即使逆接也因有保护回路而不会损毁，但会呈常开状态。三线式磁性传感器如果电源逆接，有两种情况：①电源线＋与电源线－互换，磁性传感器因有保护回路而得到保护；②电源＋接蓝色线，电源－接黑色线，磁性传感器会损毁。

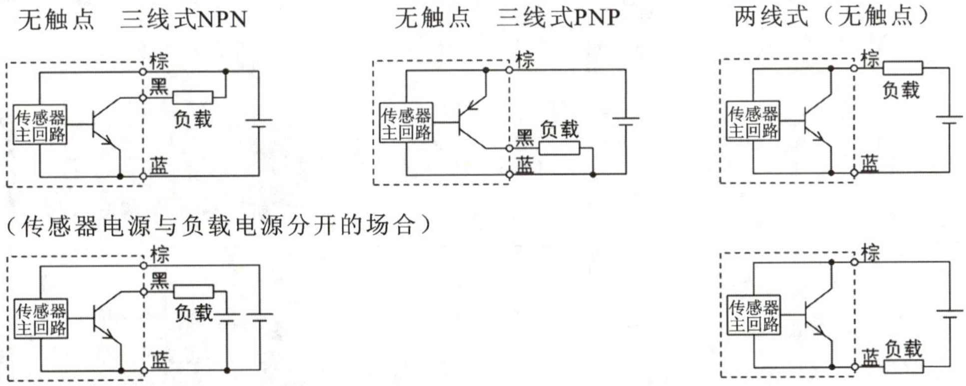

图 3.15 无触点磁性传感器的内部电路

4. 磁性传感器的最佳安装位置

如图 3.16 所示，气缸运动时，活塞磁环在靠近磁性传感器的一定范围内输出信号。$B \sim C$ 区间、$D \sim A$ 区间称为磁滞区间，此区间内传感器动作不稳定，易受外界干扰。磁滞区间以外的动作范围为最佳安装位置，其中间位置为最高灵敏度位置。安装磁性传感器时应将其位置调整至最高灵敏度位置。表 3.1 为磁性传感器用于检测活塞端点位置时的安装步骤。

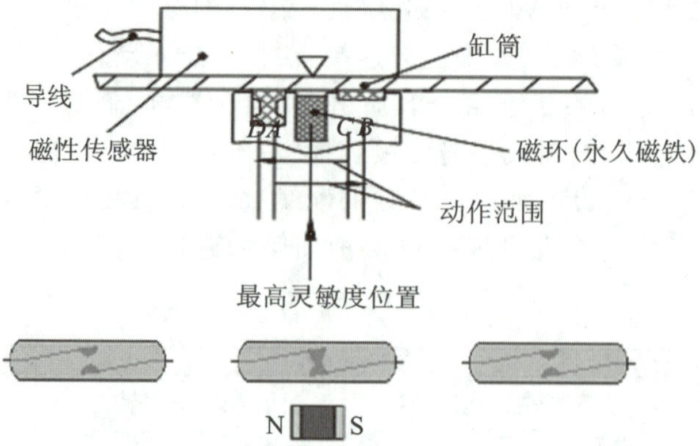

图 3.16　磁性传感器的动作原理

表 3.1　将磁性传感器安装于气缸端点的步骤

步骤说明	示意图
准备工作:磁性传感器通电	
步骤 1:将气缸的活塞推到端点的位置	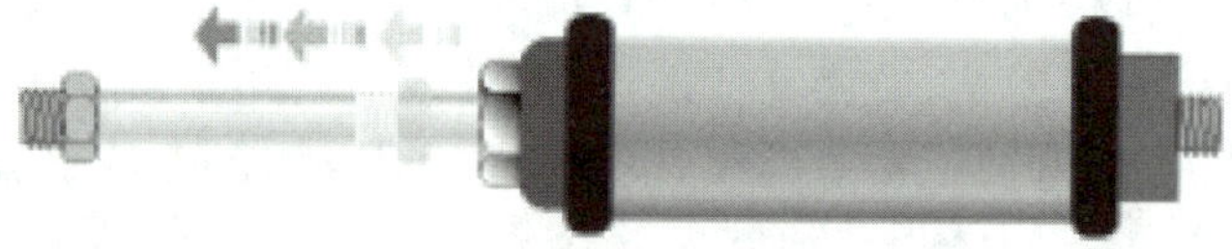
步骤 2:将磁性传感器紧贴气缸壁向前滑行,ON 时作一记号	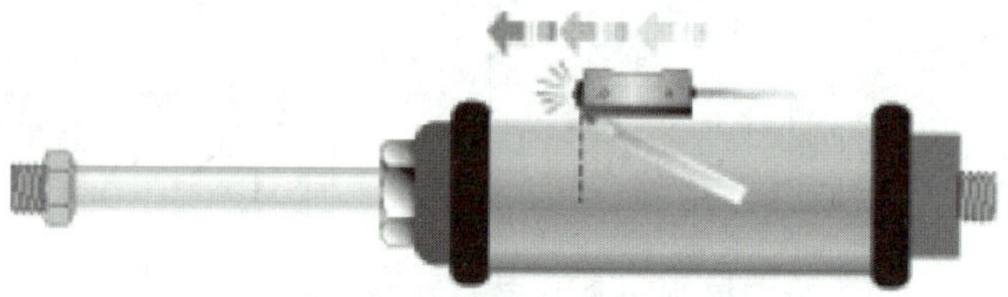
步骤 3:继续滑行至磁性传感器 OFF 后,停止向前滑行	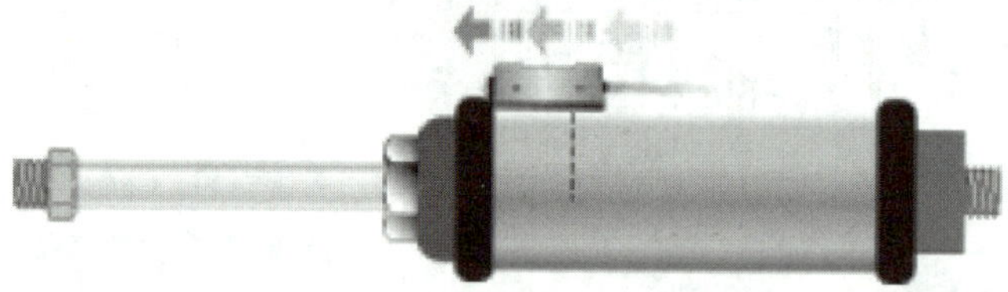
步骤 4:倒退滑行,待磁性传感器再次 ON 时作一记号	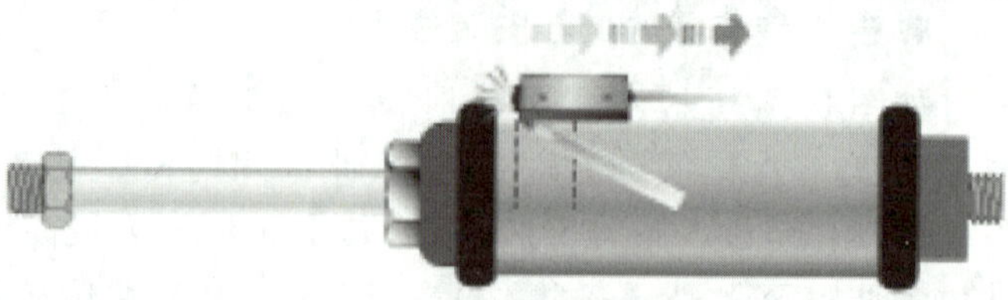
步骤 5:两个记号中间的位置为最佳安装位置	

5. 磁性传感器的检测

使用万用表检测有触点磁性传感器。如图 3.17 所示，可将磁性传感器靠近磁性物(如磁铁)；或贴近气缸表面，移动活塞，靠近磁性传感器。使用万用表测量磁性传感器输出信号线的通断。若接通，说明传感器正常；若不通，说明传感器损坏或发生故障。

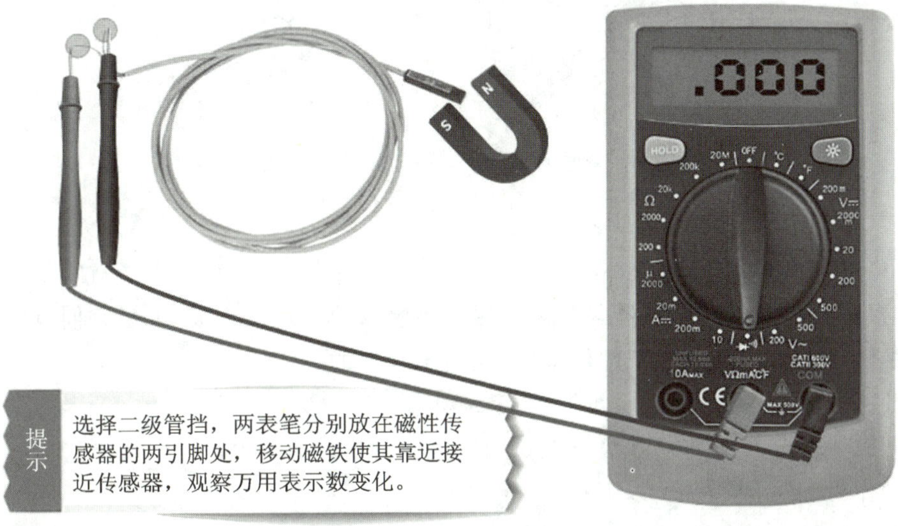

图 3.17　使用万用表检测有触点磁性传感器

通电检测。磁性传感器上常带有 LED，用于显示其信号状态，供调试时使用。磁性传感器动作时，输出信号“1”，LED 亮；磁性传感器不动作时，输出信号“0”，LED 不亮。所以，可以将磁性物接入电路，使其靠近/远离气缸活塞磁环，并观察 LED 的亮灭，据此来判断磁性传感器的好坏。此外，还可以使用万用表来测量磁性传感器在靠近/远离磁性物时的电压，以检测磁性传感器工作是否正常(可能 LED 不亮，但传感器信号正常)。

6. 磁性传感器的选择和使用

选择磁性传感器时，要注意以下几点：

(1) 气缸的型号(如 CJ、CA2 等)；

(2) 负载电压(DC 24 V、AC 100 V、AC 200 V、AC 24 V)；

(3) 线制(两线制、三线制)；

(4) 适合负载(继电器、程序控制器、IC 回路)；

(5) 安装形式(直接安装、轨道安装、环带安装、拉杆安装)。

磁性传感器使用注意事项如下：

(1) 电压和电流应避免超出使用范围；

(2) 磁性传感器严禁与电源直接接通，必须同负载(如继电器、PLC 等)串联使用；

(3) 选用磁性传感器和接入电路之前，要确认其使用的工作电源，采用直流电源时，磁性传感器的红色线接电源的正极；

(4) 避免在有强磁场、大电流的环境中使用磁性传感器气缸，若要使用，应加屏蔽装置；

(5) 不要反复弯曲或拉扯导线，避免导线与磁性传感器本体的连接部位产生断线(见图 3.18)。

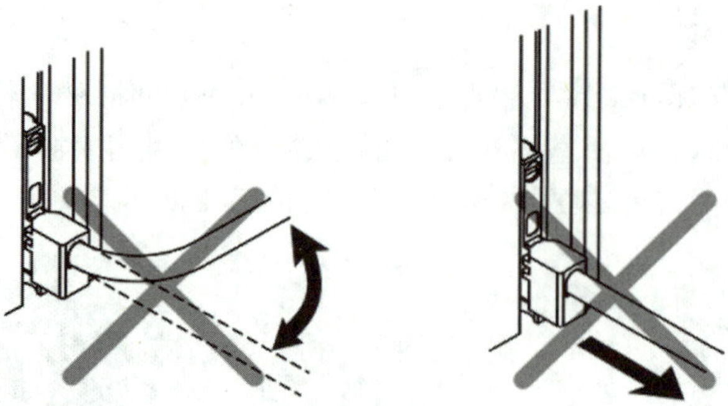

图 3.18 避免弯曲与用力拉扯磁性传感器的导线

二、任务实施

(1) 根据有触点磁性传感器与无触点磁性传感器的原理及组成，说说它们有什么区别。

① 由磁敏电阻和其他电子部件构成，故是半永久的；

② 开关内有一个干簧管(舌簧管)开关；

③ 寿命一般分布在几百万次至 1500 万次之间；

④ 动作时间短，在 1 ms 以下；

⑤ 动作范围一般为 3～10 mm，磁滞区间长度通常小于 1 mm，检测可靠性高；

⑥ 舌簧接点在开闭时产生的弹动，会造成输出信号有振荡的现象；

⑦ 流过舌簧接点的电流有限制，不能进行大容量的开闭；

⑧ 适合需传感器高频动作的场合；

⑨ 有漏电流，三线式的在 100 μA 以下，二线式的在 0.8 mA 以下；

⑩ 不存在漏电流。

上述描述中属于有触点磁性传感器的特点的是(　　　　　　　　　　　　)。

上述描述中属于无触点磁性传感器的特点的是(　　　　　　　　　　　　)。

(2) 根据图 3.19 中的提示，指出磁性传感器的安装方式，理清安装步骤，并在步骤前的括号中填上序号①②③等。

图 3.19(a)所示磁性传感器的安装方式为(　　　　　)。安装步骤如下。

(　　)把磁性传感器安装件放在气缸拉杆上，使磁性传感器底面贴紧缸筒，再用紧定螺钉将安装件紧固在传感器检测位置。

(　　)用磁性传感器安装小螺钉(M4)把磁性传感器固定在磁性传感器安装件上，再装上紧定螺钉。

(　　)变更检测位置，旋松紧定螺钉，移动磁性传感器至检测位置，同样让磁性传感器底面贴紧缸筒，再拧紧紧定螺钉。

图 3.19(b)所示磁性传感器的安装方式为(　　　　　)。安装步骤如下。

(　　)把安装钢带卷套在缸筒上，大体设置在安装位置上。

(　　)把磁性传感器的安装部位放在钢带的固定部位之间，让安装孔对准固定件的螺孔。

(　　)将磁性传感器安装小螺钉通过安装孔轻轻旋入钢带的螺孔。

(　　)检测位置确认后，让磁性传感器的底部与缸筒保持接触状态，拧入安装小螺钉，以固定磁性传感器。

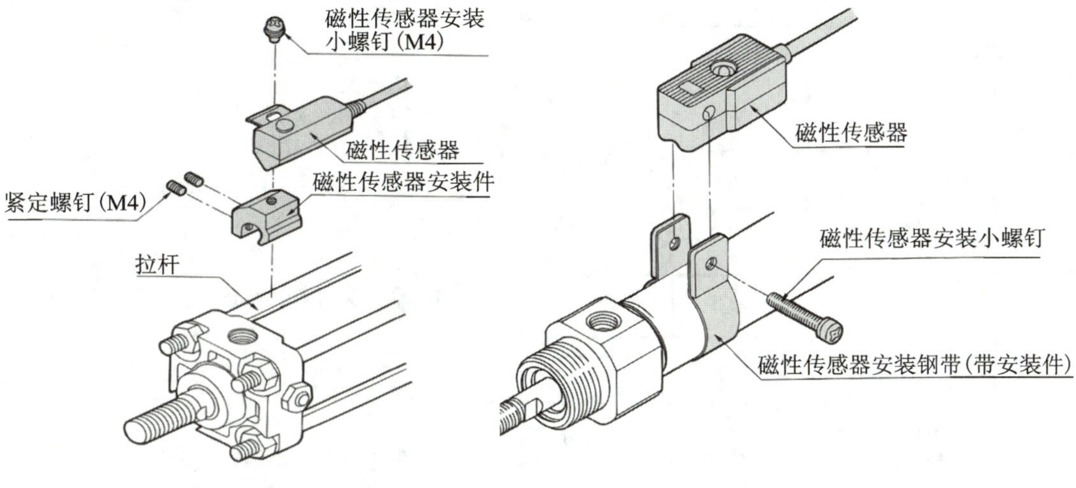

(a) 安装方式一　　(b) 安装方式二

图 3.19　磁性传感器的安装

任务 2　PLC 的 I/O 接线与编程

一、知识平台　暂停功能的实现方法

1. 主控及主控复位(MC/MCR)指令

MC(master control)：主控指令，或公共触点串联连接指令，用于表示主控区的开始。 MC 指令只能用于输出继电器 Y 和辅助继电器 M(不包括特殊辅助继电器)。

MCR(master control reset)：主控指令 MC 的复位指令，用来表示主控区的结束。

在编程时，我们经常会遇到许多线圈同时受一个或一组触点控制的情况，如果在每个线圈的控制电路中都串入同样的触点，将占用很多存储单元，主控指令可以解决这一问题。使用主控指令的触点称为主控触点，它在梯形图中与一般的触点垂直。主控触点是控制一组电路的总开关。

如图 3.20 所示，当输入 X0 为 ON 时，执行从 MC 到 MCR 的指令，但是当 X0 为 OFF 时，各个驱动软元件的动作如下。

变为 OFF 的软元件：定时器(累计定时器除外)、用 OUT 指令驱动的软元件。

保持状态的软元件：累计定时器、计数器、用 SET/RST 指令驱动的软元件。

2. 条件跳转(CJ)指令

当指令输入为 ON 时，执行指定标记(指针编号)的程序。 CJ 指令用于程序流程控制：指令为 ON 时，直接跳转至指针 P 的位置，中间的程序被跳过不执行；当指令为 OFF 时，执行 CJ 指令与指针 P 之间的程序。CJ 指令可缩短循环扫描时间(运算周期)。其使用说明如图 3.21 所示。

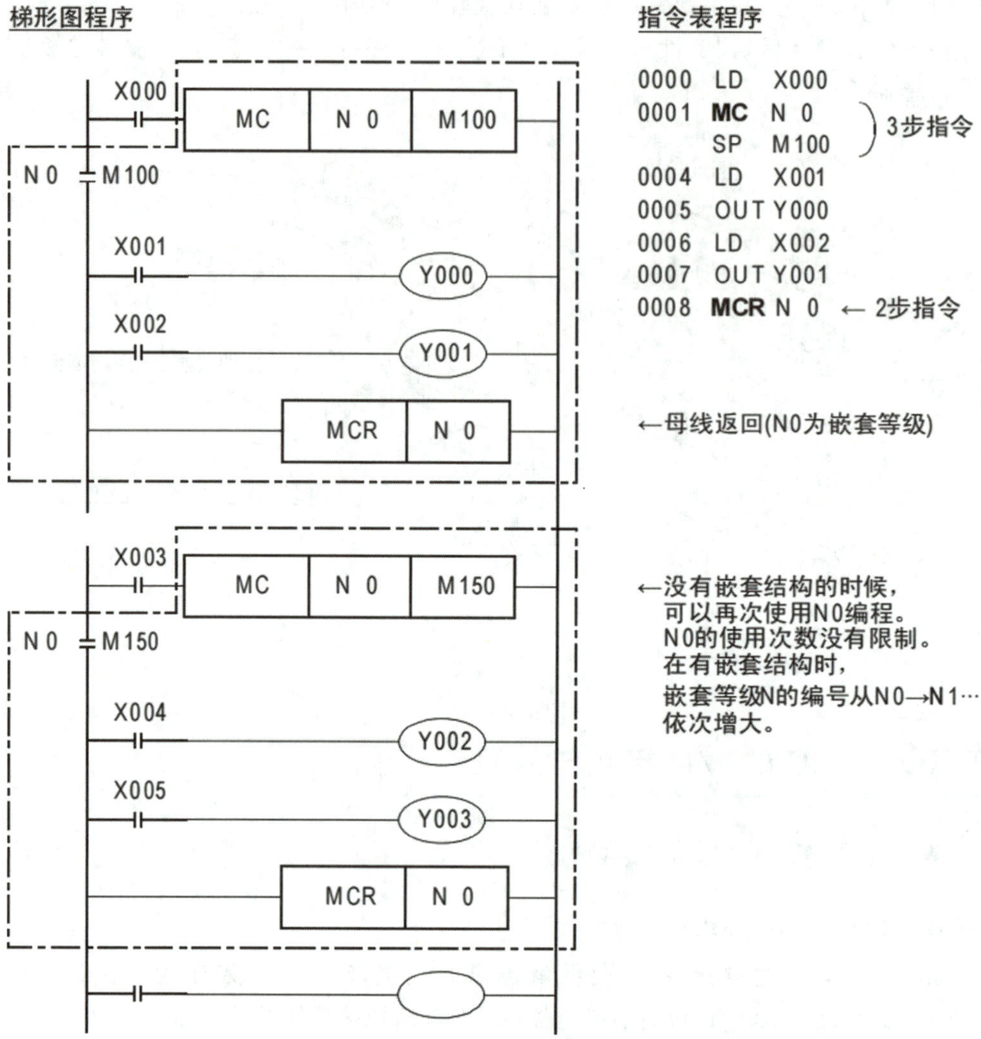

图 3.20　MC/MCR 指令应用示例

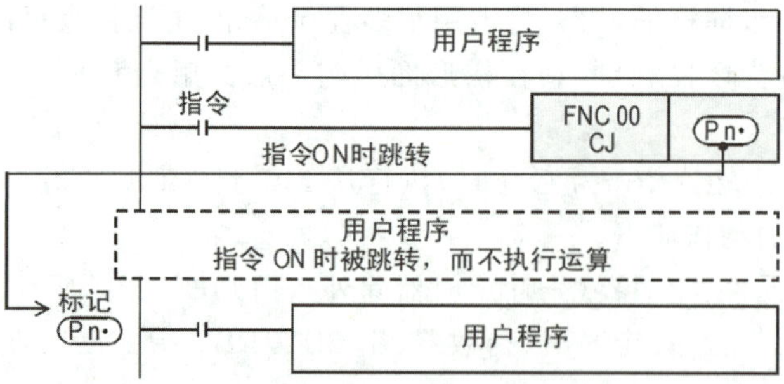

图 3.21　CJ 指令说明

CJ 指令的执行方式如图 3.22 所示。当 X1 触点为 ON 时，直接跳转至指针 P0 的位置，中间的程序 B 被跳过不执行。当 X1 触点为 OFF 时，执行 CJ 指令与指针 P0 之间的程序 B。

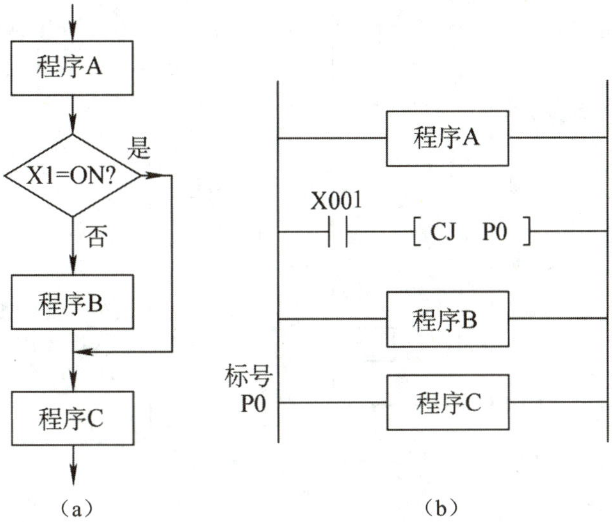

图 3.22 CJ 指令的执行方式

3. CJ 指令的应用

为了提高设备的可靠性，在工业控制中，常有手动、自动两种工作方式供选择，自动方式常用于控制正常运行的程序，手动方式常用于工作设定、调试。这就要在项目中设计手动/自动切换程序。我们可以利用 CJ 指令实现手动/自动切换功能，如图 3.23 所示。

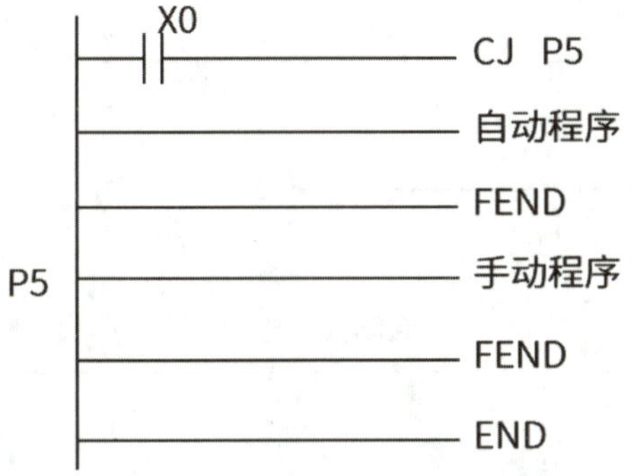

图 3.23 CJ 指令用于手动/自动模式切换

【例 3-1】 如图 3.24 所示为 PLC 控制单台电动机的接线原理图，电动机在手动模式下执行点动控制，在自动模式下按启动按钮保持运行 30 s 后停止。试使用 CJ 指令实现如图 3.25 所示的电动机手动/自动切换功能。

CJ 指令说明：

(1) 执行使用双线圈的程序。在指针后和中间的程序中可以使用双线圈，程序不报错，因为两段程序不可能同时顺序执行。

(2) 使用 CJ P63 指令，程序将直接跳转至 END。

(3) CJ 指令和触点线圈的动作如图 3.26 所示。

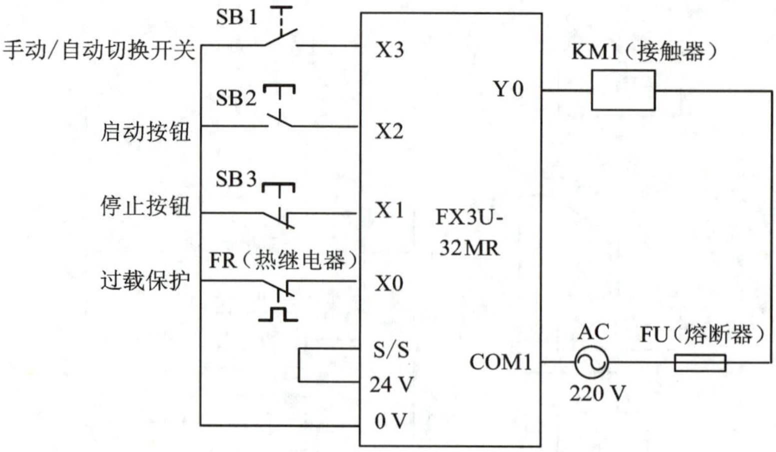

图 3.24　PLC 控制单台电动机接线原理图

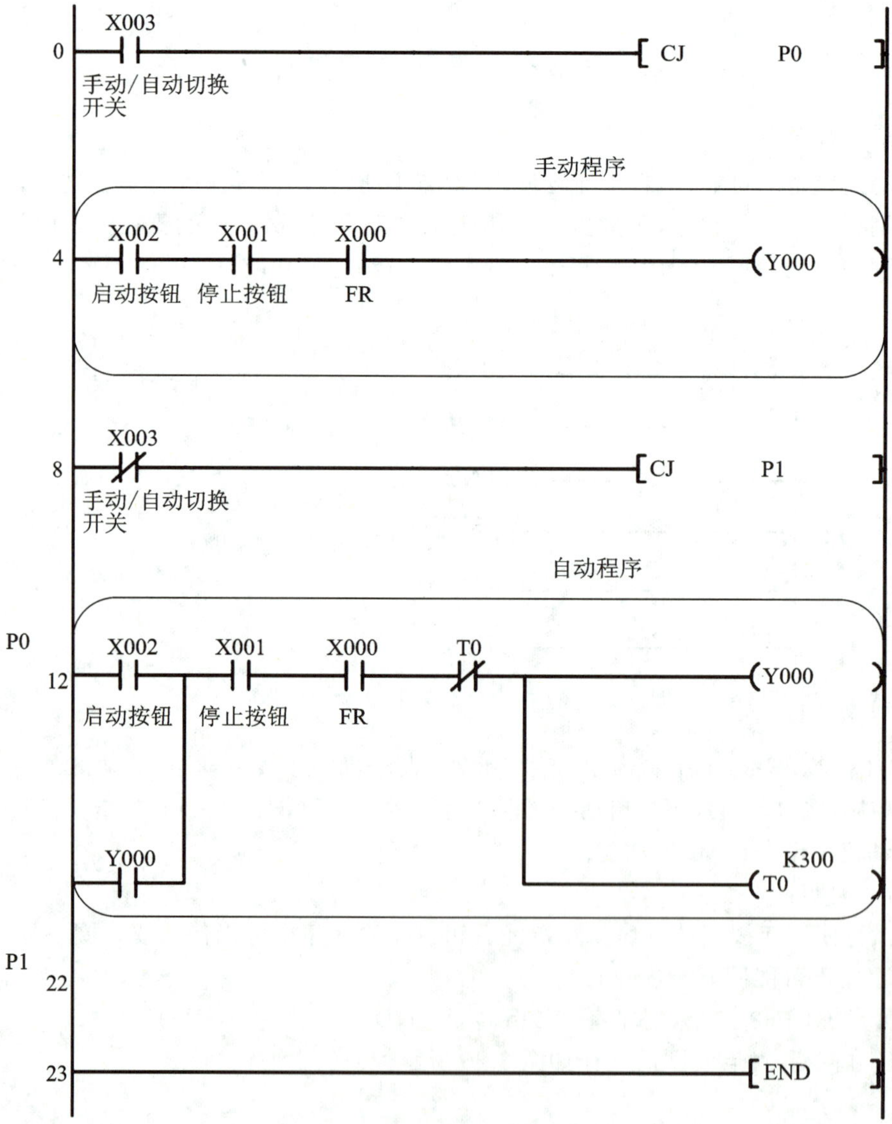

图 3.25　CJ 指令实现手动/自动切换功能的程序

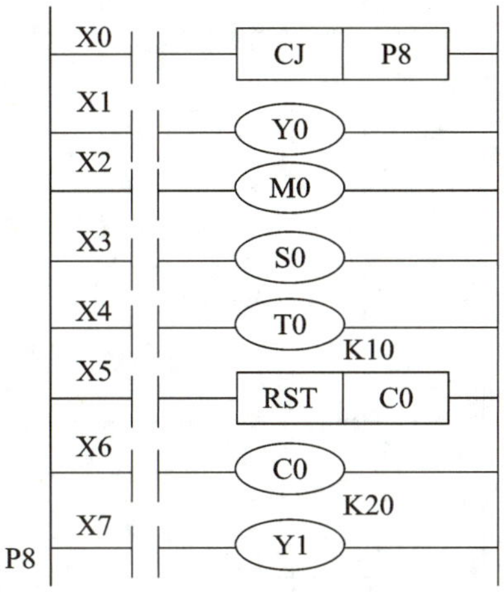

(1)当X0为ON时，从第1个回路的CJ指令向标记P8跳转。Y0、M0、S0的状态不会随它们的驱动触点X1、X2、X3的状态变化而变化。

(2)定时器和计数器如果被CJ指令跳过，则跳步期间它们的当前值被冻结。

(3)如果在跳步开始时定时器和计数器正在工作，那么在跳步期间，它们将停止计时和计数，在CJ指令的执行条件不被满足时继续工作。

图 3.26　使用 CJ 指令时元件的状态

二、任务实施

1. 加工单元程序编写思路

加工单元工作流程与供料单元的工作流程类似，也是 PLC 上电后应首先进入初始状态检查阶段，确认系统已经准备就绪后，才允许接收启动信号，投入运行。但加工单元工作任务中增加了急停功能。为了使急停后系统停止工作而状态保持，以便急停复位后系统能从急停前的断点开始继续运行，可以用两种方法，一种方法是用 MC/MCR 指令实现，另一种方法是用 CJ 指令实现。

2. 任务实施步骤

1）完成 PLC 的 I/O 分配及系统安装接线

加工单元选用 FX3U-32MR PLC，共 16 点输入和 16 点继电器输出。请根据表 3.2 的提示，将 PLC 的 I/O 信号分配完整。

表 3.2　加工单元 PLC 的 I/O 信号表

输入信号				输出信号			
序号	PLC 输入点	信号名称	信号来源	序号	PLC 输出点	信号名称	信号来源
1		加工台物料检测	传感器模块	1		夹紧电磁阀	电磁阀组
2		工件夹紧检测		2		伸缩电磁阀	
3		加工台伸出到位		3		加工压头电磁阀	
4		加工台缩回到位		4			
5		加工压头上限		5			
6		加工压头下限		6			

续表

输入信号				输出信号			
7				7			
8				8		正常工作指示	按钮/指示灯模块
9				9		运行指示	
10				10			
11		停止按钮	按钮/指示灯模块				
12		启动按钮					
13		急停按钮					

2）绘制加工单元的I/O接线原理图

请根据加工单元PLC的I/O信号表，在下方方框中绘制出加工单元PLC的I/O接线原理图。

（1）程序设计。

方案一：使用MC/MCR指令实现急停功能。

请根据项目任务要求，结合MC/MCR指令的使用方法，理清编程思路，从表3.3中选择“程序块积木”，搭建程序的基本结构。

表3.3 使用MC/MCR指令实现急停处理的编程思路

程序结构	程序块积木
	A 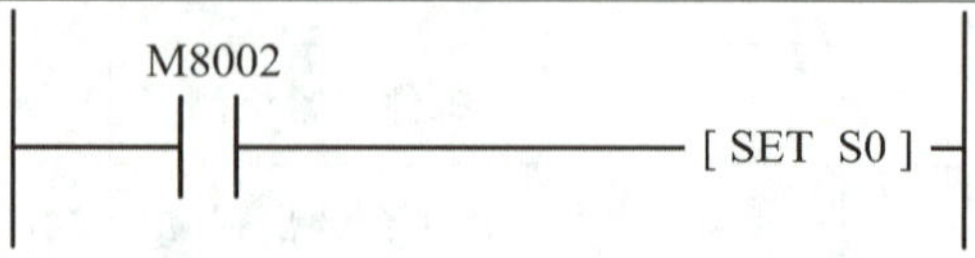 B 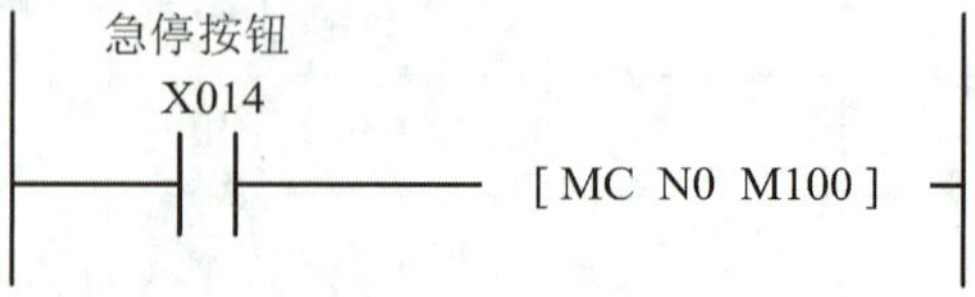

续表

程序结构	程序块积木
	C 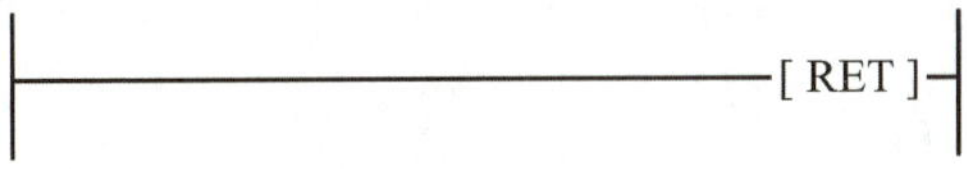
	D 
	E 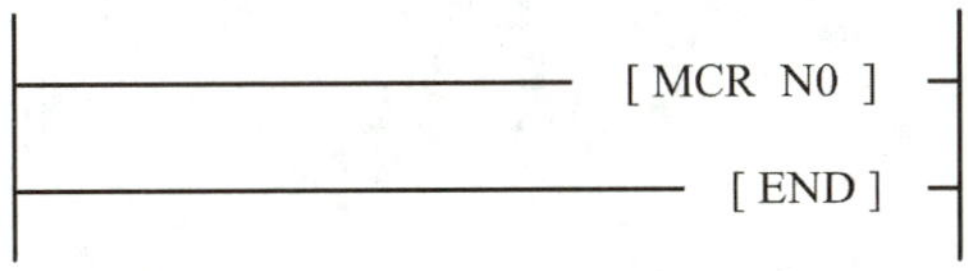
	F 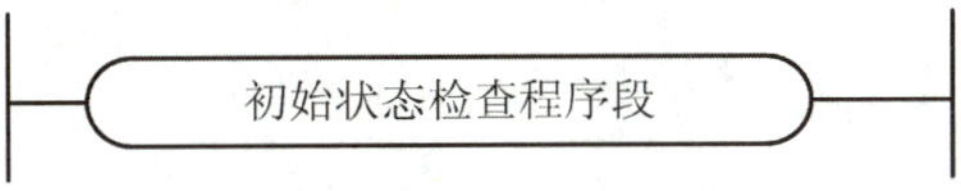
	G 
	H 

思考：(1)按下急停按钮时，X14 是 ON 还是 OFF?

(2)X14 为 ON 时，是否执行步进顺序控制程序段?

(3)步进顺序控制程序段是否应放在 MC 指令和 MCR 指令之间?

(4)X14 为 OFF 时，哪些元件保持为 ON?

方案二：使用 CJ 指令实现急停功能。

请根据项目任务要求，结合 CJ 指令的使用方法，理清编程思路，从表 3.4 中选择“程序块积木”，搭建程序的基本结构。

表 3.4 使用 CJ 指令实现急停处理的编程思路

程序结构	程序块积木
	A 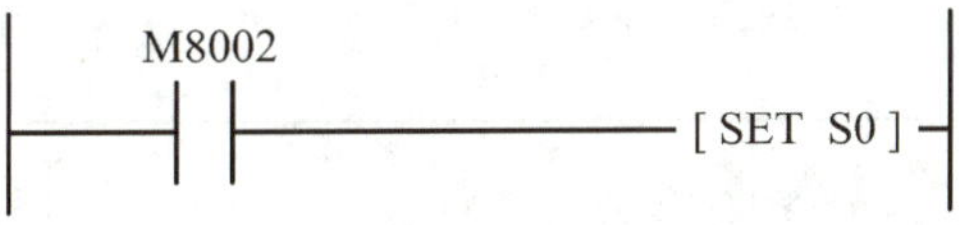
	B 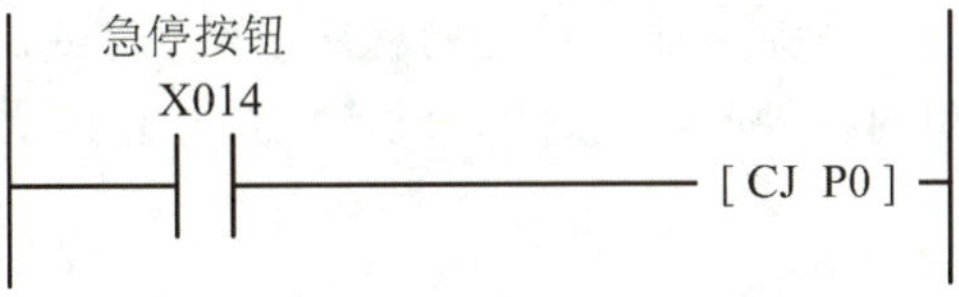

续表

程序结构	程序块积木
	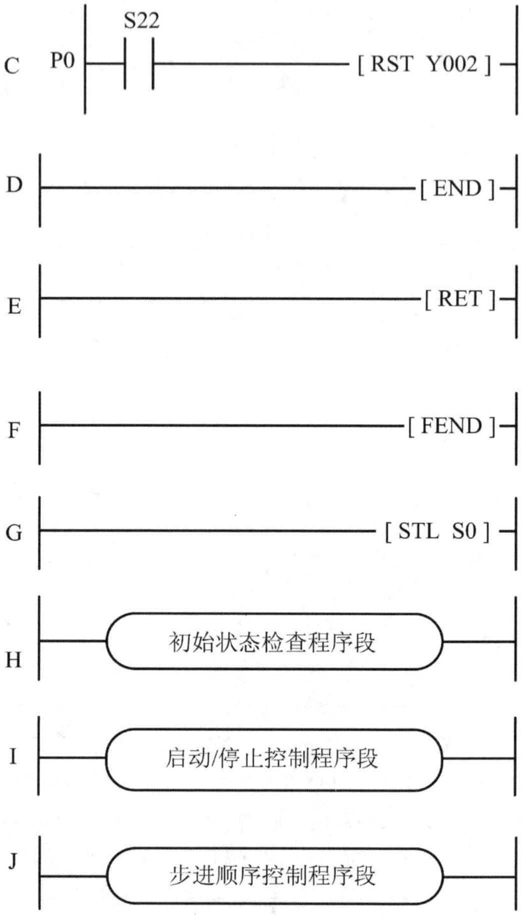

思考:(1)按下急停按钮时,程序跳转到哪里开始执行?

(2)步进顺序控制程序段应该安排在 CJ 指令的前面还是后面?

(3)执行 CJ 指令后,步进顺序控制程序段是否被扫描?

(4)执行 CJ 指令后,步进顺序控制程序段的元件状态如何?

(5)FEND 指令有什么作用? 应放置于什么地方?

(2) 程序运行调试。

请完成加工单元的程序下载、调试,直至其运行正常。在表 3.5 中,记录调试过程中出现的各种问题、故障,分析原因,并总结实施的故障排除方法。

项目实施记录

表 3.5 项目实施记录

学习情境		气缸位置检测与控制		
序号	实施环节	故障现象	原因分析	解决的办法
1	磁性传感器的检测	气动手指夹紧/松开时均无信号输出		
2	磁性传感器的安装与调试	冲压气缸下行时 LED 亮一下,但在下限位 LED 不亮		
3	程序调试	按下急停按钮,未能实现急停功能		
4				
5				
实施总结				

项目总结

表 3.6 项目总结

问题引导	我的小结
1. 加工单元使用了哪些传感器?	
2. 在加工单元中,这些传感器所起的作用是什么?	
3. 为什么气动手指只使用 1 个磁性传感器,而冲压气缸和伸缩气缸分别使用 2 个磁性传感器?	

续表

问题引导	我的小结
4. 手指气缸、冲压气缸和伸缩气缸上的磁性传感器的安装方式有什么不同?	
5. 如何判断磁性传感器是否损坏?	
6. 磁性传感器有信号输出,但是LED没有显示,这是什么原因?	
7. 加工单元实现急停的方法有哪些?	
8. MC/MCR指令是如何实现急停功能的?	
9. CJ指令是怎样实现急停的?	
10. CJ P63指令有什么作用?	
11. 其他重要知识、技能点	

项目拓展

在完成上述项目任务要求的基础上,为加工单元增加系统状态显示功能。

(1) 初始状态:设备上电和气源接通后,滑动加工台伸缩气缸处于伸出位置,加工台气动手指处于松开的状态,冲压气缸处于缩回位置,急停按钮没有被按下。

(2) 若设备处于上述初始状态,则“正常工作”指示灯HL1常亮,表示设备准备好。否则,该指示灯以1 Hz频率闪烁。

(3) 若设备准备好,按下启动按钮,设备启动,“设备运行”指示灯HL2常亮。执行冲压加工的步进顺序动作。如果没有停止信号输入,当再有待加工工件送到加工台上时,加工单元又开始下一周期工作。

(4) 在工作过程中,若按下停止按钮,则加工单元在完成本周期的动作后停止工作。指示灯HL2熄灭。

(5) 在工作过程中,当急停按钮被按下时,指示灯HL2以1 Hz频率闪烁。急停解除后,指示灯HL2恢复常亮。

编写控制程序,以满足上述任务要求。

习题巩固

一、选择题

1. (多选)关于有触点磁性传感器,以下说法正确的是(　　)。

A. 使用舌簧管开关　　B. 通过磁性检测进行 ON-OFF 输出

C. 依靠机械触点的动作工作　　D. 同继电器、限位开关具有接触触点部分

2. MC 指令的有效范围是(　　)。

A. 整个程序段

B. 最近的 MCR 指令之前的程序

C. 最后一个 MCR 指令之前的程序

3. 关于 MC/MCR 指令的叙述不正确的是(　　)。

A. 其目标元件只能是 M　　B. 与主控触点相连的触点要用 LD 类指令

C. 嵌套级数最多为 8 级　　D. 目标元件不能是特殊的辅助继电器

4. 功能指令中的 CJ 是(　　)指令。

A. 主控　　B. 跳转　　C. 中断　　D. 转换

5. CJ 指令的操作软元件可以是(　　)。

A. M　　B. S　　C. P0-P63　　D. Y

6. 关于 PLC 的 CJ 指令,下列说法正确的是(　　)。

A. END 处需要标注 P63　　B. 操作数范围不允许变址修改

C. 多条 CJ 指令可以使用同一标号　　D. 同一条 CJ 指令可以对应多个标号

7. 在 CJ 指令中,P63 表示跳转到(　　)。

A. P63　　B. RET　　C. FEND　　D. END

8. (多选)关于 PLC 的程序区,以下说法不正确的是(　　)。

A. PLC 的用户程序一般分为主程序区和副程序区

B. 主、副程序区的分界线为主程序结束指令 END

C. 副程序在 FEND 指令和 END 指令之间编写

D. 主程序是必不可少的,且只有一个,它是完成用户控制要求的程序

E. 副程序区是子程序、中断服务程序所在的区域

F. 主程序、副程序均可有可无

二、判断题

(　　)1. MC、MCR 指令应成对使用。

(　　)2. MC 指令操作元件可以是特殊辅助继电器。

(　　)3. STL 指令可以与 MC/MCR 指令一起使用。

(　　)4. CJ 指令不能实现在主程序和子程序之间跳转。

(　　)5. CJ 指令为跳转指令,其规则是:满足条件,则跳过部分程序执行;不满足条件,则顺序执行。

三、分析题

1. 请分析图 3.27 所示三个程序段存在的错误，并改正。

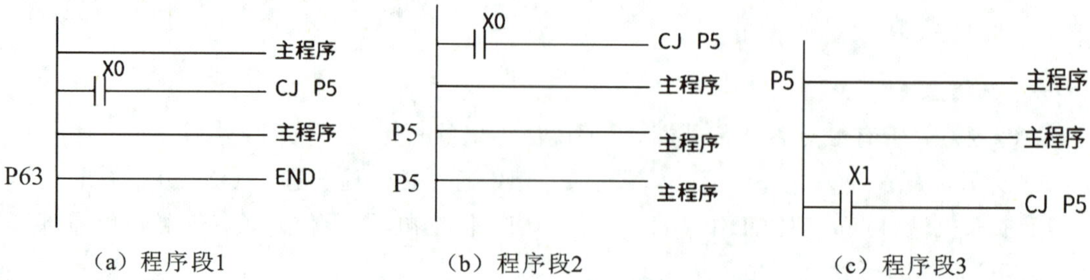

图 3.27 应用 CJ 指令编写的程序

2. 请分析图 3.28 所示程序段存在的错误，并改正。

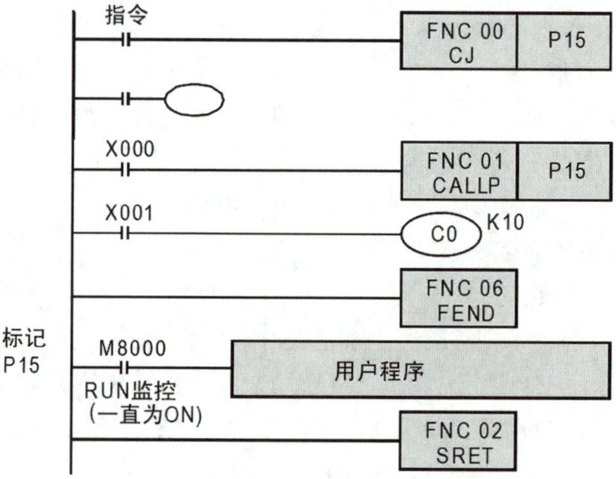

图 3.28 程序段示例

项目考核与评价

表 3.7 项目考核与评价

项目	内容	配分	要求	自我评价	小组互评	教师评价
实施过程	I/O 分配	10 分	按照任务要求，明确所有输入、输出元件			
	电气设计及接线	10 分	原理图与 I/O 分配对应，绘制规范；接线规范整齐，符合工艺要求			
	传感器安装与调整	10 分	正确安装传感器且灵敏度调整合适			

续表

项目	内容	配分	要求	自我评价	小组互评	教师评价
功能测试	电路测试与故障排除	10 分	上电前和通电后会使用万用表检测、分析故障,并排除故障			
	程序设计与调试	20 分	编写完整程序并下载调试,分析错误并排除故障			
	系统运行	10 分	实现任务既定功能,系统运行稳定、可靠			
职业素养	分工与配合	5 分	任务分配合理,分工明确,配合紧密			
	职业素养	5 分	注重安全操作,工具及器件摆放整齐			
资料填写	任务书	10 分	搜集信息,引导问题回答正确			
	工作计划	5 分	计划步骤安排合理,时间安排合理			
	材料清单	5 分	材料齐全			
综合评价						
总评						

项目4

机械手搬运控制

项目目标

知识目标

(1) 掌握顺序功能图的功能、构成要素及特点。
(2) 理解顺序功能图编程常用的几种结构形式。
(3) 掌握顺序功能图的转换及编程方法。

能力目标

(1) 掌握顺序功能图的绘制方法。
(2) 掌握步进顺序控制程序的设计方法。
(3) 掌握 GX Works2 中编制顺序功能图程序的操作方法。
(4) 掌握用顺序功能图编程实现循环、跳转、选择分支、并行分支的方法。

素质目标

(1) 具备自主获取资讯的能力和团队协作意识。
(2) 懂得安全用电规范操作。
(3) 具备 5S 意识,并能贯彻实施。

项目描述与任务

1. 项目描述

搬运机械手主要由伸缩气缸、下降气缸和手指气缸驱动。其原始位置在左上方,当光电传感器检测到工件放置于工作台后,机械手将工件从 *A* 位置移送到 *B* 位置,然后再空手从

B 位置返回 *A* 位置。

2. 项目要求

搬运机械手的控制面板如图 4.1 所示,其控制功能要求如下。

(1) 可手动控制,每个动作均能手动操作,用于将机械手复归原位。

(2) 可自动控制,启动条件为机械手必须在原点位置,且机械手为松脱状态。

(3) 可单周期运行,机械手按图 4.2 所示工作一个周期,一个周期的工作过程是:原点→下降→夹紧(1 s)→上升→右移→下降→放松(1 s)→上升→左移→原点。

(4) 可连续运行,在一个周期运行结束后,自动进入下一个周期的运行。

(5) 按下停止按钮时,机械手停止运行。

(6) 系统设有手动控制功能,以便使机械手回到原始位。当机械手在 *A* 位置和 *B* 位置做夹紧钳口或放松钳口动作时,均需要 1 s 延时,用于相应动作状态的保持。当按下启动按钮时,机械手开始按步工作;当按下停止按钮时,机械手停止当前工作。

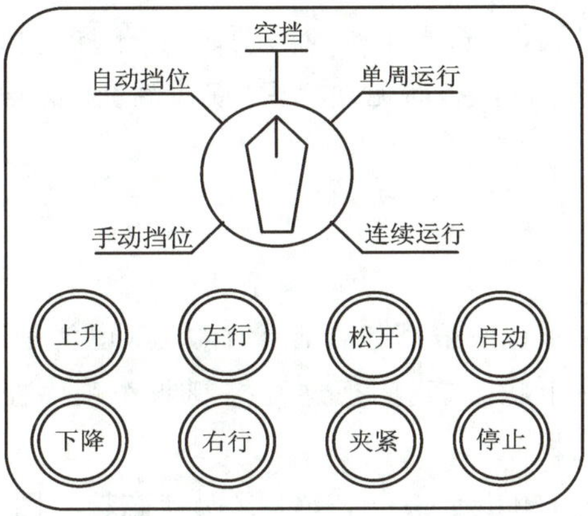

图 4.1 搬运机械手控制面板

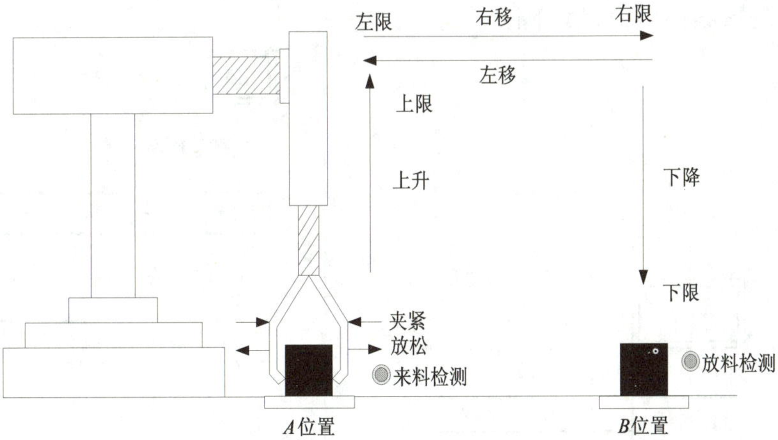

图 4.2 搬运机械手系统示意图

3. 项目任务

(1) 根据系统控制要求,设计系统 I/O 分配,绘制机械手搬运控制系统的顺序功能图。

(2) 使用 GX Works2 设计顺序功能图程序。

(3) 完成程序运行与调试。

项目实施

任务1　顺序功能图的绘制

根据项目描述，机械手搬运工件的步骤是抓取→转移→放置→回原点，机械手以启动→手臂下降→手爪夹紧(延时)→手臂上升→右移→……→左移(回原点)等一系列动作顺序执行控制任务，属于典型的顺序控制系统。为了便于理清编程思路、调试和排除故障，可采用顺序功能图来实现程序控制。

顺序功能图编程法相较于传统梯形图编程法有很多优点：①顺序功能图编程法允许将一个复杂的问题逐层地分解为步和较小的能够被详细分析的顺序，可以把程序分成多个程序步，控制流程清晰，程序可读性强，便于查找问题；②在不同时执行的步(S)里，可以写入相同的Y点输出指令或脉冲输出指令，而无须考虑"双线圈"和复杂的互锁问题。

一、知识平台　顺序功能图

1. 顺序功能图的组成

流程作业的自动化控制系统一般都包含若干个状态(也就是工序)，当条件满足时，系统能够从一个状态转移到另一个状态，我们把这种控制叫作顺序控制。对应的系统则称为顺序控制系统或流程控制系统。

顺序功能图(sequential function chart，SFC)又叫状态转移图，用于描述控制系统的顺序控制过程，具有简单、直观的特点，是设计PLC顺序控制程序的一种有用工具，主要由步、动作、有向连线、转移条件组成，如图4.3所示。

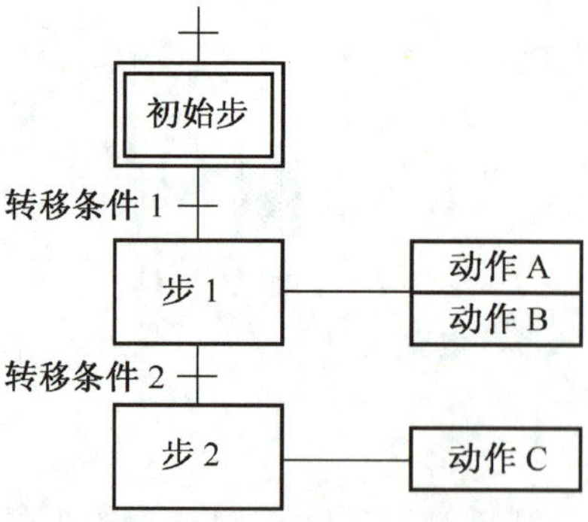

(a) 顺序功能图的要素

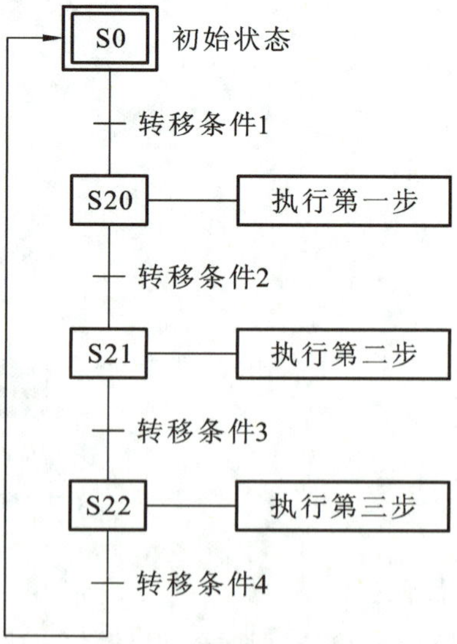

(b) 顺序功能图

图4.3　顺序功能图的组成

(1) 步。将一个复杂的顺序控制程序分解为若干个状态,这些状态称为步。步可以分为活动步和静步。活动步是正在运行的步。静步是没有运行的步。

(2) 动作。步方框右边用线条连接的符号为本步的工作对象,简称为动作。当状态继电器 S 或辅助继电器 M 接通时(ON),工作对象通电动作。

(3) 有向连线。有向连线表示状态的转移方向。在画顺序功能图时,将代表各步的方框按先后顺序排列,并用有向连线将它们连接起来。表示从上到下或从左到右这两个方向的有向连线的箭头可以省略。

(4) 转移条件。转移用与有向连线垂直的短线来表示,将相邻两状态(步)隔开。转移条件标注在转移短线的旁边。转移条件是与转移逻辑相关的接点,可以是常开接点、常闭接点或它们的串/并联组合。

针对顺序控制要求,PLC 提供了 SFC 语言支持。状态转移图由一系列状态(用 S 表示)组成。系统提供 S0～S999 共 1000 个状态元件供编程使用,其中:

S0～S9:初始状态元件;

S10～S19:原点复位元件;

S20～S499:通用状态元件;

S500～S899:停电保持元件;

S900～S999:报警状态元件。

2. 顺序功能图的特点

(1) 每一个状态都是由一个状态元件控制的,以确保状态控制正常进行。状态元件使用时可按编号顺序使用,也可任意使用,但不允许重复使用,即每一个状态都是由唯一的一个状态元件控制。

(2) 每一个状态都具有驱动元件的能力,能够使该状态下要驱动的元件正常工作,当然不一定每个状态下一定有要驱动的元件,应视具体情况而定。

(3) 每一个状态在转移条件满足时都会转移到下一个状态,而原状态自动解除。

3. 顺序功能图的分类

顺序功能图通常有单分支、循环分支、跳转分支、选择分支、并行分支等结构形式,如图 4.4 所示。

选择分支结构的特点是:①分支时先分支后有转移条件;②会合时先有转移条件后汇合;③各分支不能同时进行。

并行分支结构的特点是:①当转移条件满足时,源的状态同时向各并行支路转移;②各分支完成各自的状态转移后,才汇合向下一状态转移。

4. 顺序功能图的绘制规则

(1) 一个顺序功能图中至少有一个初始步。

(2) 步与步之间必须由转移条件隔开。

(3) 转移条件和转移条件之间必须由步隔开。

(4) 步和转移条件、转移条件和步之间用有向线段连接。正常画顺序功能图的方向是从上到下或从左到右,按照正常顺序画图时,有向线段可以不加箭头,否则必须加箭头。

(5) 仅当某步所有的前级步均为活动步且转移条件满足时,该步才有可能成为活动步。

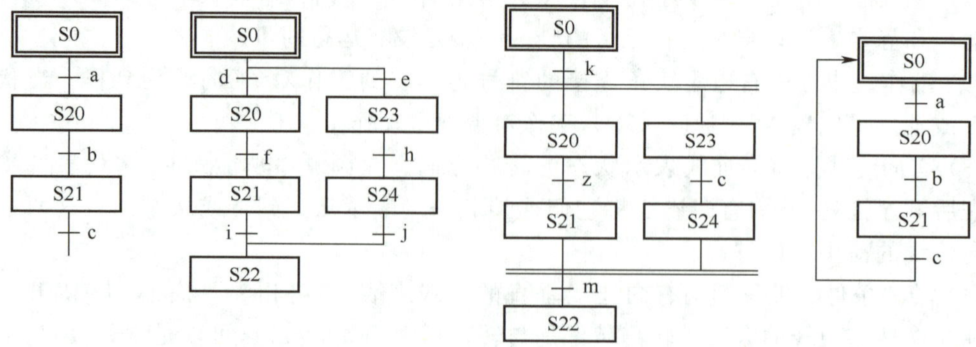

（a）单分支　（b）选择分支　（c）并行分支　（d）循环分支

图 4.4　顺序功能图的分类

（6）自动控制系统应能多次重复执行同一工艺过程，因此在 SFC 中应由步和有向连线构成一闭环回路，以体现工作周期的完整性，即在完成一次工艺过程的全部操作后，系统应从最后一步返回到初始步，停留在初始状态（单周期操作）；在连续循环工作方式中，系统将从最后一步返回到下一工作周期开始运行的第一步。

【例 4-1】 运料小车往返控制。

如图 4.5 所示，送料小车开始时停在右侧限位开关 X1 处，按下启动按钮 X3，Y2 为 ON，打开料斗的阀门，开始装料，同时定时器 T0 定时；8 s 后料斗的阀门关闭，Y2 变为 OFF，Y1 变为 ON，送料小车开始左行。碰到限位开关 X2 后，送料小车停下来卸料，Y1 变为 OFF，Y3 变为 ON，同时定时器 T1 开始定时；10 s 后 Y3 变为 OFF，Y0 变为 ON，送料小车开始右行，碰到限位开关 X1 后返回初始状态，此时 Y0 变为 OFF，送料小车停止运行。

请设计小车运行的顺序功能图。

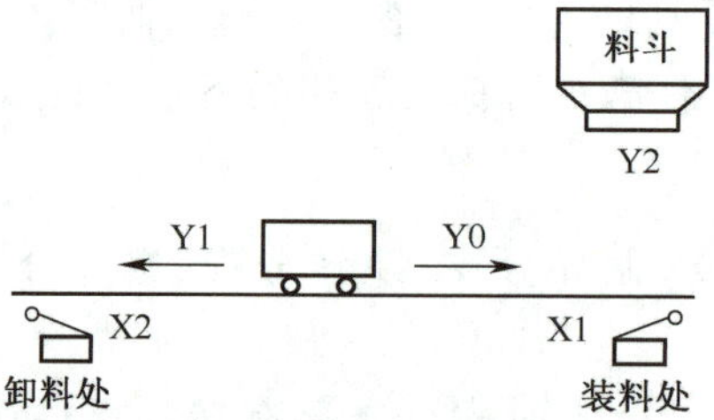

图 4.5　送料小车运行示意图

根据任务描述中送料小车运行的控制要求，分配 PLC 控制的 I/O 地址。

输入信号：启动——X3；右限位——X1；左限位——X2。

输出信号：右行——Y0；左行——Y1；装料——Y2；卸料——Y3。

（1）理清工艺流程。

根据送料小车的工艺要求，将送料小车的各个工作步骤依工作顺序连接成图 4.6 所示的工序图。

（2）确定顺序功能图的步数。

将整个工作过程按工序进行分解，每个工序对应一个步（即状态），步的分配如下：初始状态 S0；装料 S20；左行 S21；卸料 S22；右行 S23。

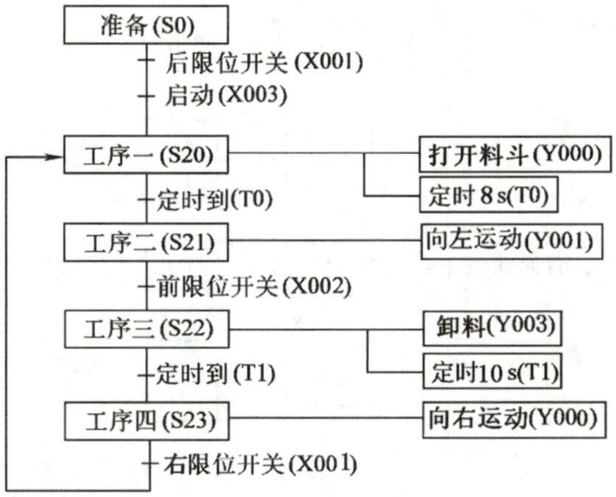

图 4.6 送料小车运行工序图

(3) 确定每步的功能。

各步的功能是通过 PLC 驱动各种负载来完成的。

S0:无动作;S20:驱动 Y2 为 ON,送料小车装料,同时启动定时器 T0,定时 8 s;S21:驱动 Y1 为 ON,送料小车开始左行;S22:驱动 Y3 为 ON,送料小车卸料,同时启动定时器 T1,定时 10 s;S23:驱动 Y0 为 ON,送料小车右行。

(4) 找出每步的转移条件。

即找出在什么条件下将下一步"激活"。由工作过程可知,每一步的转移条件如下。

S0:PLC 上电之初由初始化脉冲 M8002(只闭合一个扫描周期)将其置位为 ON,为以后活动步的转移做准备,在工作过程中,由右限位开关将其置位为 ON。

S20:小车在右限位开关 X1 处并且按下启动按钮 X3,即 X1 · X3。

S21:T0 的常开触点。

S22:左限位开关 X2。

S23:T1 的常开触点。

(5) 绘制顺序功能图。

按照顺序功能图的绘制规则,将上述送料小车运行工序图中的"工序"更换为"步",就得到了顺序功能图,所绘制的顺序功能图如图 4.7 所示。

【案例拓展】 单周期和连续工作方式的顺序功能图。

送料小车的自动工作方式分为单步、单周期和连续等几种。各种工作方式的含义如下。

单步工作方式:按一次启动按钮,前进一个步(或工序)。系统每进行一步后都会停止下来,适用于系统的调试和检修。

单周期工作方式:在原点位置按启动按钮,系统自动运行一个周期后在原点停止。再按一次启动按钮,系统就开始下一个周期的运行。

连续工作方式:在原点位置按启动按钮,系统开始连续反复运行。

送料小车 PLC 的 I/O 接线图如图 4.8 所示,顺序功能图如图 4.9 所示。

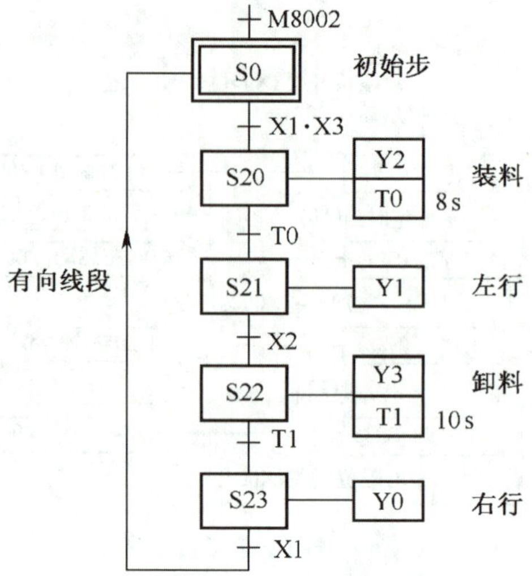

图 4.7 送料小车运行顺序功能图

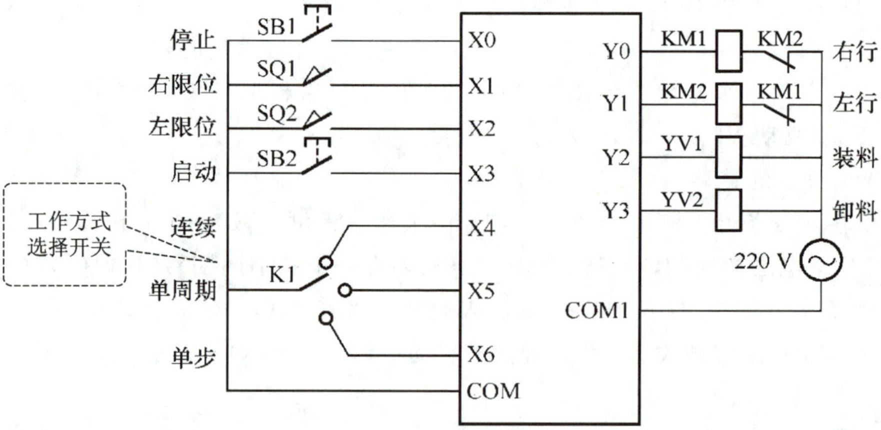

图 4.8 送料小车 PLC 的 I/O 接线图

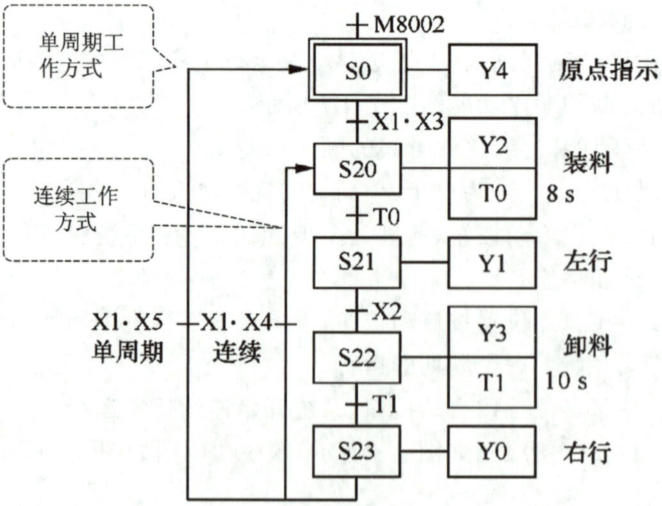

图 4.9 送料小车的顺序功能图

【例 4-2】 交通灯控制程序设计。

如图 4.10 所示为人行横道交通灯控制示意图。控制要求如下：按 X0 或 X1 按钮，人行横道和车道指示灯按图 4.11 所示工作时序点亮。

要求应用并行分支结构设计按钮式人行横道指示灯的顺序功能图。

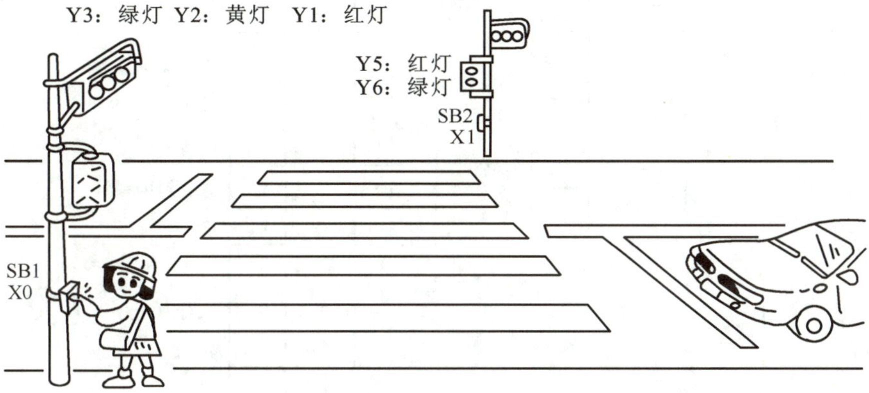

图 4.10 人行横道交通灯控制示意图

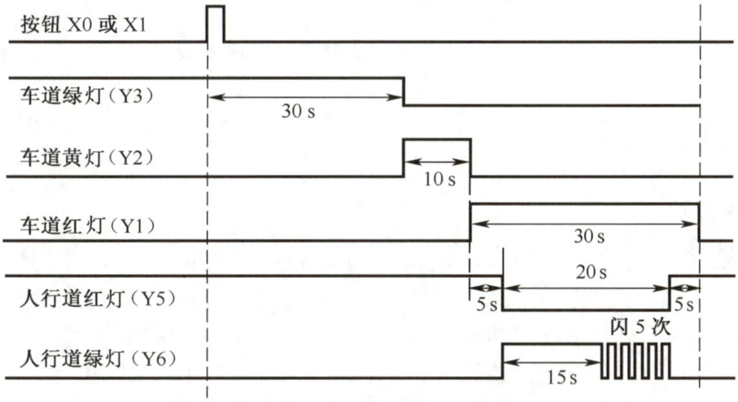

图 4.11 交通灯工作时序图

根据 I/O 地址及控制要求，设计人行横道交通灯控制顺序功能图，如图 4.12 所示。

(1) PLC 从 STOP 到 RUN 时，初始状态 S0 动作，车道信号灯为绿灯，人行道信号灯为红灯。

(2) 当车道两侧行人要过车道时，可分别按人行横道按钮 X0 或 X1，则状态 S0 转移到 S21 和 S30，车道信号灯为绿灯，人行道信号灯为红灯。

(3) 30 s 后车道信号灯为黄灯，人行道信号灯仍为红灯。

(4) 再过 10 s 后车道信号灯变为红灯，人行道信号灯仍为红灯，同时定时器 T2 启动，5 s 后 T2 触点接通，人行道信号灯变为绿灯。

(5) 15 s 后人行道绿灯开始闪烁(S32 人行道绿灯灭，S33 人行道绿灯亮)，闪烁间隔为 0.5 s。

(6) S32、S33 反复循环，计数器 C0 设定值为 5 s，当循环即闪烁达到 5 次时，C0 常开触点就接通，动作状态向 S34 转移，人行道信号灯变为红灯，期间车道信号灯仍为红灯。5 s 后信号灯返回初始状态，完成一个周期的动作。

(7) 在状态转移过程中,即使按动人行横道按钮 X0、X1 也无效。

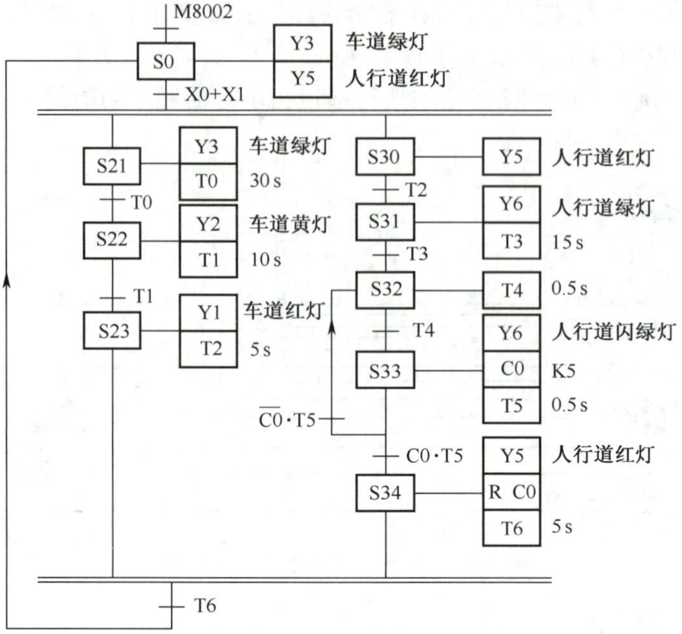

图 4.12　人行横道交通灯控制顺序功能图

二、任务实施

1. 确定 I/O 分配

根据控制搬运机械手所需的输入、输出信号,确定所需的 PLC 元件,分配地址。可知需要的输入点数为 15,输出点数为 5,总点数为 20,如表 4.1 所示。考虑给予一定的输入、输出点裕量,选用型号为 FX3U-48MR 的 PLC。

表 4.1　PLC 的 I/O 分配表

说　明	PLC 软元件	元 件 符 号	元 件 名 称	控 制 功 能
输入	X0	SB1	按钮	启动控制
	X1	SB2	按钮	停止控制
	X2	SA1-1	转换开关	手动挡控制
	X3	SA1-2	转换开关	自动挡控制
	X4	SA2-1	转换开关	单周期工作
	X5	SA2-2	转换开关	连续工作
	X6	SQ1	行程开关	机械手左限位检测
	X7	SQ2	行程开关	机械手右限位检测
	X10	SQ3	行程开关	机械手上限位检测
	X11	SQ4	行程开关	机械手下限位检测
	X12	SB3	按钮	机械手左行控制

续表

说　明	PLC 软元件	元 件 符 号	元 件 名 称	控 制 功 能
输入	X13	SB4	按钮	机械手右行控制
	X14	SB5	按钮	机械手上升控制
	X15	SB6	按钮	机械手下降控制
	X16	SB7	按钮	机械手夹紧控制
输出	Y0	YA1	电磁铁	机械手夹紧、放松控制
	Y1	YV1	电磁阀	机械手下降控制
	Y2	YV2	电磁阀	机械手上升控制
	Y3	YV3	电磁阀	机械手右移控制
	Y4	YV4	电磁阀	机械手左移控制

2. 工作流程图设计

将机械手搬运的控制过程分解为若干个工序，弄清各个工序的工作细节(工序成立的条件、转移的条件和转移的方向)，那么工作流程可得到一定的分解。如果我们将各个工序看作工作状态，将各个工作状态根据总的控制顺序要求连接起来，就形成了如图 4.13 所示的工作流程图。

3. 顺序功能图设计

(1) 任务分解。将物料传送整个工作过程按工作顺序进行分解，每个工序对应一个状态，并分配状态元件，使用状态元件来表示工作流程图中每一个工作状态，如表 4.2 所示。

表 4.2　状态元件分配及功能

工　序	状 态 元 件	状 态 功 能	工　序	状 态 元 件	状 态 功 能
0(准备)	S0	系统处于初始状态	5	S14	夹紧，右行
1	S10	手动控制机械手	6	S15	夹紧，下降
2	S11	机械手下降	7	S16	松开，定时 1 s
3	S12	夹紧，定时 1 s	8	S17	上升
4	S13	夹紧，上升	9	S18	左行

(2) 明确每个状态的动作及功能。各个状态的功能是通过 PLC 驱动各种负载来完成的。负载可由状态元件直接驱动，也可由与其他软元件触点的逻辑组合驱动。

(3) 找出每个状态的转移条件和转移方向。状态转移条件即将下一个状态“激活”所需满足的条件。根据控制要求分析可得，机械手搬运控制的状态转移条件如下。

S0 转移条件：X2 切换开关转到手动位置；X3 切换开关转到自动位置。

S10 转移条件：$\overline{X2 \cdot X3}$，切换开关转到空挡位置。

S11 转移条件：X11 机械手下限位检测 ON。

S12 转移条件：T0 定时器定时 1 s 到。

S13 转移条件：X10 机械手上限位检测 ON。

其余状态的转移条件请参考表 4.1 及图 4.13 进行分析。

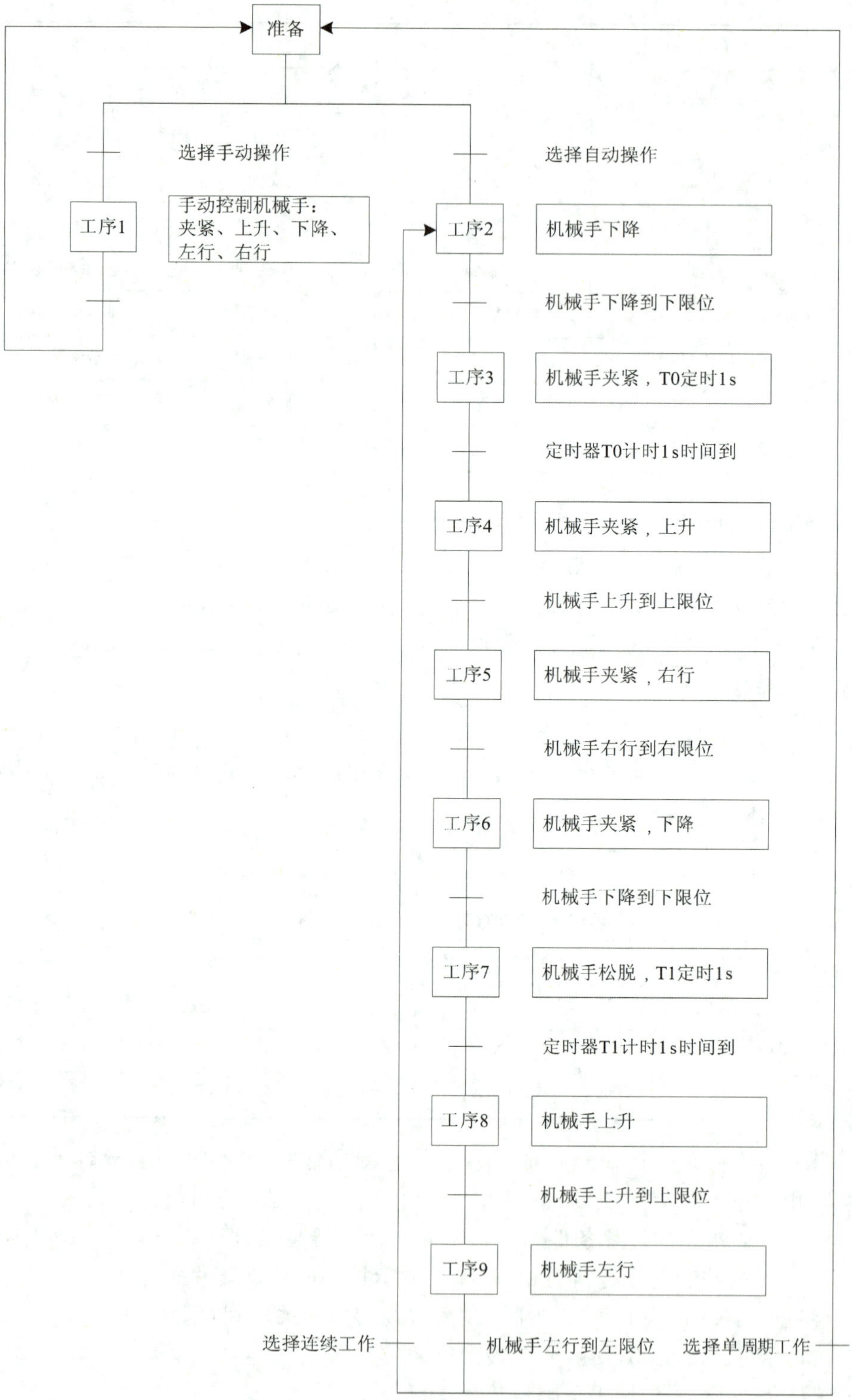

图 4.13　搬运机械手的工作流程图

注:状态转移条件可以是单一的,也可以是由多个条件组合(多个元件串/并联)而成的。

(4) 设置初始状态。初始状态可由其他状态驱动,但运行开始时必须用其他方法预先做好驱动,否则状态流程不能向下进行。一般用系统的初始条件驱动,若无初始条件,可用 M8002(特殊功能辅助继电器,PLC 从 STOP 到 RUN 切换时的初始脉冲)驱动。

经过上述 4 步,可得到机械手搬运的顺序功能图,请将其绘制在下方方框中。

任务 2 GX Works 中顺序功能图的编程

绘制完机械手搬运控制的顺序功能图之后,为了让 PLC 按照所设计的思路执行控制逻辑,需要在 GX Works 中进行顺序功能图的编程。在此,需要了解顺序功能图编程的一般思路以及注意事项,熟悉 GX Works 中顺序功能图编程的基本操作。

一、知识平台 顺序功能图的编程方法

1. SFC 编程的一般思想

(1) 将一个复杂的控制过程分解为若干个步。

(2) 弄清各步的工作细节(步的功能、转移条件和转移方向)。

(3) 再依总的控制顺序要求,将这些步连接起来,形成顺序功能图。

(4) 进而在 GX Works(本书示例使用的软件版本为 GX Works2)中编制 SFC 程序。

2. SFC 编程的注意事项

(1) 初始步可由其他步驱动,但运行开始时必须用其他方法预先做好驱动,否则状态流程不可能向下进行。一般用系统的初始条件驱动,若无初始条件,可用 M8002 或 M8000 (PLC 从 STOP 到 RUN 切换时的初始化脉冲)驱动。

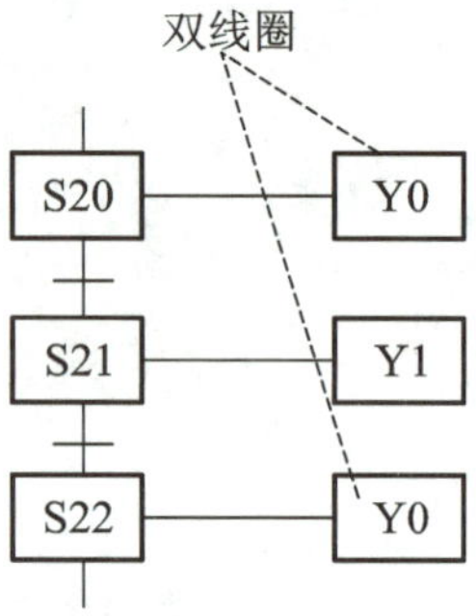

图 4.14 双线圈输出

(2) CPU 只执行活动步对应的电路块,允许“双线圈”输出,如图 4.14 所示。

(3) 在状态转移过程中,由于在瞬间两个相邻的状态会同时接通,因此为了避免不能同时接通的一对输出同时接通,必须设置外部硬接线互锁或软件互锁,如图 4.15 所示。

(4) 由于在一个扫描周期内,可能会出现两个状态同时动作的情况,因此在相邻两个状态中不能出现同一个定时器,否则指令相互影响,可能使定时器无法正常工作,如图 4.16 所示。

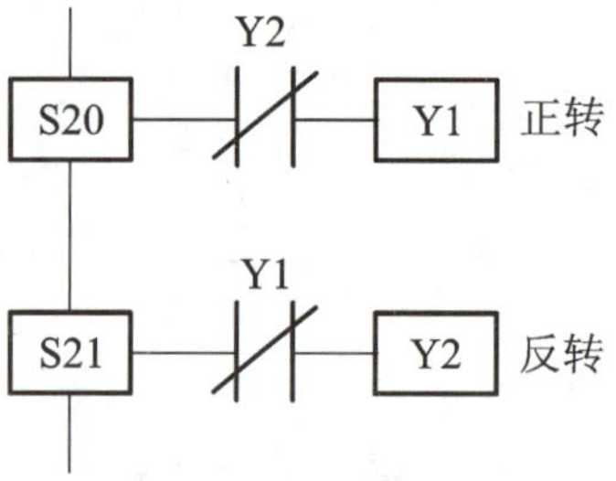

图 4.15 输出的联锁控制

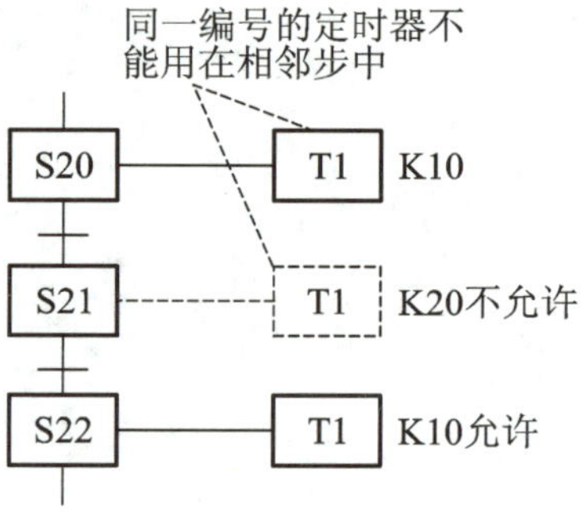

图 4.16 定时器的重复使用

3. GX Works 中 SFC 编程的基本操作

1) 单分支 SFC 程序的编制方法

(1) 启动 GX Works2 编程软件,单击“工程”菜单,点击“创建新工程”;或者点击新建工程按钮 (见图 4.17)。

(2) 弹出的“新建工程”对话框如图 4.18 所示。在“工程类型”下拉列表中选择“简单工程”,在“PLC 系列”下拉列表中选择“FXCPU”,在“PLC 类型”下拉列表中选择“FX3U/FX3UC”,在“程序语言”下拉列表中选择“SFC”,点击“确定”按钮,如图 4.18 所示。

(3) 弹出的“块信息设置”对话框如图 4.19 所示。0 号块一般作为初始程序块,选择“梯形图块”,输入标题名称,点击“执行”。一个 SFC 程序通常由一个梯形图块和多个 SFC 图块组成,SFC 程序的初始步是由梯形图块里的程序激活启动的,所以 SFC 程序中不能没有梯形图块。

图 4.17 GX Work2 编程软件窗口

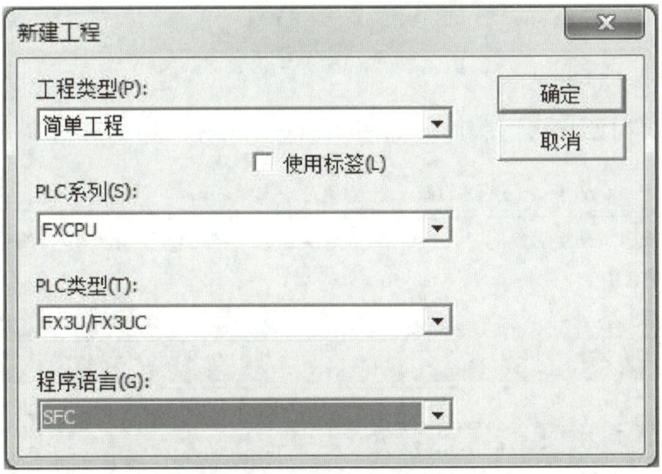

图 4.18 “新建工程”对话框

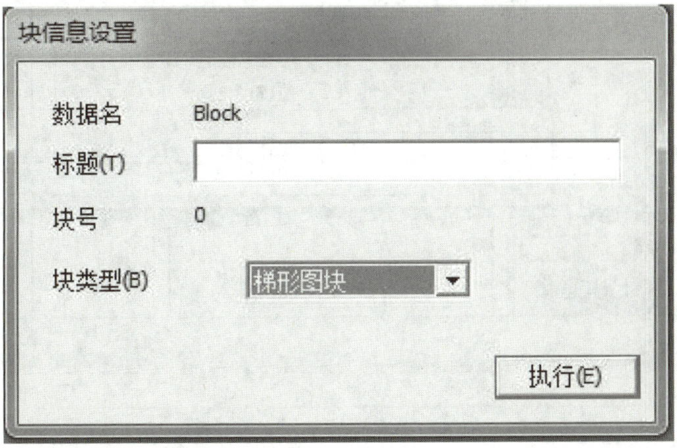

图 4.19 “块信息设置”窗口

执行完成后就生成了一个如图 4.20 所示的 SFC 的梯形图块。

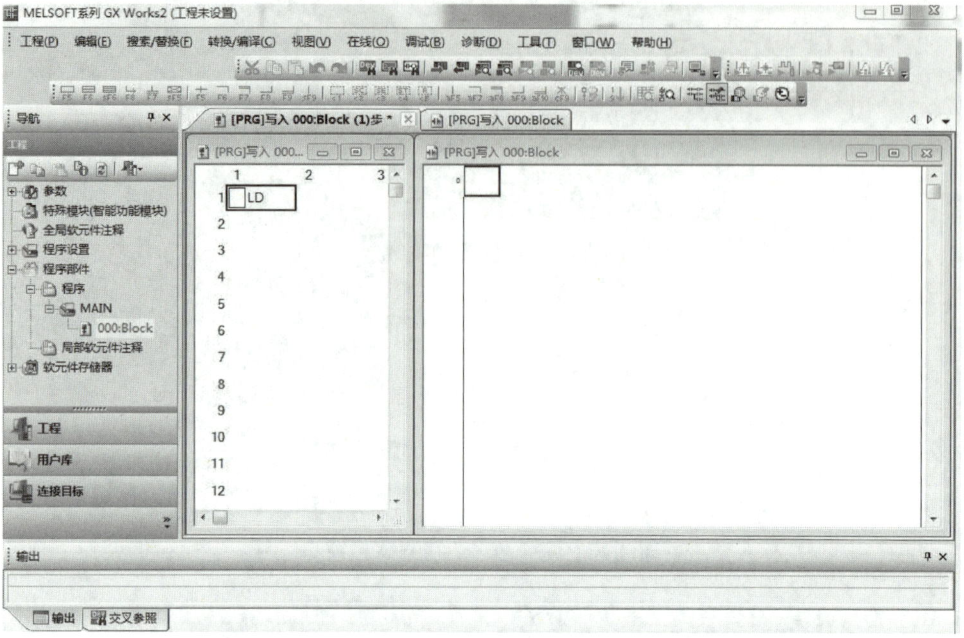

图 4.20　SFC 的梯形图块

(4) 编辑 0 号块初始梯形图程序。如图 4.21 所示，在右边梯形图编辑窗口中输入启动初

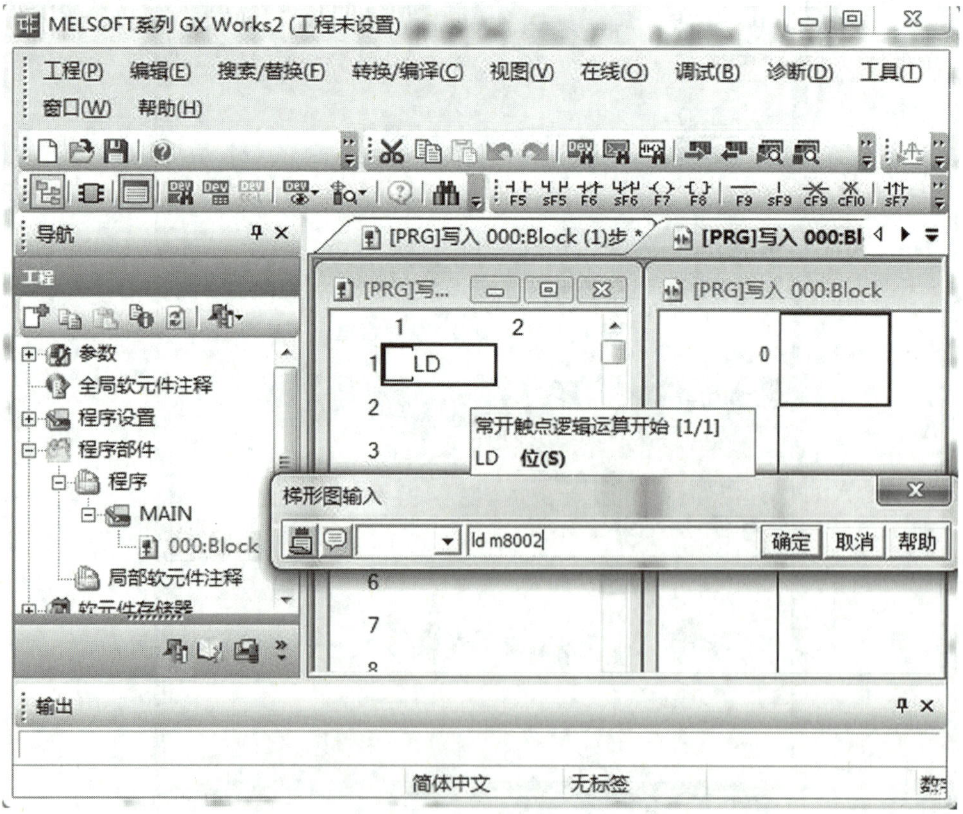

图 4.21　0 号块初始梯形图编辑窗口

始状态的梯形图，本例中我们利用 PLC 的一个辅助继电器 M8002 的上电脉冲使初始状态生效。

（5）初始梯形图输入完成后，单击“转换/编译”菜单，选择“转换”或者按 F4 快捷键，完成变换的梯形图，如图 4.22 所示。

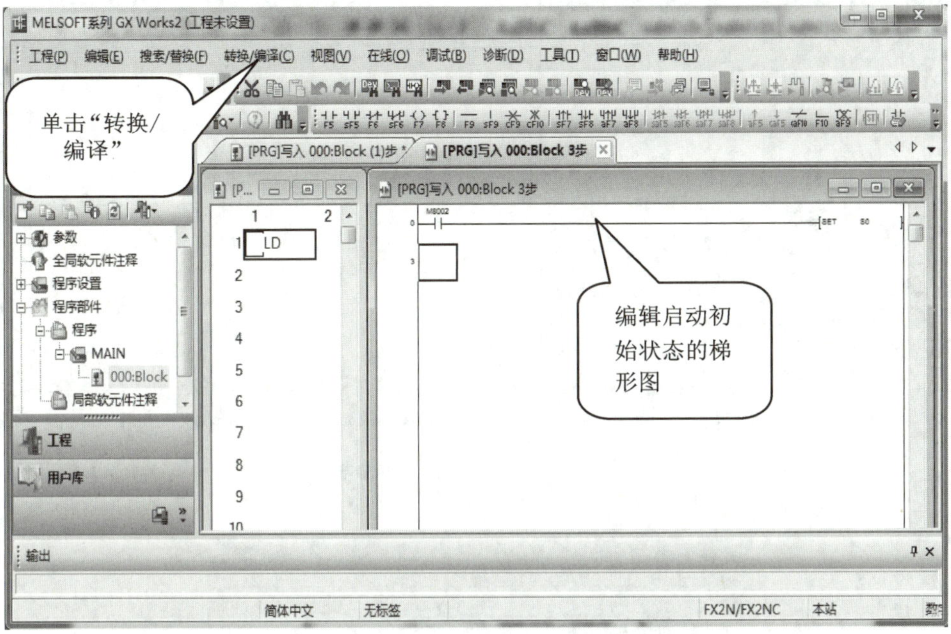

图 4.22　启动初始状态梯形图编程界面

如果想使用其他方式启动初始状态，只需要改动启动脉冲 M8002 即可。如果有多种方式启动初始状态，进行触点并联即可。需要说明的是，在每一个 SFC 程序中至少有一个初始状态，且初始状态必须在 SFC 程序的最前面。

在 SFC 程序的编制过程中，每一个状态中的梯形图编制完成后必须进行变换，才能进行下一步工作，否则软件会弹出出错信息，如图 4.23 所示。

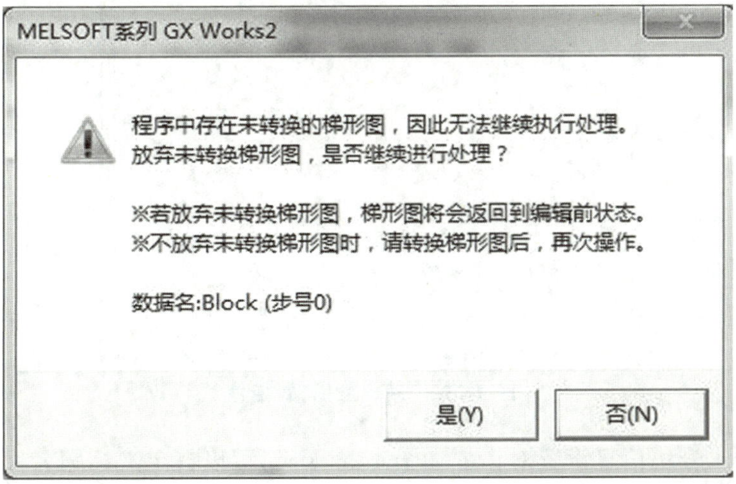

图 4.23　出错信息窗口

(6) 在工程内创建 SFC 功能图块。如图 4.24 所示,用鼠标右键单击“MAIN”,然后选择“新建数据”。“新建数据”对话框如图 4.25 所示,自定义数据名称,单击“确定”。

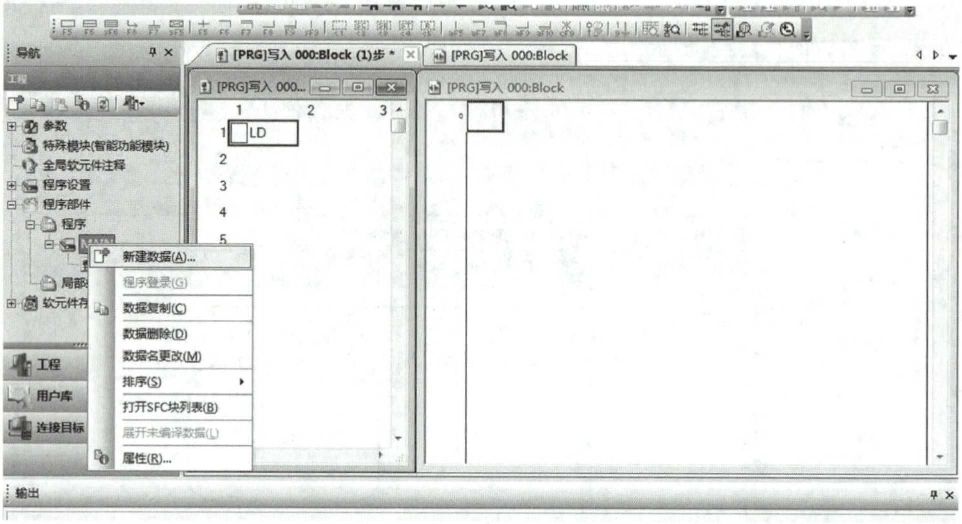

图 4.24 创建 SFC 功能图块

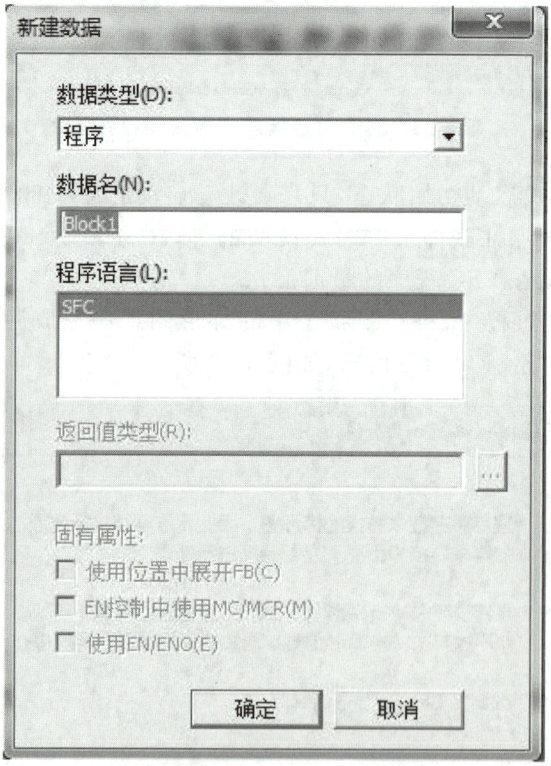

图 4.25 “新建数据”对话框

(7) 弹出的 1 号块信息设置对话框如图 4.26 所示,可以自定义标题名称,在“块类型”下拉列表中选择“SFC 块”,点击“执行”,至此,完成一个 SFC 工程的创建。

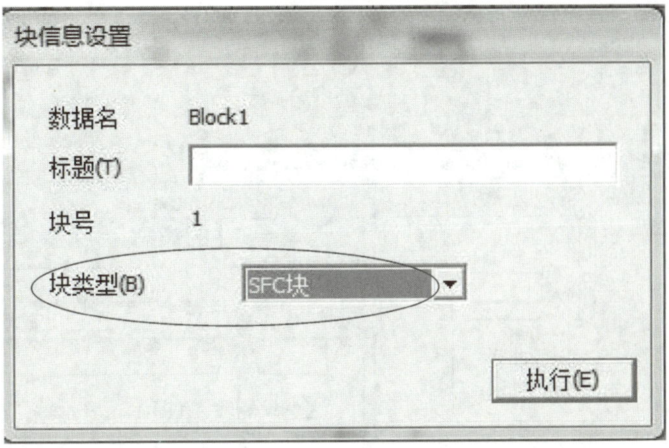

图 4.26 “块信息设置”对话框

(8) 编辑 1 号块 SFC 程序。在 1 号块 SFC 编程界面中输入使状态发生转移的条件，在 SFC 程序编辑窗口中将光标移到第一个转移条件符号处(见图 4.27)，在右侧梯形图编辑窗口输入使状态转移的梯形图。

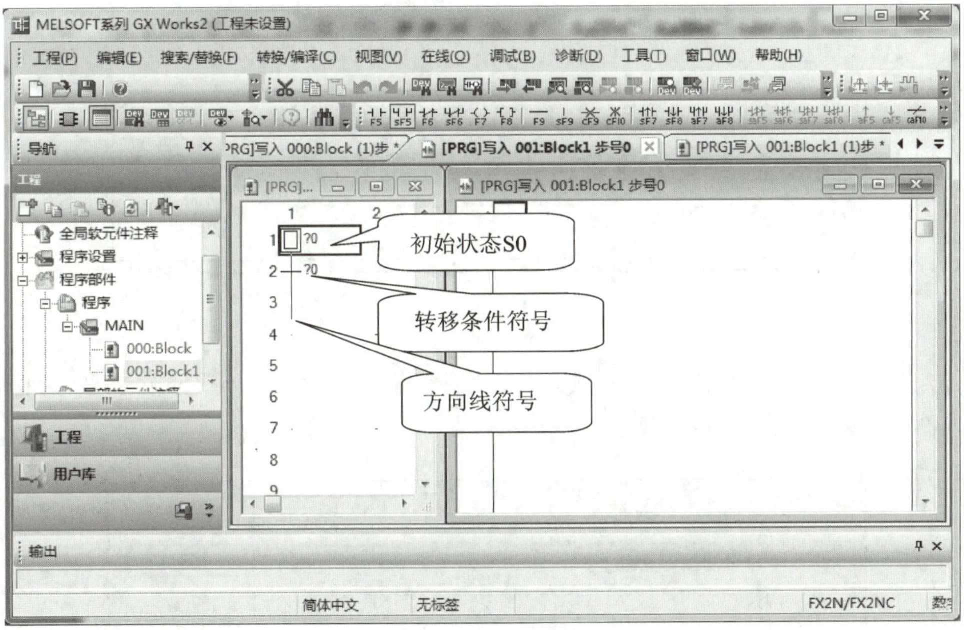

图 4.27 SFC 块编程界面

请注意，在 SFC 程序中所有的转移都用 TRAN 表示。如图 4.28 所示，T0 触点驱动的不是线圈，而是 TRAN 符号，该符号表示转移(transfer)，不可以用 SET+S□语句表示。编辑完转移条件后按 F4 快捷键进行转换，转换后梯形图由原来的灰色变成亮白色，SFC 程序编辑窗口中 0 前面的问号(?)随即消失。

(9) 输入下一个步。在左侧的 SFC 程序编辑窗口中把光标下移到方向线底端，单击工具栏中的工具按钮  或按 F5 快捷键，弹出“SFC 符号输入”对话框，选择“STEP”，设置步输入，如图 4.29 所示。

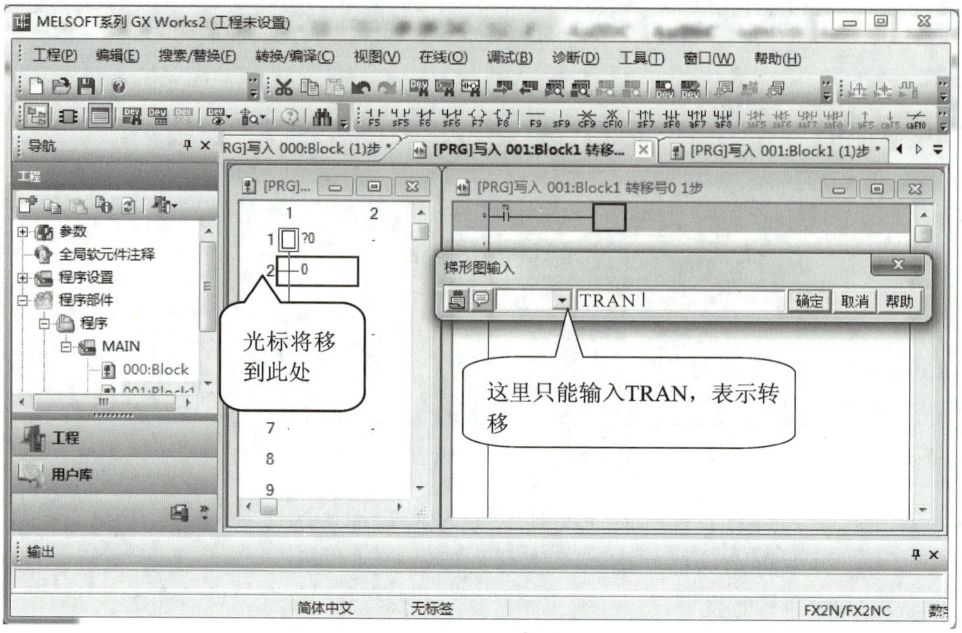

图 4.28　SFC 编程编写状态转移条件界面

图 4.29　步输入设置

单击工具栏中的工具按钮  或按 F5 快捷键，弹出“SFC 符号输入”对话框，选择“TR”，设置转移条件输入，如图 4.30 所示。

图 4.30　转移条件输入设置

输入图标号后点击“确定”，光标将自动向下移动，此时我们看到步图标号前面有一个问号(?)，这表示此步尚未进行梯形图编辑，同样右边的梯形图编辑窗口是灰色的不可编辑状态，如图 4.31 所示。

对步进行梯形图编辑。将光标移到步符号处，在步符号处单击，此时右边的窗口会变成可编辑状态，在右侧的梯形图编辑窗口中输入梯形图，此处的梯形图是指程序运行到此步时要驱动的输出线圈，如图 4.32 中步 20 驱动输出线圈 Y0 以及线圈 T0。

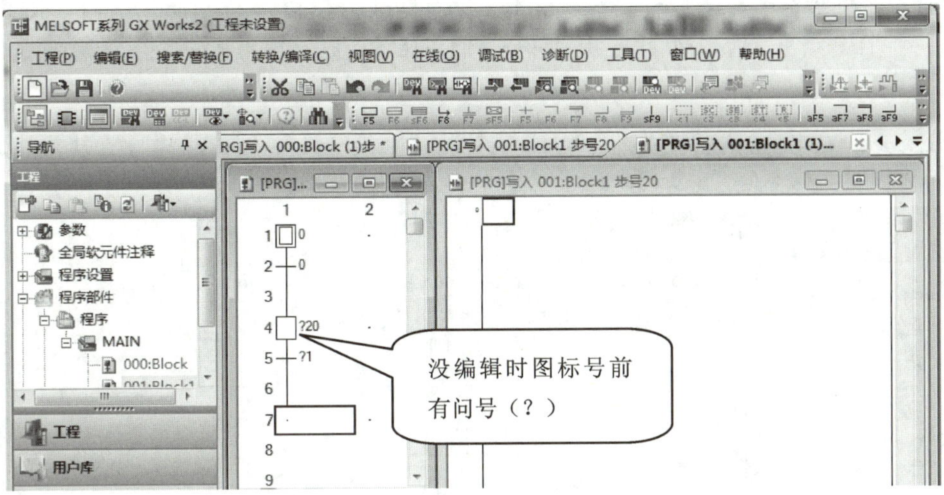

图 4.31　有问号(?)表示没编辑

图 4.32　对步进行梯形图编辑

(10) 用相同的方法把控制系统的一个周期编辑完，最后要求系统能周期性地工作，所以在 SFC 程序中要有返回原点的符号。在 SFC 程序中用 F8 (JUMP)加目标号实现返回操作。输入方法是把光标移到方向线的最下端，按 F8 快捷键或者点击 F8 按钮，在弹出的对话框中选择“JUMP”，填入跳转的目标号，单击“确定”按钮，如图 4.33 所示。

图 4.33　跳转符号输入设置

当输入完跳转符号后，在 SFC 编辑窗口中我们可以看到有跳转返回的步符号前的方框中多了一个小黑点儿，这说明此步是跳转返回的目标步。图 4.34 所示为编辑完的 SFC 程序。

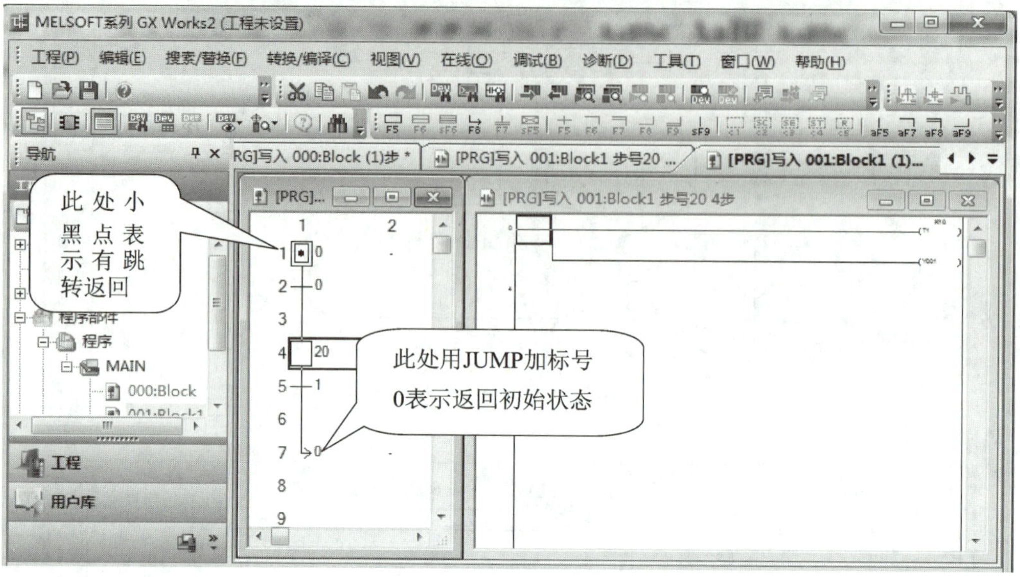

图 4.34　编辑完的 SFC 程序

（11）编好完整的 SFC 程序，先进行全部程序的转换，可以用菜单选择或快捷键 Shift+Alt+F4 实现转换，如图 4.35 所示，只有全部转换程序后才可下载调试程序。

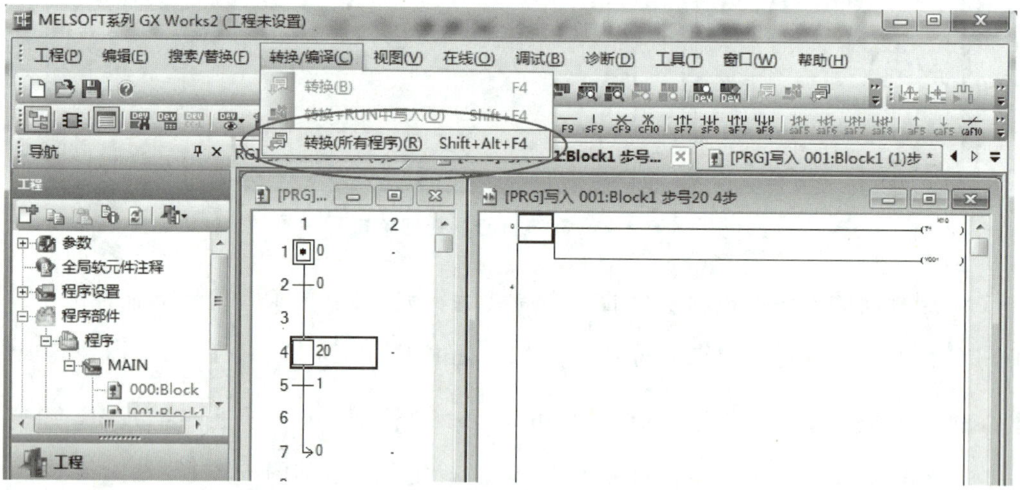

图 4.35　程序转换

（12）对编写好的程序，可以在线调试也可以离线仿真调试，单击“调试”菜单可以选择，如图 4.36 所示。观察编程功能是否实现。

选择“模拟开始/停止”后，会弹出图 4.37 所示模拟写入对话框，并显示程序写入进程。

调试监控界面如图 4.38 所示。

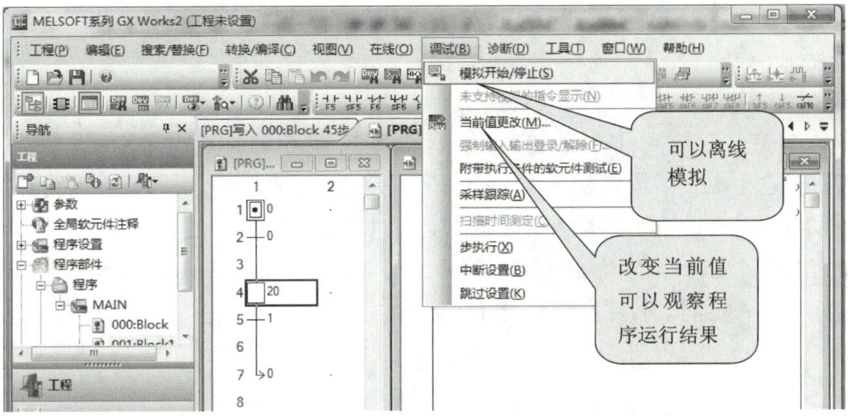

图 4.36 程序调试选择菜单

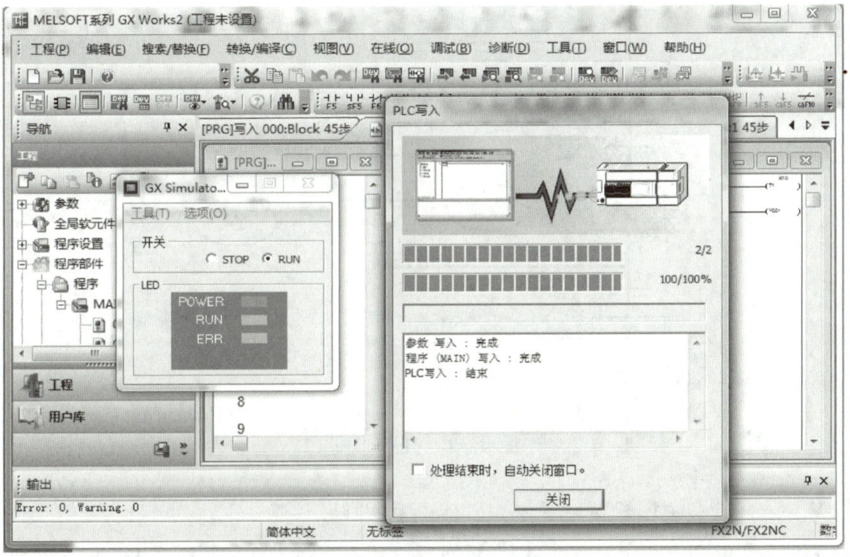

图 4.37 模拟写入对话框

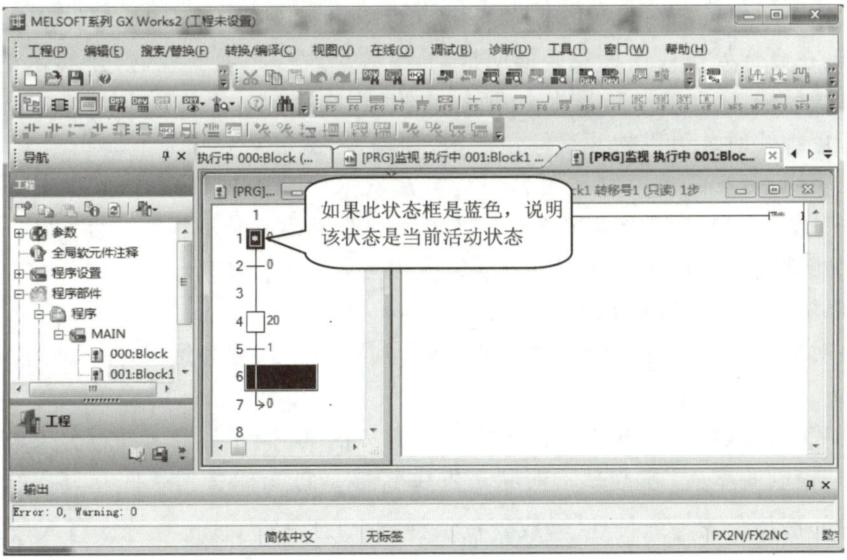

图 4.38 调试监控界面

以上介绍了单分支SFC程序的编制方法，通过学习我们基本了解了SFC程序中状态符号的输入方法。

2）并行分支SFC程序的编制方法

若转移条件满足会导致几个序列同时激活，则这些序列称为并行序列。为了强调转移的同步实现，连线用双水平线表示。如图4.39所示为并行SFC。并行序列的开始也称为分支，如图中的X1。当S0处于活动步时，若X1条件满足，S31步及S33步同时激活。并行序列的结束称为合并（汇合），当直接连在双水平线上的所有前级步S32、S34都处于活动状态，并且转移条件X4满足时，才会发生转移，激活S35步。

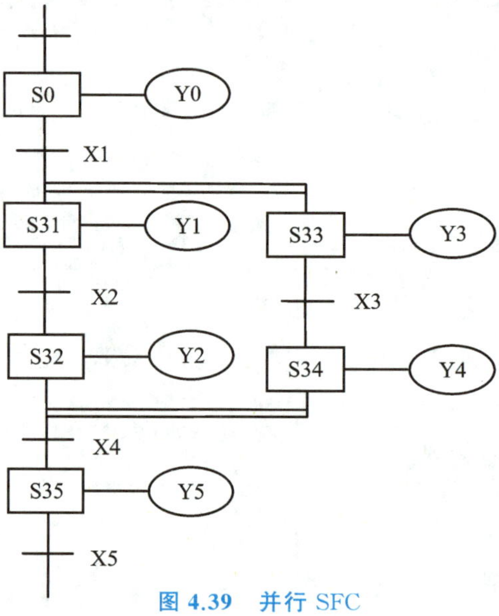

图4.39　并行SFC

在GX Works2软件中，输入并行分支有两种方法。

方法一：控制要求X1触点接通时状态发生转移。将光标移到条件0方向线的下方，单击工具栏中的并行分支写入按钮

或者按快捷键ALT＋F8，使并行分支写入按钮处于被按下的状态，在光标处按住鼠标左键横向拖动，直到出现一条细蓝线，松开鼠标左键，这样一条并行分支线就输入完成了，如图4.40所示。注意：在用鼠标操作进行并行分支线写入时，只有出现蓝色细线时才可以松开鼠标左键，否则输入失败。

方法二：并行分支线也可以采用另一种方法输入。双击转移条件1，弹出“SFC符号输入”对话框（见图4.41）。在“图形符号”下拉列表中选择第三行的“＝　＝D”，单击“确定”，一条并行分支线就输入完成了。并行分支线输入以后，如图4.42所示。

3）选择分支SFC程序的编制方法

若满足对应转移条件即可激活对应的序列，则这些序列称为选择序列。图4.43所示为选择分支SFC。

在GX Works2软件中，输入选择分支有两种方法，其操作与输入并行分支的操作相似。

方法一：控制要求X1触点接通时状态发生转移。将光标移到条件0方向线的上方，单击工具栏中的选择分支写入按钮

或者按快捷键ALT＋F7，使选择分支写入按钮处于被按

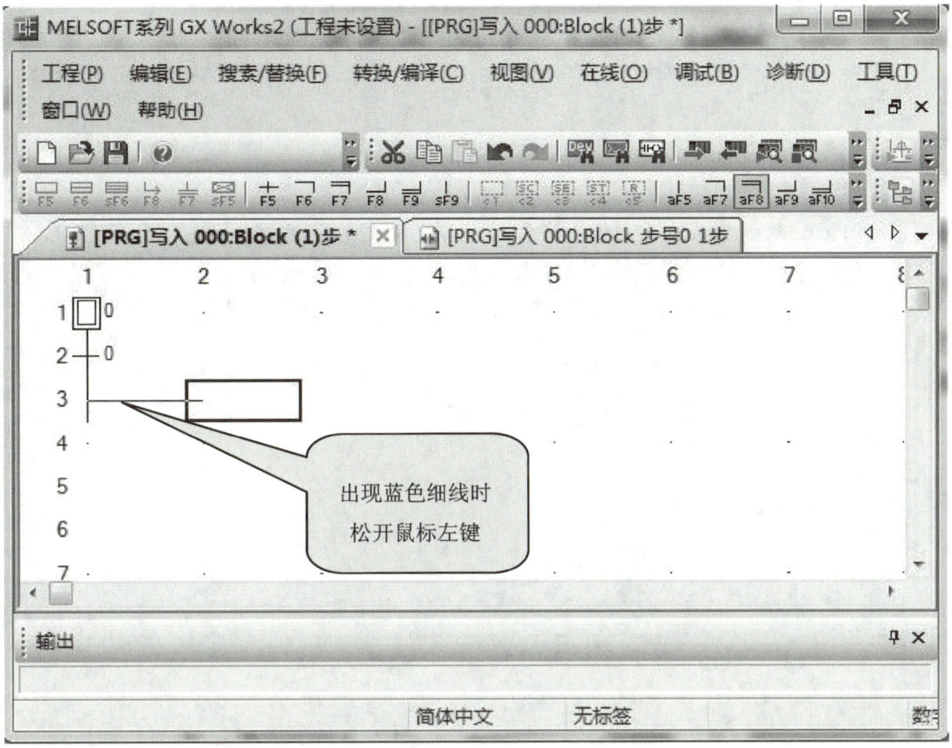

图 4.40 方法一

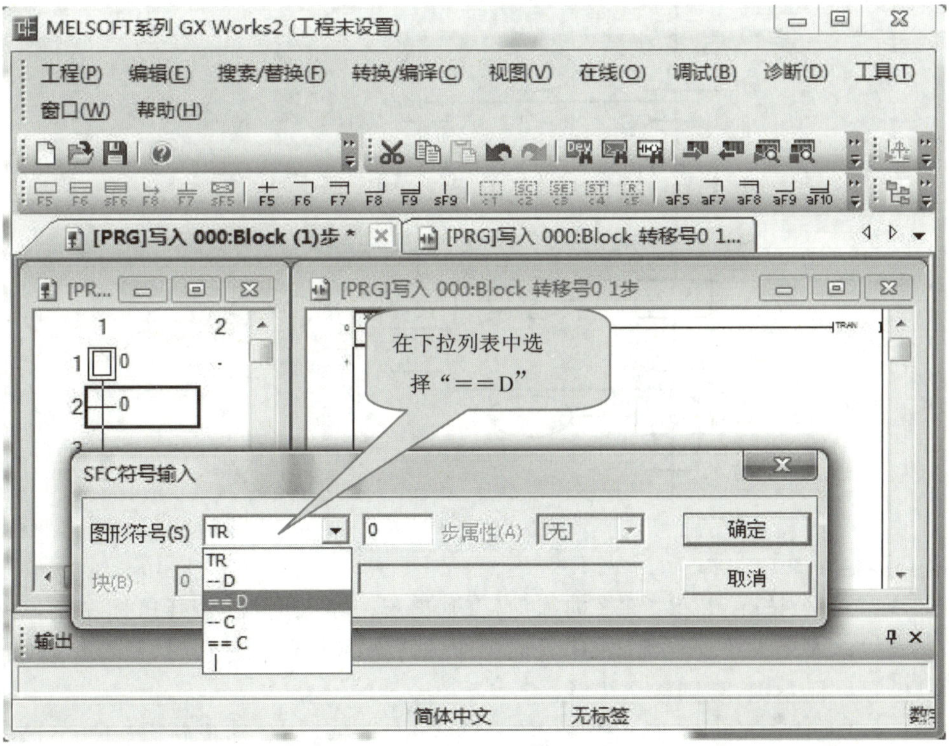

图 4.41 方法二

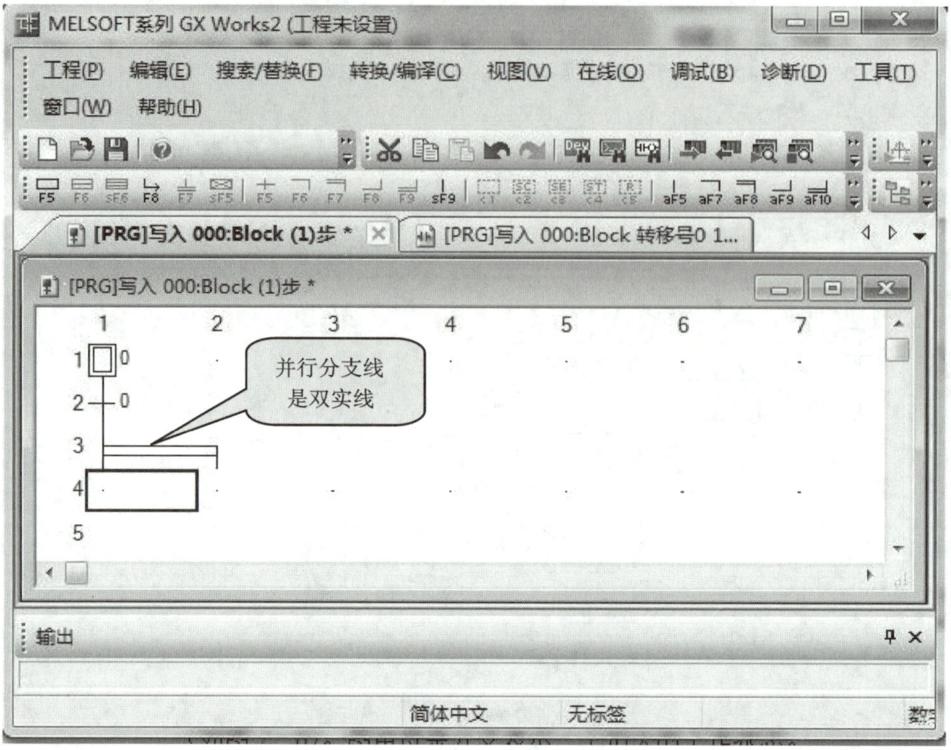

图 4.42　并行分支线输入后

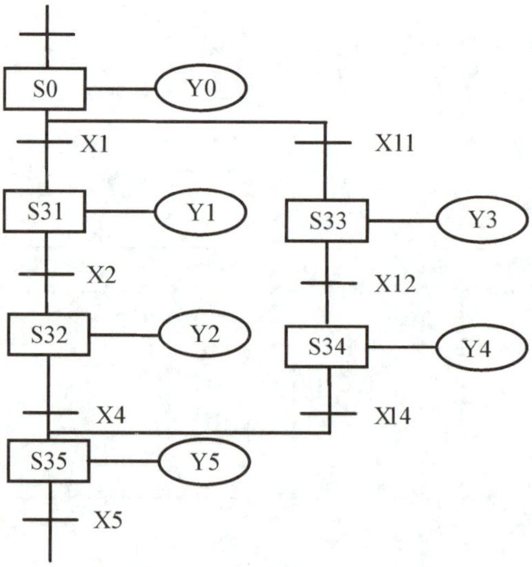

图 4.43　选择分支 SFC

下的状态，在光标处按住鼠标左键横向拖动，直到出现一条细蓝线，松开鼠标左键，这样一条选择分支线就输入完成了。注意：在用鼠标操作进行选择分支线写入时，只有出现蓝色细线时才可以松开鼠标左键，否则输入失败。

方法二：双击转移条件 0，弹出“SFC 符号输入”对话框。在“图形符号”下拉列表中选择第二行的“--D”，单击“确定”，一条选择分支线就输入完成了。

二、任务实施

搬运机械手 SFC 程序设计步骤如下。

1. 梯形图块的设计

在梯形图块中，如图 4.44 所示，使用基本指令编程，利用批量复位指令 ZRST 将步复位。当按下停止按钮 SB2 时，PLC 执行[ZRST S0 S100]指令，用于停止步进的进程；PLC 执行[MOV K0 K2Y000]指令，用于停止机械手工作。在 M8002 的驱动下，PLC 执行[SET S0]指令，用于启动步进的进程。

图 4.44 梯形图块的编程

2. SFC 图块的设计

在 S0 状态步，PLC 执行[OUT M0]指令，使 M0 线圈得电。

根据机械手的工作状态，分成两路，构成选择分支结构：如果转换开关 SA1-1 闭合，机械手选择的是手动控制方式，步进进程转入 S10 步；如果转换开关 SA1-2 闭合，机械手选择的是自动控制方式，按压启动按钮 SB1，步进进程转入 S11 步。选择分支结构与手动编程如图 4.45

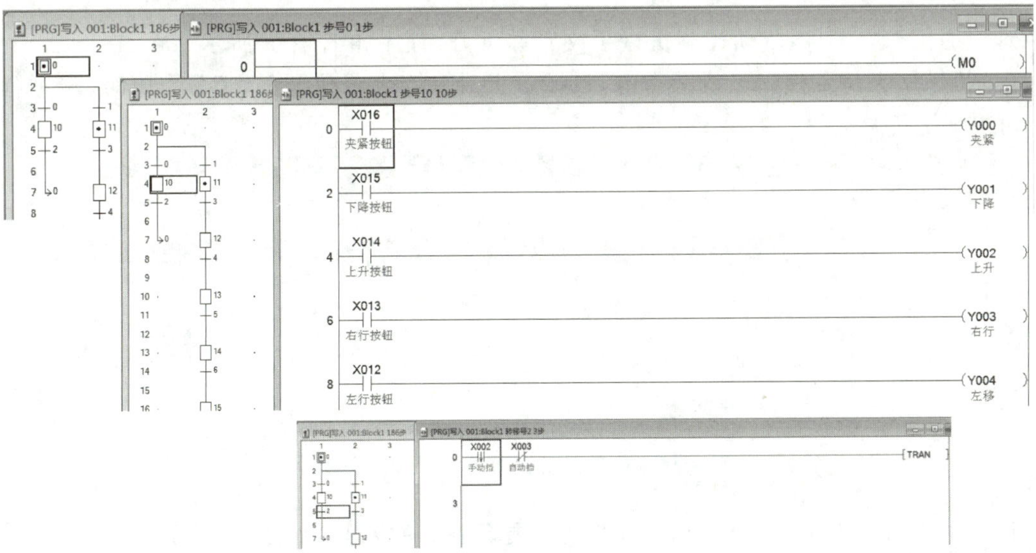

图 4.45 选择分支结构与手动编程

所示。在S10步，按钮SB7控制Y0线圈，实现机械手的夹紧；按钮SB6控制Y1线圈，实现机械手的下降；按钮SB5控制Y2线圈，实现机械手的上升；按钮SB4控制Y3线圈，实现机械手的右移；按钮SB3控制Y4线圈，实现机械手的左移。当SA1-1开关断开时，机械手不仅退出了手动控制方式，而且停止工作，步进进程转入S0步。

在自动控制模式下，机械手在原点，按下启动按钮，S11步驱动控制机械手下降，程序如图4.46所示。在S11步，Y1线圈得电，机械手下降。当下限位开关SQ4受压时，机械手停止下降，步进进程转入S12步。

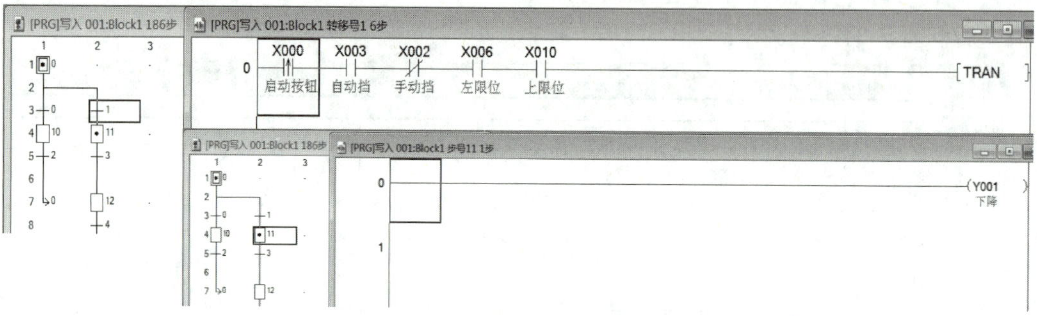

图 4.46　自动控制模式下S11步的编程

机械手下降至下限位，S12步驱动控制机械手夹紧并延时1 s，程序如图4.47所示。在S12步，Y0线圈得电，机械手将工件夹紧。当定时器T0计时满1 s，步进进程转入S13步。

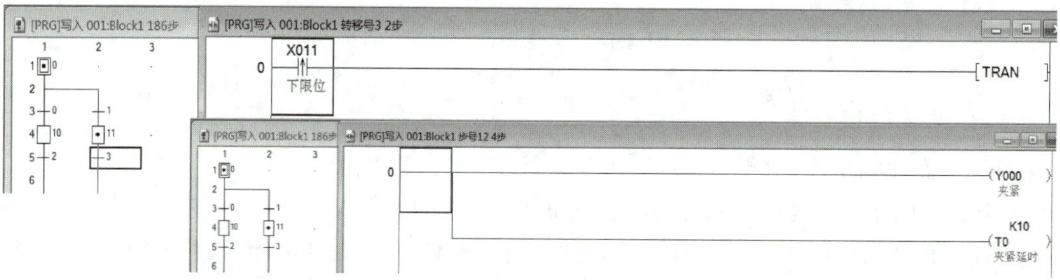

图 4.47　自动控制模式下S12步的编程

延时时间到，S13步驱动控制机械手夹紧并上升，程序如图4.48所示。在S13步，Y0线圈得电，机械手夹持工件；Y2线圈得电，机械手上升。当上限位开关SQ3受压时，步进程转入S14步。

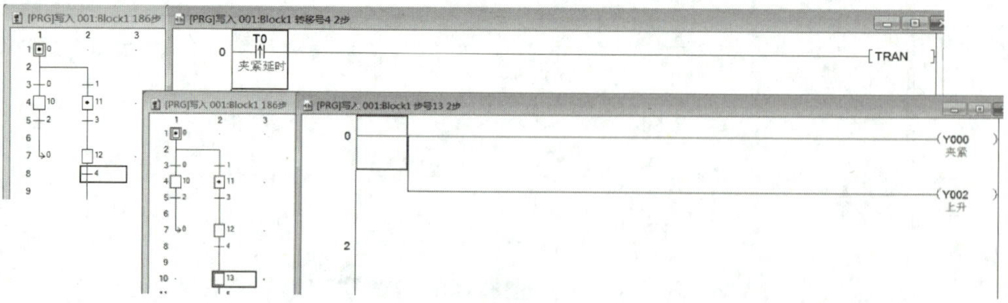

图 4.48　自动控制模式下S13步的编程

机械手上升至上限位，S14步驱动机械手夹紧并右移，程序如图4.49所示。在S14步，

Y0 线圈得电，机械手夹持工件；Y3 线圈得电，机械手右移。当上限位开关 SQ2 受压时，步进进程转入 S15 步。

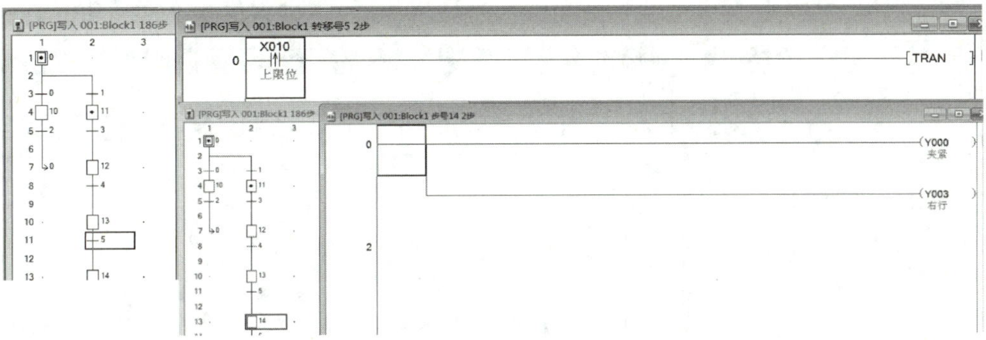

图 4.49　自动控制模式下 S14 步的编程

机械手右移至右限位，S15 步驱动机械手夹紧并下降，程序如图 4.50 所示。在 S15 步，Y0 线圈得电，机械手夹持工件；Y1 线圈得电，机械手下降。当下限位开关 SQ4 受压时，步进进程转入 S16 步。

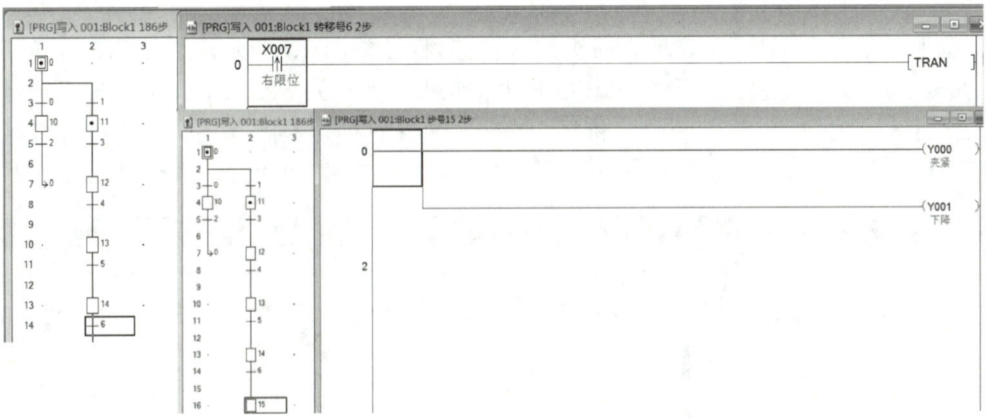

图 4.50　自动控制模式下 S15 步的编程

机械手下降至下限位，S16 步驱动其手爪松开，保持 1 s，程序如图 4.51 所示。在 S16 步，

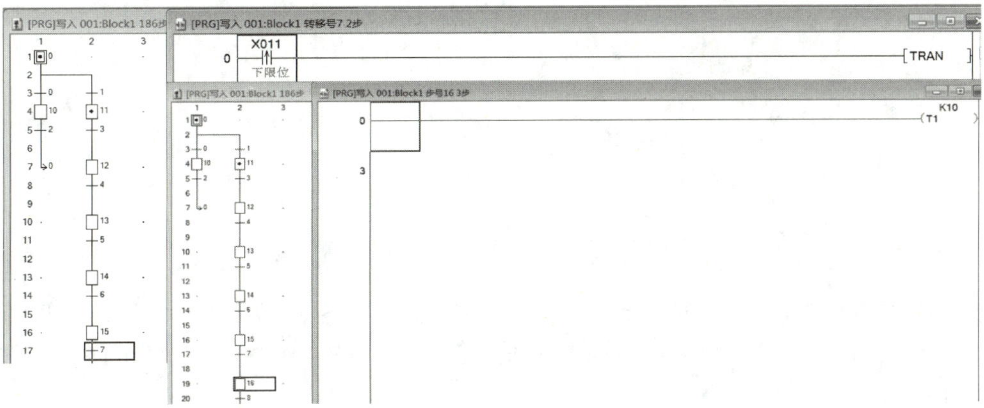

图 4.51　自动控制模式下 S16 步的编程

Y0 线圈失电，机械手松脱；当定时器 T1 计时满 1 s，步进进程转入 S17 步。

机械手手爪松开 1 s，卸下工件后，S17 步驱动机械手上升，程序如图 4.52 所示。在 S17 步，Y2 线圈得电，机械手上升。当上限位开关 SQ3 受压时，步进进程转入 S18 步。

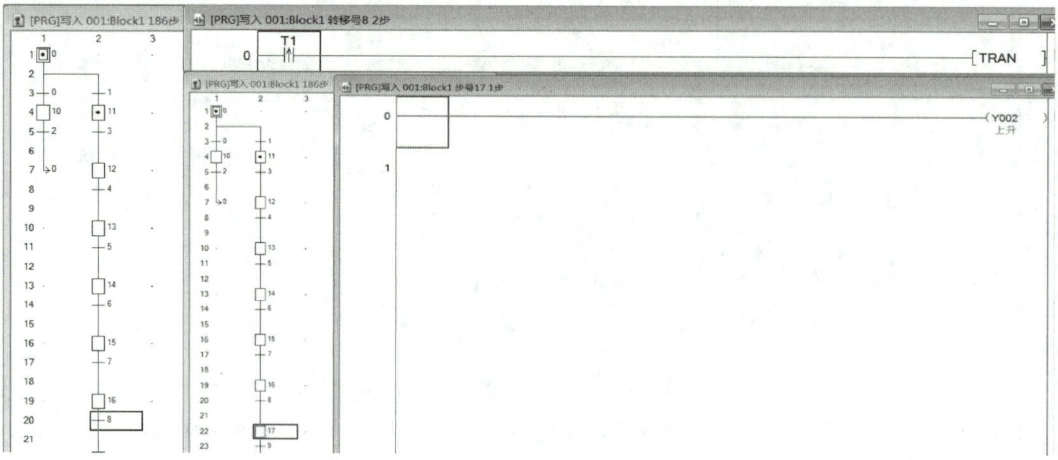

图 4.52　自动控制模式下 S17 步的编程

机械手上升至上限位，S18 步驱动机械手左移，程序如图 4.53 所示。在 S18 步，Y4 线圈得电，机械手左移。当左限位开关 SQ1 受压时，如果转换开关 SA2-1 闭合，机械手选择的是单周工作方式，步进进程转入 S0 步，机械手停止工作；如果转换开关 SA2-2 闭合，机械手选择的是连续工作方式，步进进程转入 S11 步，机械手循环工作，再次去搬运工件。

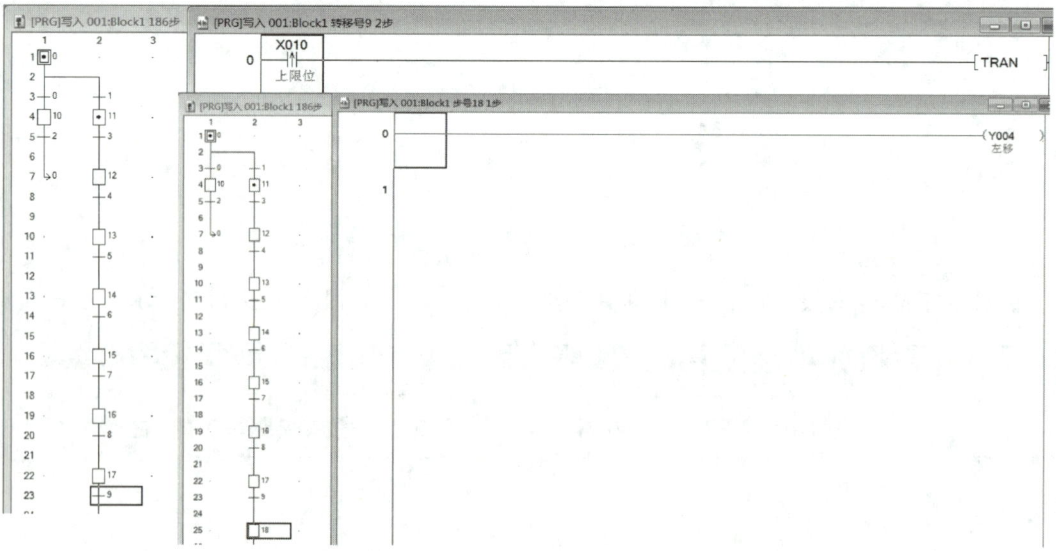

图 4.53　自动控制模式下 S18 步的编程

机械手左移至左限位（此时回到原点），当左限位开关 SQ1 受压时，如果模式选择开关 SA2-1 闭合，则机械手选择的是单周期工作方式，步进进程转入 S0 步，机械手停止工作。程序如图 4.54 所示。

机械手左移至左限位（此时回到原点），如果模式选择开关 SA2-2 闭合，则机械手选择的是连续工作方式，步进进程转入 S11 步，机械手循环工作，再次重复上述自动搬运工件的动作过程。程序如图 4.55 所示。

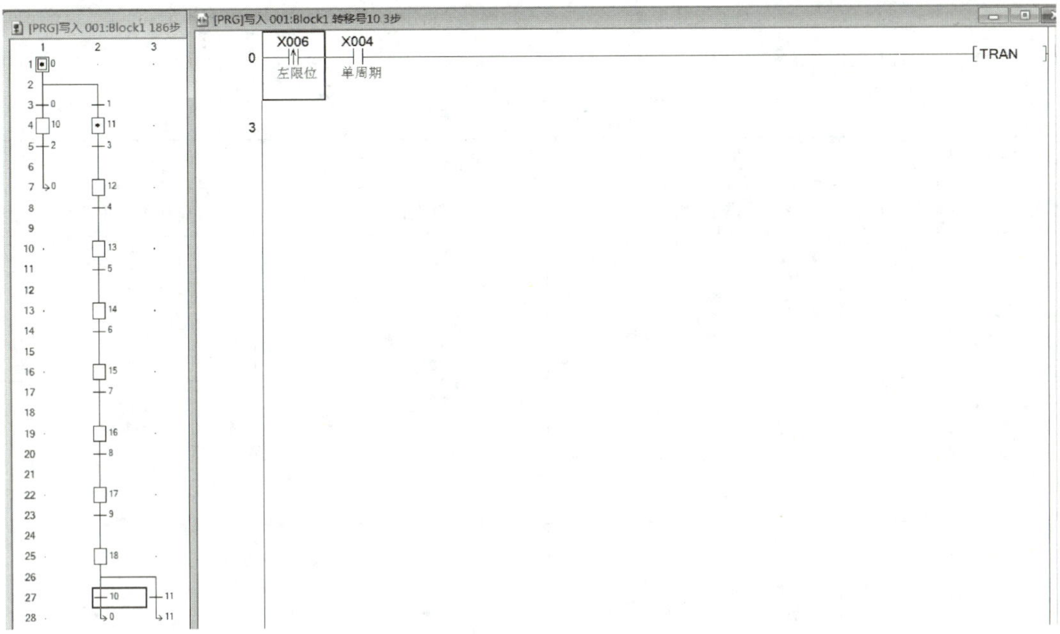

图 4.54 自动控制模式转至单周期工作方式

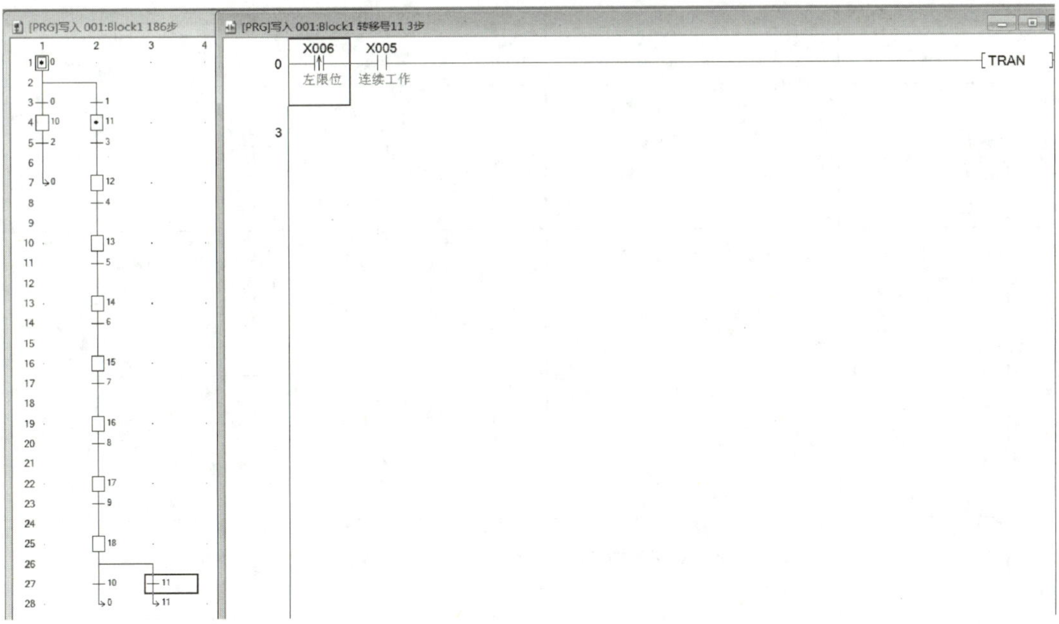

图 4.55 自动控制模式转至连续工作方式

项目实施记录

表 4.3 项目实施记录

学 习 情 境		机械手搬运控制		
序号	实施环节	故障现象	原因分析	解决的办法
1				
2				
3				
4				
5				
6				
7				
8				
实施总结				

项目总结

表 4.4 项目总结

问题引导	我的小结
1. 相比于传统采用经验设计梯形图程序的方法，SFC 有哪些优点？	
2. SFC 包括哪三个基本要素？SFC 有哪些基本特点？	
3. 单分支 SFC 在运行时，是否存在多步同时激活现象？	
4. 选择分支 SFC 的特点有哪些？	
5. 并行分支 SFC 的特点有哪些？	
6. 在 GX Works2 中如何创建 SFC 工程？	
7. 能否在相邻的两步中，驱动相同的 Y 端子？为什么？	
8. 能否在相邻的两步中，驱动同一个定时器？为什么？	
9. 要使得相同地址的 Y、M 元件在多步中保持为 ON，可采用什么方法？	
10. SFC 程序运行时，为何会出现某一步无法向下转移的情况？	
11. SFC 程序运行时，为何会出现“跳步”的情况？	
12. 其他重要知识、技能点	

项目拓展

在机械手拾取工件处(A 位置)有一光电传感器,当其检测到传送带将工件传送至 A 位置时,机械手才会执行搬运工件的动作。当工件被机械手拾取并上升,离开 A 位置 3 s 后,PLC 驱动传送带电动机传送工件。工件被搬运放置于 B 位置,机械手松开并上升 2 s 后,同时此处的光电传感器检测到工件,驱动另一传送带电动机运行,将工件运走。

请在项目任务程序的基础上设计上述拓展任务的 SFC 程序,并完成调试。

习题巩固

一、选择题

1.(　　)通常由初始状态、一般状态、转移线和转移条件组成。

A. 顺序功能图　　B. 电气控制图　　C. 电气安装图　　D. 梯形图

2. 在顺序功能图中,控制过程的初始状态用(　　)来表示。

A. 单线框　　B. 双线框　　C. 菱形框　　D. 椭圆形框

3. 状态元件 S 是用于步进顺序控制编程的重要软元件,其中初始状态元件为(　　)。

A. S10～S19　　B. S20～S499　　C. S0～S9　　D. S500～S899

4. 向前面的状态进行转移的流程称为(　　),其连线箭头指向转移的目标状态。

A. 顺序　　B. 置位　　C. 复位　　D. 循环

5. 当有多条路径时,只能选择其中一条路径来执行,这种分支方式称为(　　)。

A. 选择分支　　B. 并行分支　　C. 跳转　　D. 循环

6.(　　)是指转移条件满足时,同时执行几个分支,当所有分支都执行结束后,若转移条件满足,再转向汇合状态。

A. 选择分支　　B. 并行结构　　C. 跳转　　D. 循环

7. 既可以向下面的状态直接转移,又可以向系列外的状态转移的结构是(　　)。

A. 选择分支　　B. 并行分支　　C. 跳转　　D. 循环

二、判断题

(　　)1. 顺序功能图(sequential function chart,SFC)又叫状态转移图。

(　　)2. 状态元件 S 是用于步进顺序控制编程的重要软元件。随状态动作的转移,原状态元件自动复位,只是状态元件的常开/常闭触点使用次数有所限制。

(　　)3. 在状态转移过程中,在一个扫描周期内存在两个状态同时动作的可能性,因此两个状态中对不允许同时动作的驱动元件应进行联锁控制。

(　　)4. PLC 步进指令中的每个状态元件需具备三个功能:驱动有关负载,指定转移目标,指定转移条件。

(　　)5. PLC 中的选择分支流程指的是多个流程分支可同时执行的分支流程。

(　　)6. 用 PLC 步进指令编程时，首先要分析控制过程，确定步进和转移条件，按规则画出顺序功能图，再根据顺序功能图画出梯形图，最后由梯形图写出程序表。

(　　)7. 当状态元件不用于步进顺序控制时，状态元件也可作为输出继电器用于程序中。

三、简答题

1. 简述步与步之间转换的条件。

2. 顺序功能图具有哪些特点？

3. 顺序功能图编程通常有哪几种结构形式？

4. 状态元件有哪几种类型？

项目考核与评价

表 4.5　项目考核与评价

项目	内容	配分	要求	自我评价	小组互评	教师评价
实施过程	I/O 分配	10 分	按照任务要求，明确所有输入、输出元件			
	电气设计及接线	10 分	原理图与 I/O 分配对应，绘制规范；接线规范整齐，符合工艺要求			
	传感器安装与调整	10 分	正确安装传感器并合理设置传感器的灵敏度			
功能测试	电路测试与故障排除	10 分	上电前和通电后会使用万用表检测、分析故障，并排除故障			
	程序设计与调试	20 分	编写完整程序并下载调试，分析错误并排除故障			
	系统运行	10 分	实现任务既定功能，系统运行稳定、可靠			
职业素养	分工与配合	5 分	任务分配合理，分工明确，配合紧密			
	职业素养	5 分	注重安全操作，工具及器件摆放整齐			
资料填写	任务书	10 分	搜集信息，引导问题回答正确			
	工作计划	5 分	计划步骤安排合理，时间安排合理			
	材料清单	5 分	材料齐全			
综合评价						
总评						

项目5 工件组装与转运

项目目标

知识目标

(1) 掌握光纤传感器的基本结构、工作原理。
(2) 掌握步进顺序控制指令 STL、RET 的功能和用法。
(3) 理解 SFC 与使用步进顺序控制指令的梯形图程序之间的转换关系。
(4) 进一步掌握带分支步进顺序控制及并行分支结构程序的编制方法。

能力目标

(1) 掌握光纤传感器的安装和使用方法。
(2) 掌握步进顺序控制指令 STL、RET 的使用方法。
(3) 能将 SFC 程序转换为梯形图程序。
(4) 按控制要求设计较为复杂的 PLC 控制电路,并编写控制程序。
(5) 能分析和解决程序调试、运行过程中出现的常见问题。

素质目标

(1) 具备自主获取资讯的能力和团队协作意识。
(2) 懂得安全用电规范操作。
(3) 具备 5S 意识,并能贯彻实施。

项目描述与任务

1. 项目描述

装配单元的功能是完成将该单元料仓内的黑色或白色小圆柱工件（见图 5.1）嵌入装配台料斗的待装配工件中的装配过程。装配单元的结构组成包括：管形料仓、供料机构、回转物料台、装配机械手，待装配工件的定位机构、气动系统及其阀组、信号采集及其自动控制系统、用于电气连接的端子排组件、信号灯和用于其他机构安装的铝型材支架及底板，传感器安装支架等其他附件。装配单元的整体结构如图 5.2 所示。

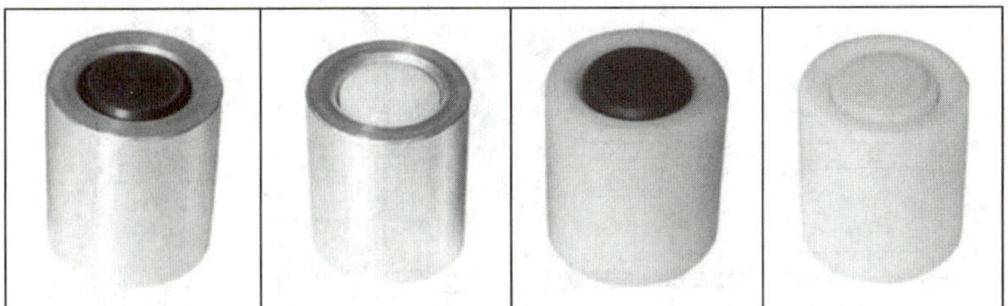

银套黑芯	银套白芯	白套黑芯	白套白芯
1号成品	2号成品	3号成品	4号成品

图 5.1　装配套件的类型

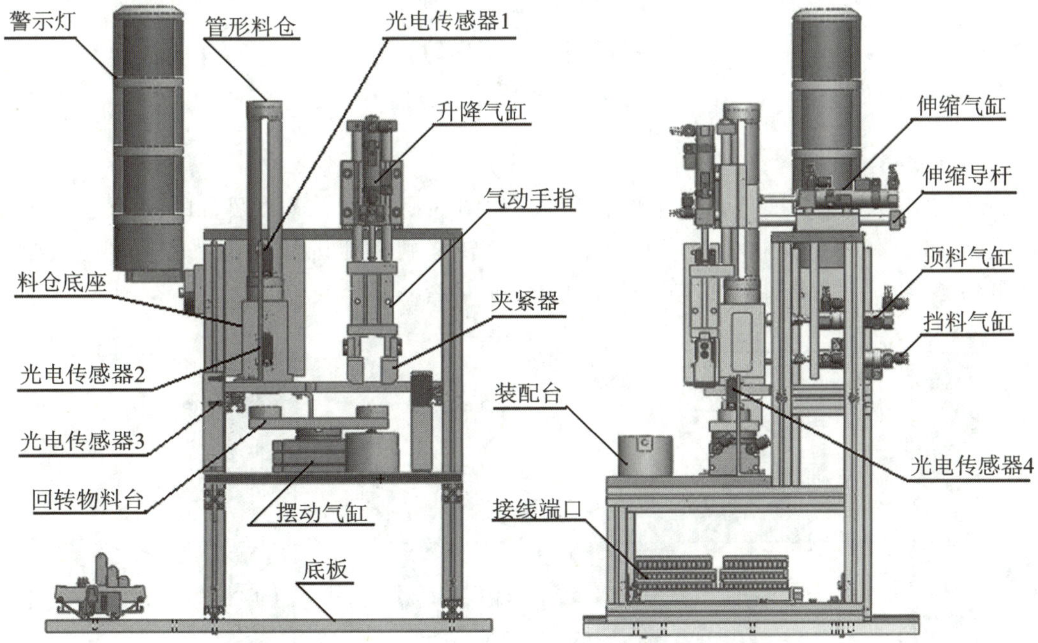

（a）正视图　　（b）右视图

图 5.2　装配单元整体结构示意图

1）供料机构

供料机构剖视图如图 5.3 所示。系统气源接通后，顶料气缸的初始位置在缩回状态处，挡料气缸的初始位置在伸出状态处。需要进行供料操作时，顶料气缸伸出，把次下层的工件夹紧，然后挡料气缸缩回，最下层工件掉入回转物料台的料盘中。之后挡料气缸复位伸出，顶料气缸缩回，次下层工件跌落到挡料气缸终端挡块上，为再一次供料做准备。

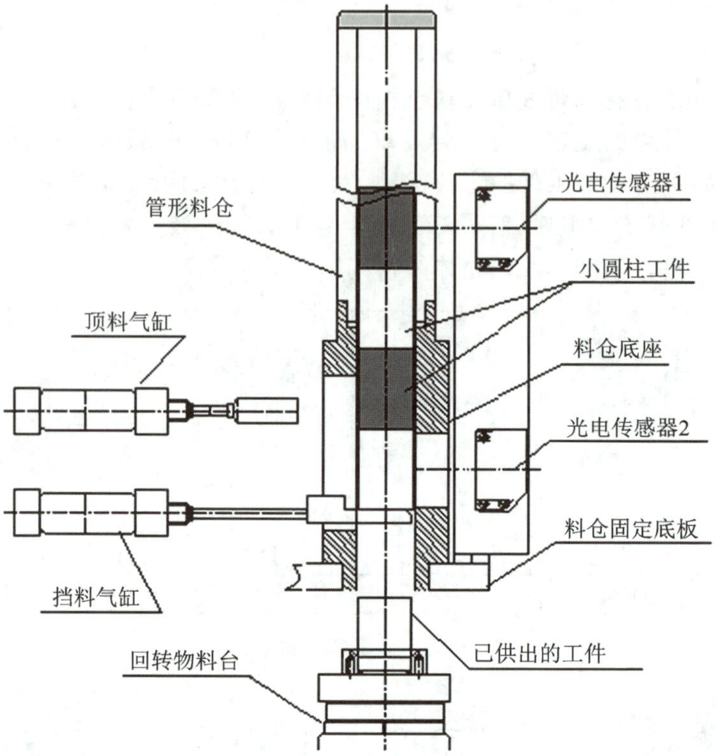

图 5.3　供料机构示意图

2）回转物料台

回转物料台由气动摆台和两个料盘组成，如图 5.4 所示。气动摆台的摆动气缸能驱动料盘旋转 180°，使得从供料机构落到料盘的工件转移到装配机械手正下方。光电传感器 3 和光电传感器 4 分别用来检测左面和右面料盘中是否有工件。

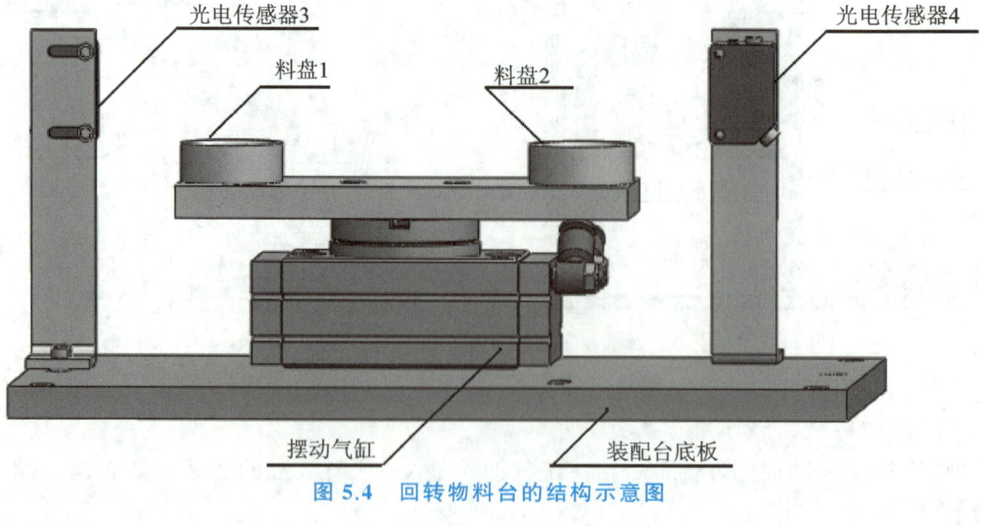

图 5.4　回转物料台的结构示意图

3）装配台料斗

装配台料斗与回转物料台组件共用支承板，如图 5.5(a)所示。待装配工件放置在装配台料斗中，由料斗定位孔与工件之间的较小的间隙配合实现定位，从而完成准确的装配动作，确保定位精度。为了确定装配台料斗内是否放置了待装配工件，使用光纤传感器进行检测。料斗的侧面开了一个 M6 的螺孔，光纤传感器的光纤头固定于螺孔内，如图 5.5(b)所示。

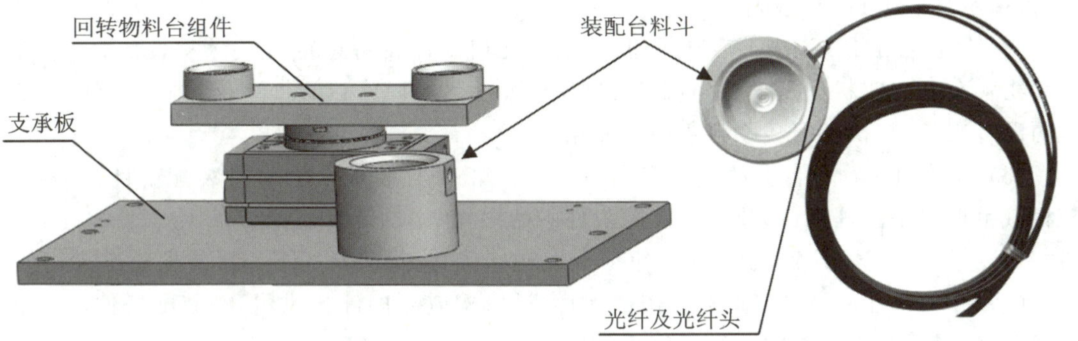

（a）装配台料斗和回转物料台组件　（b）安装有光纤头的装配台料斗

图 5.5　装配台料斗

4）装配机械手

装配机械手是整个装配单元的核心。如图 5.6 所示，装配机械手装置是一个三维运动机构，它由水平方向移动和竖直方向移动的两个导向气缸和气动手指组成。

当装配机械手正下方的回转物料台料盘上有小圆柱零件，且装配台侧面的光纤传感器检测到装配台上有待装配工件时，装配机械手从初始状态开始执行装配操作过程。

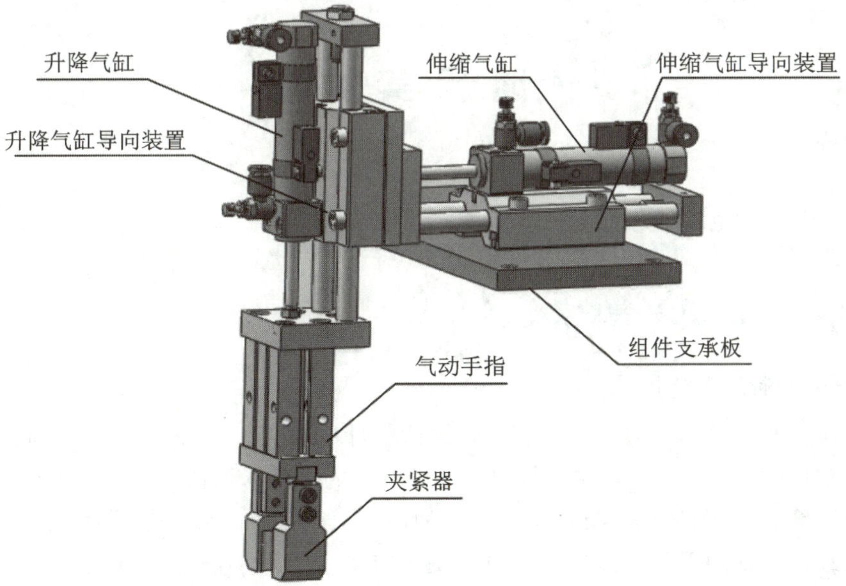

图 5.6　装配机械手结构示意图

2. 项目要求

（1）装配单元各气缸的初始状态如下：挡料气缸处于伸出状态，顶料气缸处于缩回状态，装配机械手的升降气缸处于提升（缩回）状态，伸缩气缸处于缩回状态，气动手指处于松开状态。

设备上电和气源接通后，若各气缸满足初始状态要求，且料仓内已经有足够多的小圆柱工件，工件装配台上没有待装配工件，则“正常工作”指示灯 HL1 常亮，表示设备准备好。否则，该指示灯以 1 Hz 频率闪烁

（2）待设备准备好，按下启动按钮，装配单元启动，“设备运行”指示灯 HL2 常亮。如果回转物料台上的左料盘内没有小圆柱工件，就执行下料操作；如果左料盘内有工件，而右料盘内没有工件，就执行回转物料台回转操作。

（3）如果回转物料台上的右料盘内有小圆柱工件且装配台上有待装配工件，就执行装配机械手抓取小圆柱工件，放入待装配工件中的操作。

（4）完成装配任务后，装配机械手应返回初始位置，等待执行下一次装配动作。

（5）若在运行过程中按下停止按钮，则供料机构应立即停止供料，在装配条件满足的情况下，装配单元在完成本次装配后停止工作。

（6）在运行中产生“零件不足”报警时，指示灯 HL3 以 1 Hz 的频率闪烁，指示灯 HL1 和 HL2 常亮；在运行中产生“零件没有”报警时，指示灯 HL3 以亮 1 s、灭 0.5 s 的方式闪烁，指示灯 HL2 熄灭，指示灯 HL1 常亮。

3. 项目任务

（1）根据系统控制要求，设计装配单元的 PLC 控制电路，包括规划 PLC 的 I/O 分配及接线端子分配，绘制控制电路图，然后进行电气接线。

（2）使用 GX Works2 设计该任务的 SFC 程序。

（3）完成程序调试与运行。

项目实施

任务1　光纤传感器的安装与使用

一、知识平台　光纤传感器

1. 光纤传感器的工作原理

光导纤维简称光纤，是利用光的完全内反射原理传输光波的一种介质，由高折射率的纤芯和包层所组成（见图 5.7(a)）。包层的折射率小于纤芯的折射率，直径为 0.1～0.2 mm。当光线通过端面透入纤芯，在到达纤芯与包层的交界面时，由于光线的完全内反射，光线被反射回纤芯层。这样经过不断的反射，光线就能沿着纤芯向前传播且只有很小的衰减（见图 5.7(b)）。

光纤传感器就是把发射器发出的光线用光纤引导到检测点，再把检测到的光信号用光纤引导到接收器来实现检测的。按动作方式的不同，光纤传感器可分为对射式、漫反射式等

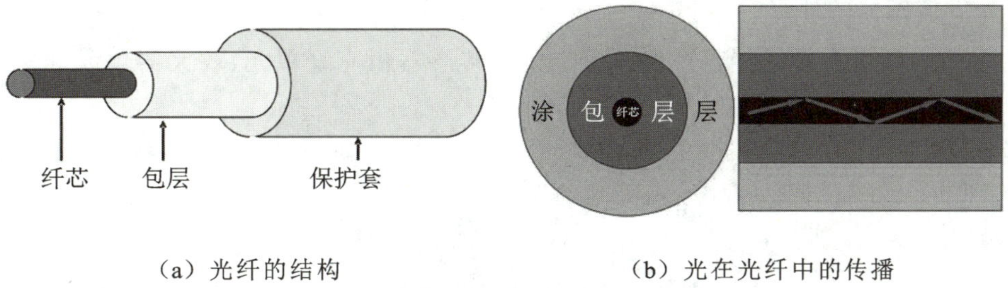

图 5.7 光纤的结构与光的传输

多种类型。光纤传感器可以实现被检测物体在较远区域的检测。由于光纤损耗和光纤色散的存在，在长距离光纤传输系统中，必须在线路适当位置设立中级放大器，以对衰减和失真的光脉冲信号进行放大等处理。

光纤传感器的特点：光纤头可安装在空间很小的地方；传输距离远，容易实现对被测信号的远距离监控；由于检测部（光纤）中完全没有电气部分，所以耐干扰等耐环境性良好；电绝缘性能好，抗电磁干扰能力强；具有非侵入性；灵敏度高；耐腐蚀；防爆；使用寿命长；光路有可挠曲性，便于与计算机连接。

2. 常见光纤传感器的结构

光纤传感器是光学传感器的一种，它由光纤单元、放大器两部分组成。其结构及工作原理如图 5.8 所示。投光元件（投光器）和受光元件（受光器）均在放大器内，投光元件发出的光线通过一条光纤内部从端面（光纤头）以约 60°的角度扩散，照射到检测物体上；同样，反射回来的光线通过另一条光纤的内部回送到受光元件。

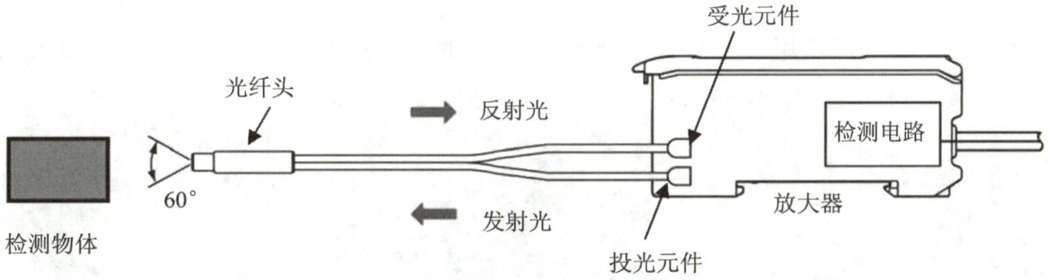

图 5.8 光纤传感器结构及工作原理示意图

E3X-NA11 型光纤传感器电路框图如图 5.9 所示，接线时请注意根据导线颜色判断电源极性和信号输出线，切勿把信号输出线直接连接到电源＋24 V 端。

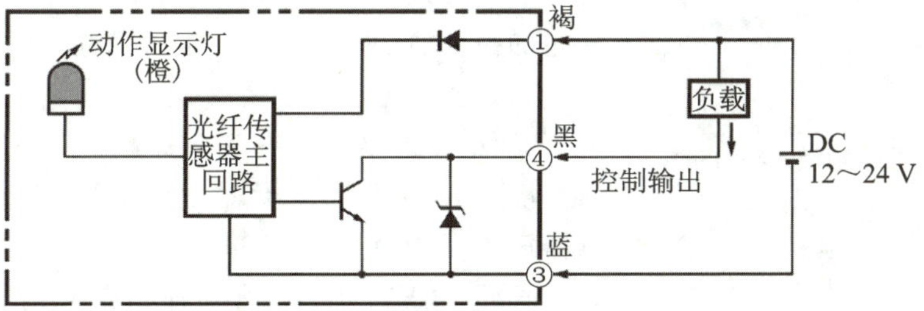

图 5.9 E3X-NA11 型光纤传感器电路框图

3. 光纤传感器的外形

如图 5.10 所示为光纤传感器的外形。光纤传感器由光纤单元、放大器单元和配线接插件单元三个组件组成。

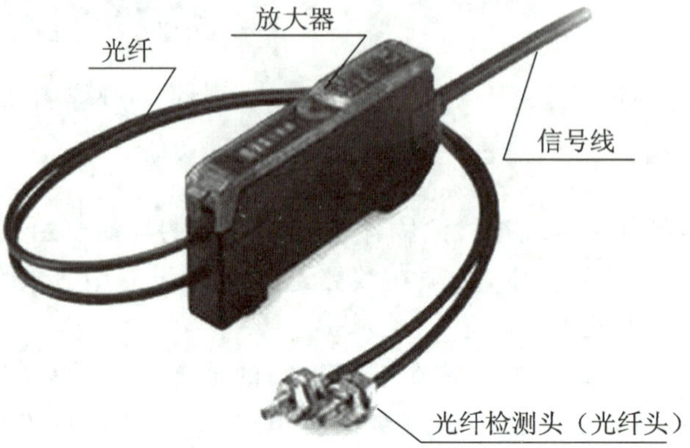

图 5.10　光纤传感器的外形

二、任务实施

1. 光纤传感器的安装、拆卸

光纤传感器是精密器件，使用时必须注意它的安装和拆卸方法。下面以本任务装置上使用的 E3X-NA11 型光纤传感器（欧姆龙公司产品）的装卸过程为例说明。

1）光纤头的安装

光纤头安装时可以用固定螺母安装于支架上，也可以采用配套安装座固定，如图 5.11 所示。在使用光纤时严禁大幅度弯折到底部，严禁向光纤施加拉伸、压缩等蛮力。在切割光纤时应使用专用的光纤切割器，如图 5.12 所示。

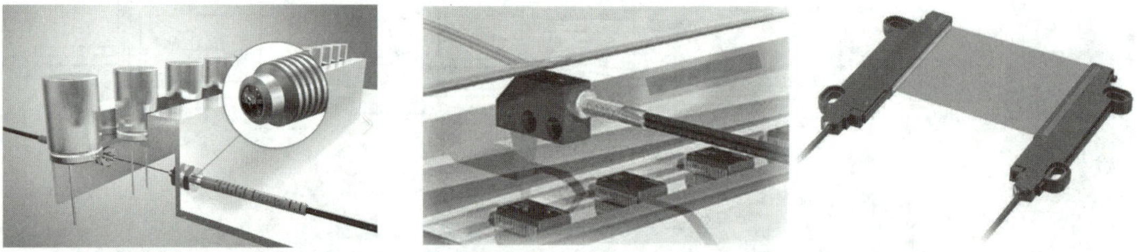

（a）采用固定螺母安装于支架上　　（b）采用配套安装座固定

图 5.11　光纤头的安装

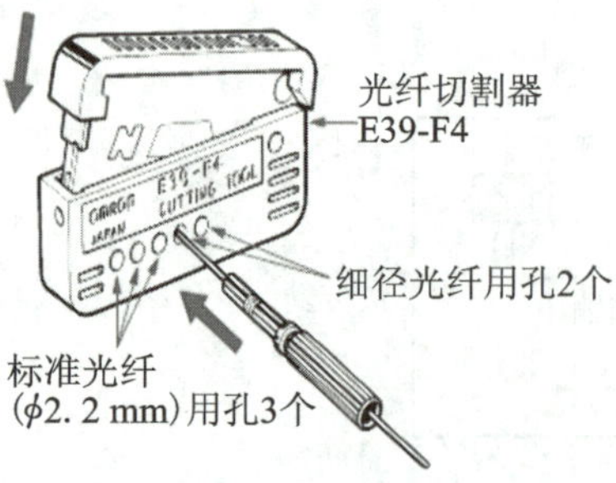

图 5.12　使用光纤切割器切割光纤

2）放大器单元的安装和拆卸

图 5.13 所示为放大器单元的安装过程。将光纤传感器放大器单元与光纤单元相连接的一侧的钩爪嵌入固定导轨，再将其压下，直到挂钩完全锁定。

注意：
务必将与光纤单元相连的一侧先嵌入导轨进行安装，逆向安装会导致安装强度下降。

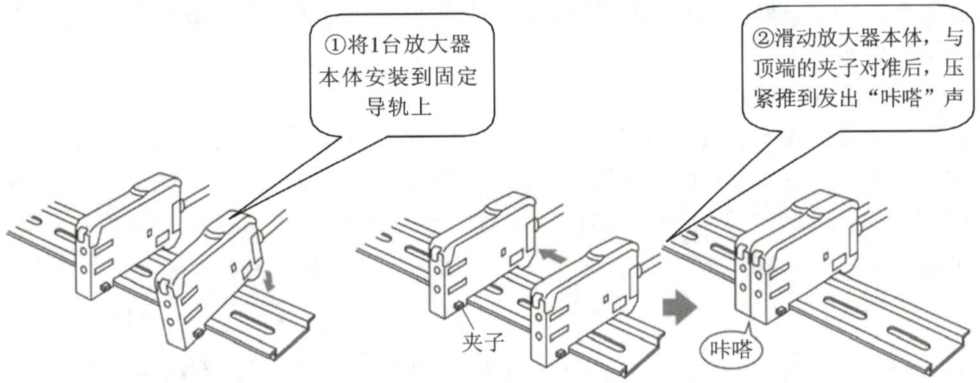

图 5.13 E3X-NA11 型光纤传感器放大器单元的安装过程

拆卸时，以相反的过程进行。

注意：
在连接了光纤的状态下，请不要从固定导轨上拆卸。

3）光纤单元的装卸

对光纤单元，按下面方法进行装卸，有关安装部位如图 5.14 所示。

① 安装光纤：打开保护罩→打开锁定拨杆→将光纤插入放大器插孔→将锁定拨杆按下→锁定光纤→盖上保护罩。

② 拆卸光纤：打开保护罩→解除锁定→拔出光纤。

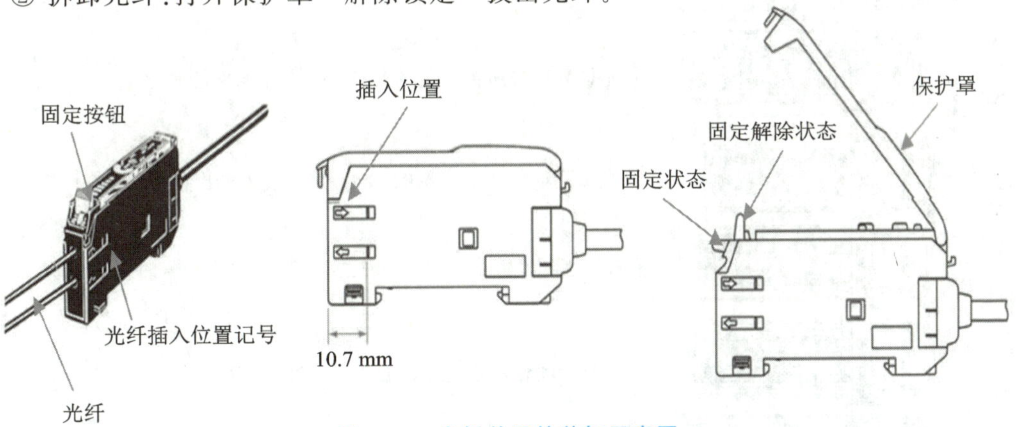

图 5.14 光纤单元的装卸示意图

注意：
安装或拆卸光纤单元的时候，一定要切断电源；光纤的插入位置要到位，如不完全插入，可能会引起检测距离变短。

2. 光纤传感器的使用

光纤传感器的放大器的灵敏度调节范围较大。当光纤传感器灵敏度调得较低时，光纤传感器无法接收到反射性较差的黑色物体的反射信号，而可以接收到反射性较好的白色物体的反射信号。反之，若调高光纤传感器灵敏度，则光纤传感器就能接收到反射性较差的黑色物体的反射信号。

1）显示与面板操作

用于物料转运的物料传送分拣系统用到了两个光纤传感器。它们的放大器单元采用的是图 5.15 所示的 E3X-NA11 光量条显示带旋钮设定型放大器。它有 8 挡位灵敏度调节旋钮；通过定时开关可以开/关 40 ms 延时断电功能；利用动作模式切换开关可以进行常开输出和常闭输出的切换。这种放大器还具有电源逆接保护和输出短路保护功能。

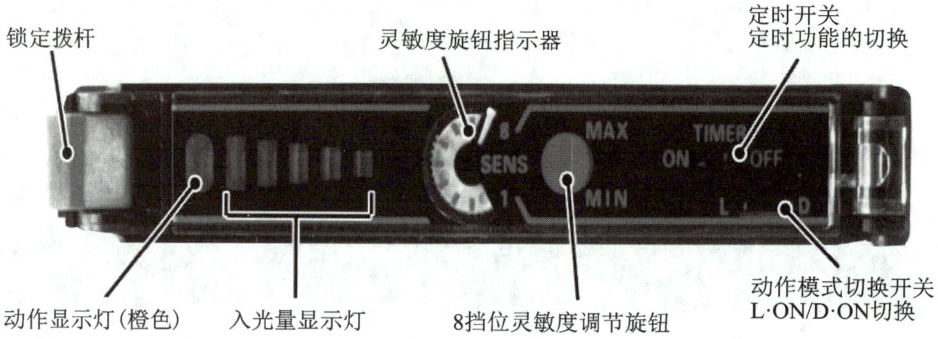

图 5.15　E3X-NA11 型光纤传感器放大器面板

2）灵敏度调节

这种光纤传感器的反射入光量与放大器入光量显示灯的关系如图 5.16 所示。

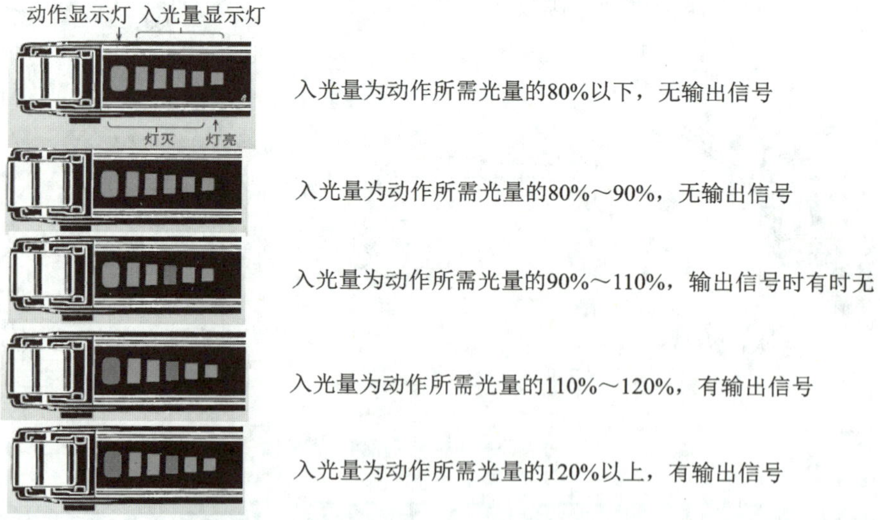

图 5.16　E3X-NA11 入光量与显示灯的关系

3）数显光纤传感器的使用

如图 5.17 所示为 E3X-ZD11 型数显光纤传感器，通过调整极性和门槛值达成检测目的。门槛值的大小可以根据环境的变化、具体的要求来设定。该传感器具有多种相应时间模式选择功能、定时器功能、区域检测功能、上升沿/下降沿检测功能。安装时应注意，严禁大幅度地弯折光纤。

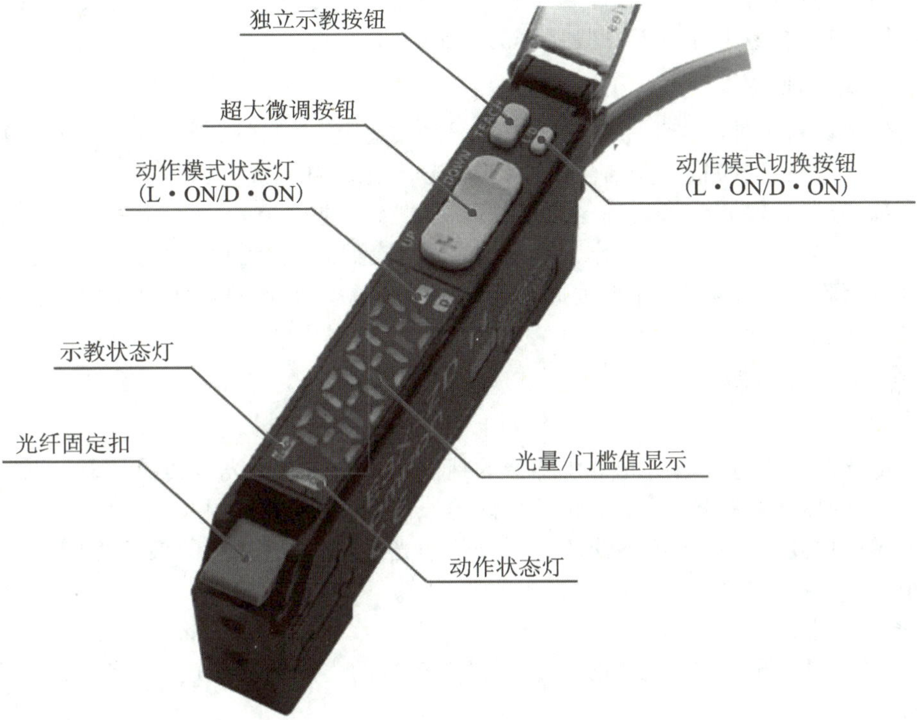

图 5.17 E3X-ZD11 型数显光纤传感器

3. 光纤传感器使用注意事项

（1）光纤传感器不能安装在以下场所：阳光直射处，湿度高、可能会结霜处，有腐蚀性气体处，对传感器本体有直接振动或冲击影响处。

（2）电力线、动力线与传感器使用同一配线管或者配线槽时，会因感应而产生误动作或者产品损坏，原则上请分开配线或者使用屏蔽线。

（3）导线的延长线请使用直径在 0.3 mm 以上的线，并且长度控制在 100 m 以下。

（4）接通电源后，经过 200 ms 后才可以进行检测；负载与光纤传感器的电源分开时，请一定要先接通光纤传感器的电源。

（5）在切断电源时会发生输出脉冲情况，所以要先切断负载或负载线的电源。

（6）使用接插件式传感器时，为了防止触电或短路，请在不使用的连接电源端子上贴上保护用贴片。

（7）拆卸和安装传感器时请一定要切断电源。

（8）请不要在光纤单元固定于放大器单元的状态下对其进行拉伸、压缩等动作。

（9）在使用传感器时一定要确保保护罩已盖好。

（10）不要使用香蕉水、汽油、丙酮等对传感器进行清洁。

任务 2　装配单元的 PLC 控制电路设计

一、知识平台　光电传感器和光纤传感器的区别

光纤传感器和光电传感器是现代科技中常见的传感器类型，它们都利用光信号来检测和测量不同的物理量。尽管它们都属于光学传感器，但光纤传感器和光电传感器在工作原理、性能以及应用领域上存在着一些显著的区别。

1. 结构及原理不同

光电传感器是一种将光信号转化为电信号的传感器。它利用光敏元件（如光敏电阻、光敏二极管或光敏三极管）接收光信号，并将光信号转化为电流或电压信号输出。光电传感器通常由光源、光敏元件和信号处理电路组成。

光纤传感器是一种使用光纤作为传感元件的传感器。它利用光纤的光导性能，将光信号引导到被测物体或环境中，并根据光信号的变化来检测和测量各种物理量。光纤传感器通常由光源、光纤和探测器组成。

2. 性能及特点不同

1）性能差异

光纤传感器通常比普通的光电传感器的精度更高。普通的光电传感器基于传感器上直接发光、收光的器件进行检测，由于光的扩散等原因，无法精确控制收光量的大小，即导致检测的精度无法提高。而光纤传感器通过光纤传输光线，提高了光束的聚拢程度，易判断收光量的大小，检测精度更高。

2）光电传感器的特点

（1）直接测量：光电传感器可以直接测量光信号的强度或光照度，并将其转化为电信号进行处理。

（2）灵敏度范围宽：光电传感器具有较宽的灵敏度范围，可以适应不同光信号强度的测量需求。

（3）快速响应：光电传感器能快速响应，能够实时检测和测量光信号的变化。

3）光纤传感器的特点

（1）灵敏度高：光纤传感器具有高灵敏度，可以检测微小的光信号变化，并将其转化为相应的电信号。

（2）传输距离远：由于光纤具有低损耗和高带宽的特性，光纤传感器可以实现远距离的信号传输，并且不易受到电磁干扰。

（3）抗干扰能力强：光纤传感器对外界电磁辐射、湿度、温度等环境因素具有较强的抗干扰能力。

3. 应用场景不同

光电传感器可以快速响应，并具有较宽的灵敏度范围，因此在需要对光信号进行实时监测和控制的场合中得到广泛应用，如制造业自动控制和检测、自动门控制、打印和扫描设备、自动售货机、车辆计数系统等。光电传感器还在安防领域中用于人体检测系统和入侵报警系统。

光纤传感器主要应用于需要远距离传输和要求高灵敏度的场景，例如环境监测（温度、压力、湿度、气体浓度）、工业测量（材料检测、流体流量测量、结构健康监测）、石油勘探、医学诊断（血氧测量、脑部活动监测）和通信系统等。由于光纤带宽大和抗干扰能力强，光纤传感

器在这些领域中能够提供可靠的传输信号和精确的测量结果。

据具体的应用需求，我们可以选择合适的传感器类型来达到测量和控制的目的。

二、任务实施

1. 规划 PLC 的 I/O 分配及电气连接

（1）请根据表 5.1 的提示，将 PLC 的 I/O 信号分配完整。

表 5.1 装配单元 PLC 的 I/O 信号分配表

输入信号				输出信号			
序号	PLC 输入点	信号名称	信号来源	序号	PLC 输出点	信号名称	信号来源
1		零件不足检测	装置侧传感器模块	1		挡料电磁阀	装置侧电磁阀组
2		零件有无检测		2		顶料电磁阀	
3		左料盘零件检测		3		回转电磁阀	
4		右料盘零件检测		4		手指夹紧电磁阀	
5		装配台工件检测		5		手指下降电磁阀	
6		顶料到位检测		6		手臂伸出电磁阀	
7		顶料复位检测		7		红色警示灯	
8		挡料状态检测		8		橙色警示灯	
9		落料状态检测		9		绿色警示灯	
10		摆动气缸左限检测		10			
11		摆动气缸右限检测		11			
12		手指夹紧检测		12			
13		手指下降到位检测		13			
14		手指上升到位检测		14		HL1	按钮/指示灯模块
15		手臂缩回到位检测		15		HL2	
16		手臂伸出到位检测		16		HL3	
17							
18							
19							
20							
21		停止按钮	按钮/指示灯模块				
22		启动按钮					
23		急停按钮					
24		单机/联机					

（2）绘制装配单元的 I/O 接线原理图。

根据装配单元 PLC 的 I/O 信号分配表，可绘制出该单元 PLC 的 I/O 接线原理图，可参考图 5.18。

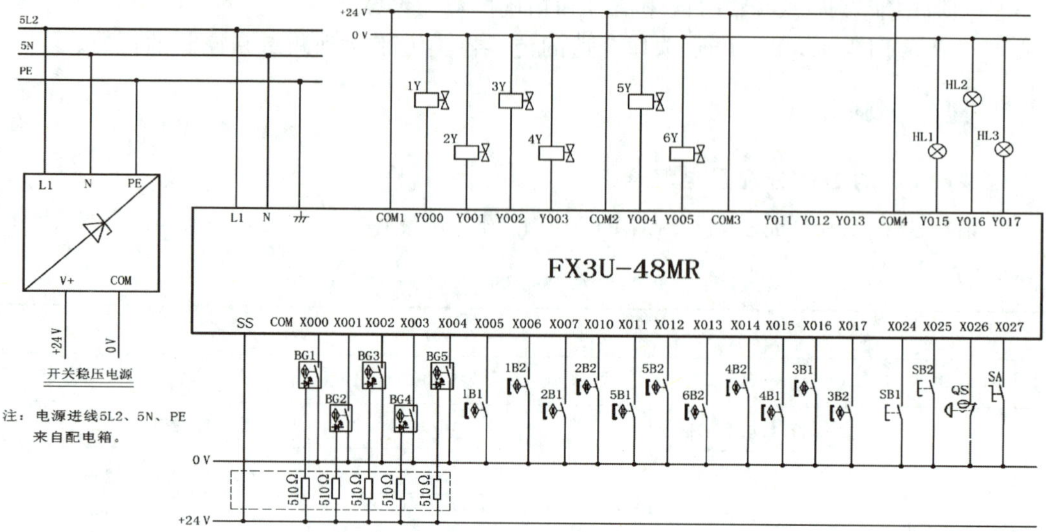

图 5.18　装配单元 PLC 的 I/O 接线原理图

2. 连接装配单元装置侧输入、输出元件

(1) 规划装配单元装置侧信号端子的分配(见表 5.2)。

表 5.2　装配单元装置侧信号端子的分配

输入端口中间层			输出端口中间层		
端子号	设备符号	信号线	端子号	设备符号	信号线
2	SC1	零件不足检测	2	1Y	挡料电磁阀
3	SC2	零件有无检测	3	2Y	顶料电磁阀
4	SC3	左料盘零件检测	4	3Y	回转电磁阀
5	SC4	右料盘零件检测	5	4Y	手指夹紧电磁阀
6	SC5	装配台工件检测	6	5Y	手指下降电磁阀
7	1B1	顶料到位检测	7	6Y	手臂伸出电磁阀
8	1B2	顶料复位检测	8	AL1	红色警示灯
9	2B1	挡料状态检测	9	AL2	橙色警示灯
10	2B2	落料状态检测	10	AL3	绿色警示灯
11	5B1	摆动气缸左限检测	11		
12	5B2	摆动气缸右限检测	12		
13	6B2	手指夹紧检测	13		
14	4B2	手指下降到位检测	14		
15	4B1	手指上升到位检测			
16	3B1	手臂缩回到位检测			
17	3B2	手臂伸出到位检测			

(2) 连接装置侧输入元件。

请根据信号端子分配表，在下方方框中画出装配单元装置侧传感器与输入信号端子的电气接线图，并按图连接各元件。

(3) 连接装置侧输出元件。

根据信号端子分配表，连接装配单元装置侧电磁阀与输出信号端子。其电气接线图如图 5.19 所示。

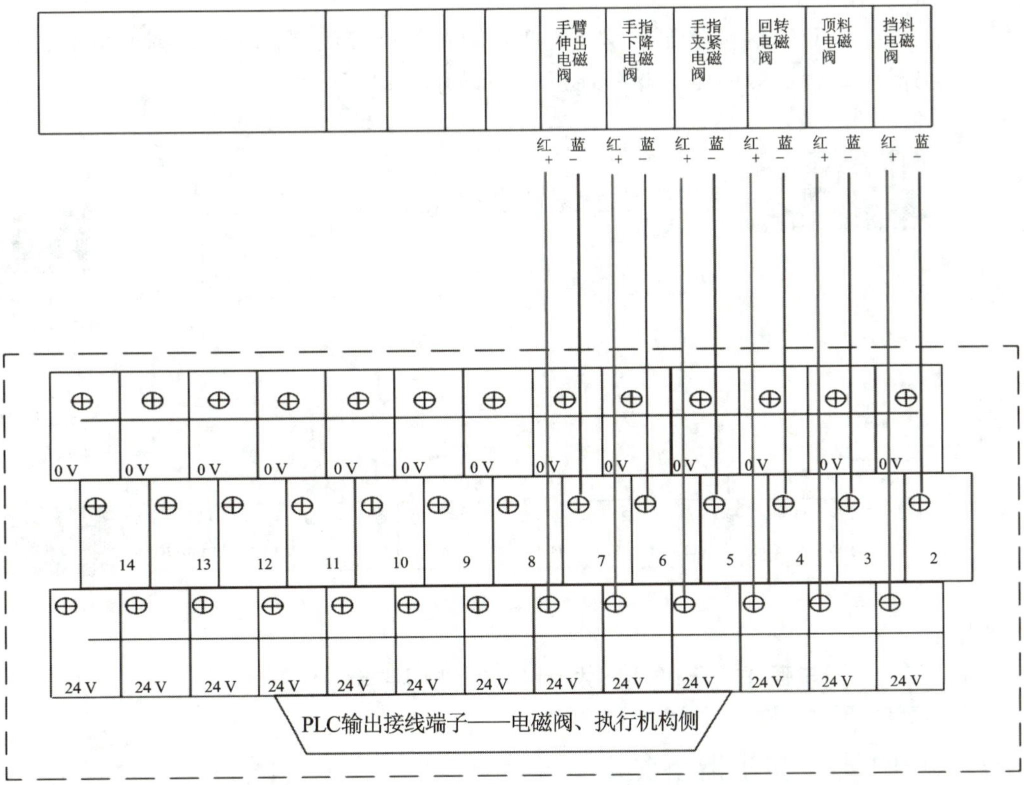

图 5.19 装配单元装置侧电磁阀与输出信号端子的电气接线图

3. 连接装配单元 PLC 侧输入、输出线路

（1）PLC 侧输入接线。

请根据 PLC 的 I/O 信号分配表及装置侧输入信号的接线，将 PLC 外围的电源、输入回路公共端、传感器及按钮的电气线路连接完善，如图 5.20 所示。

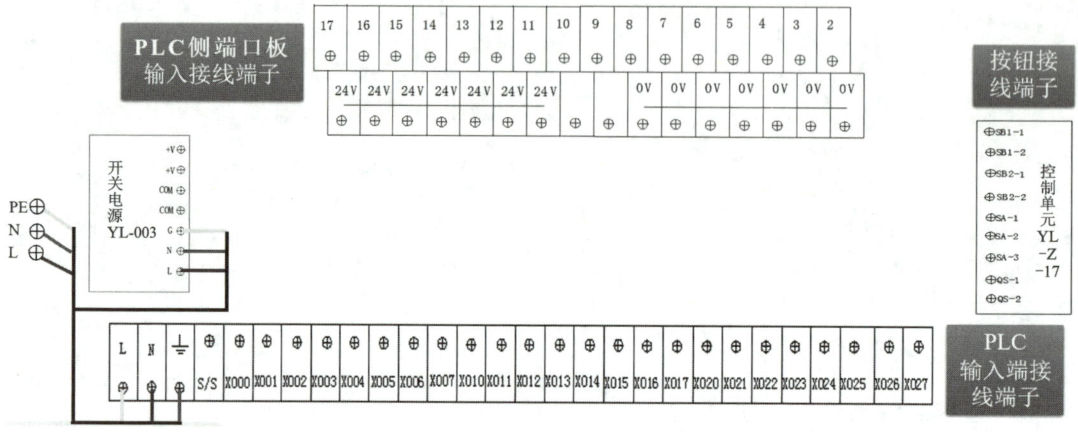

图 5.20　PLC 侧输入接线

（2）PLC 侧输出接线。

请根据 PLC 的 I/O 信号分配表及装置侧输出信号的接线，将 PLC 外围的电源、输出回路公共端、电磁阀及指示灯的电气线路连接完善，如图 5.21 所示。

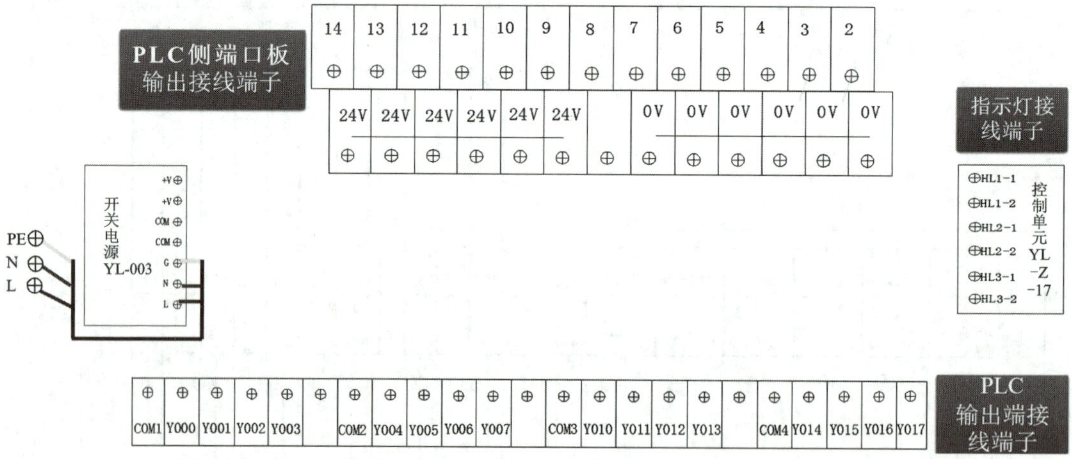

图 5.21　PLC 侧输出接线

任务 3　装配单元的步进顺序控制程序设计

一、知识平台　步进指令及其应用

1. 步进指令 STL、RET 的功能和使用

FX 系列 PLC 提供了一对步进指令，分别是步进接点指令 STL、步进返回指令 RET。用这对步进指令可以将顺序功能图转换为步进梯形图，也可以直接编写步进梯形图，如图 5.22 所示。

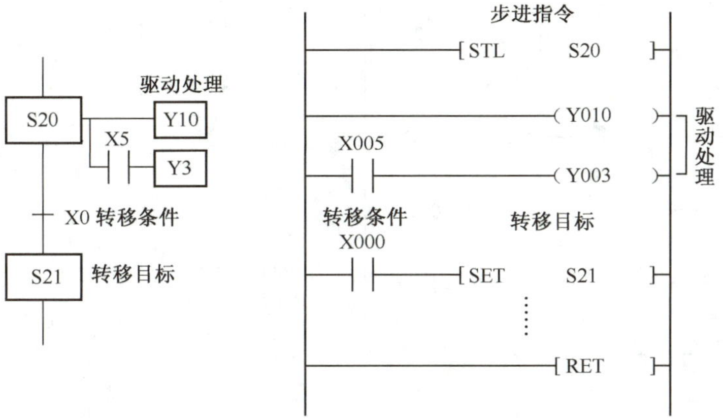

STL	S20
OUT	Y010
LD	X005
OUT	X003
LD	X000
SET	S21
⋮	
RET	

（a）顺序功能图　　（b）运用STL指令的梯形图　　（c）指令表

图 5.22　步进指令与其他编程语言的对应转换

1）步进接点指令 STL

STL 指令是利用内部软元件（状态元件 S）在顺序控制程序中进行工序步进式控制的指令，其操作元件为状态元件 S。

STL 指令从左母线连接步进接点。步进接点只有常开触点，没有常闭触点。步进接点要接通，应该采用 SET 指令进行置位。步进接点与主控接点作用一样，将左母线向右移动，形成副母线，与副母线相连的接点应以 LD 或 LDI 指令为起始，与副母线相连的线圈可不经过触点而直接被驱动，如图 5.23 所示。

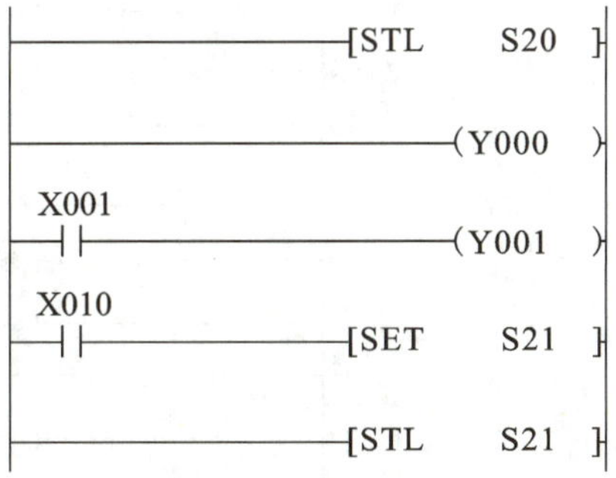

STL	S20
OUT	Y000
LD	X001
OUT	Y001
LD	X010
SET	S21
STL	S21

（a）运用STL指令的梯形图　　（b）指令表

图 5.23　STL 指令的使用

步进接点具有主控和跳转作用。当步进接点闭合时，步进接点后面的电路块被执行；当步进接点断开时，步进接点后面的电路块不执行。因此在步进接点后面的电路块中不允许使用主控或主控复位指令。

2）步进返回指令 RET

RET 是用于状态流程的结束，实现返回主程序（母线）的指令。该指令无操作元件。

RET 指令的功能是使由 STL 指令所形成的副母线复位，如图 5.24 所示。

由于步进接点指令具有主控和跳转作用，因此不必在每一条 STL 指令后都加一条 RET 指令，只需在最后使用一条 RET 指令就可以了。

步进指令虽然只有两条，但是功能比较强大。对顺序功能图进行编程时，还要清楚图中驱动负载、指定转移目标和指定转移条件三个要素之间的关系。步进指令的编程原则是：先

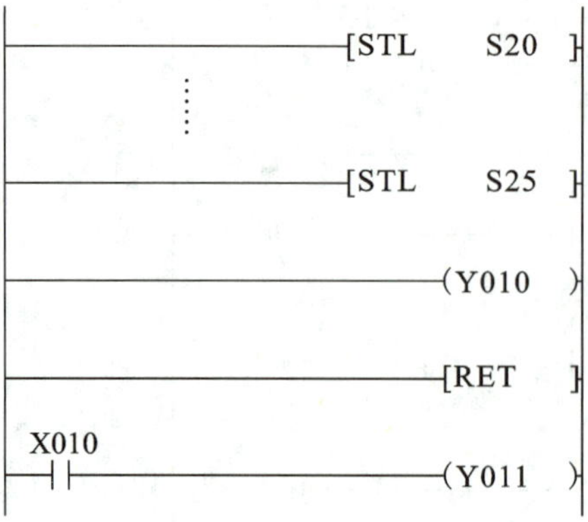

(a) 运用RET指令的梯形图

```
STL   S20
  ⋮
SET   S25
OUT   Y010
RET
LD    X010
OUT   Y011
```

(b) 指令表

图 5.24　RET 指令的使用

进行驱动动作处理，然后进行状态转移处理，不能颠倒。其中，指定转移目标和指定转移条件是必不可少的，而驱动处理则可视情况而定，可以不进行实际的负载驱动。

【例 5-1】 运料小车往返控制。

请根据运料小车的 SFC，作出对应的步进梯形图，如图 5.25 所示。

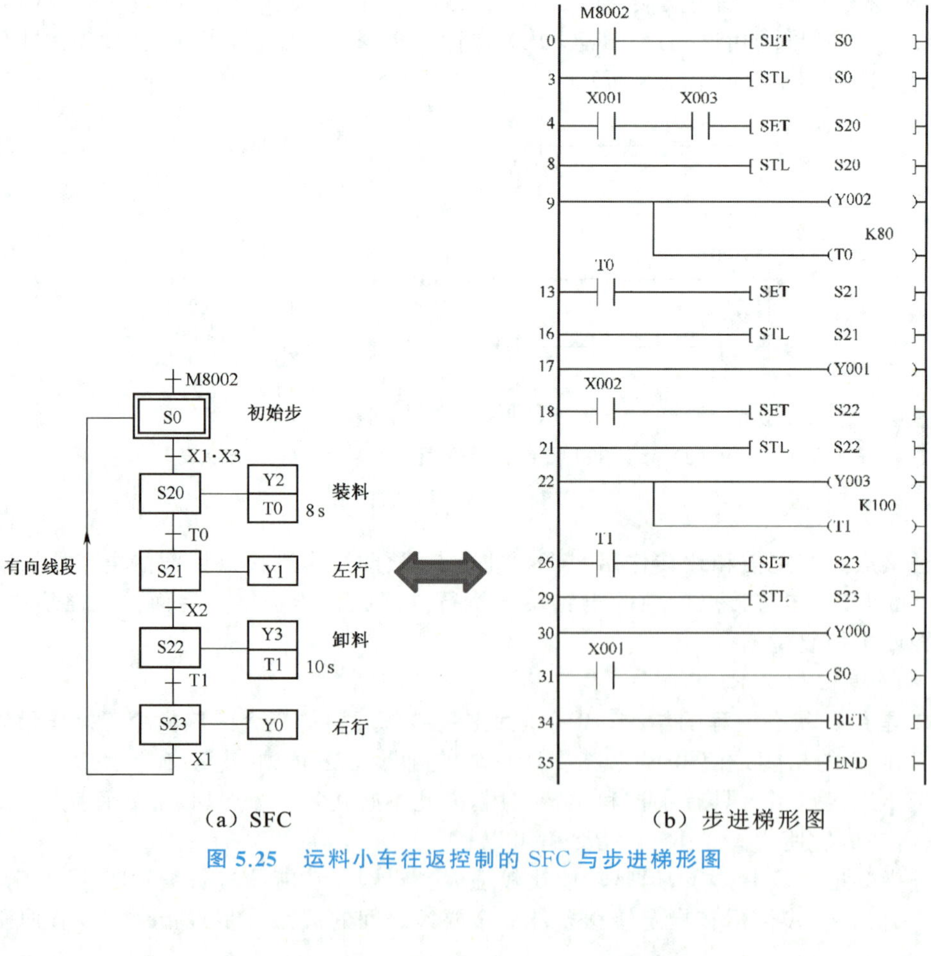

(a) SFC　　　　(b) 步进梯形图

图 5.25　运料小车往返控制的 SFC 与步进梯形图

从此例中可以看出：

（1）STL 指令仅对状态元件 S 有效，状态元件 S 的触点称为步进接点。只有步进接点接通，它后面的电路才能动作。如果步进接点断开，则其后面的电路将全部断开，但系统程序还要执行一个扫描周期。当需保持输出结果时，可用 SET 和 RST 指令来实现。

（2）STL 指令接点须与梯形图左母线连接。使用 STL 指令后，LD 或 LDI 指令点则右移，直到出现下一条 STL 指令或者出现 RET 指令后它们才返回左母线。

（3）STL 指令有自动将前级步复位的功能（在状态转移成功后的第二个扫描周期自动将前级步复位），因此使用 STL 指令编程时不考虑前级步的复位问题。

（4）只有当前一步是活动步时，该步才可能变成活动步。一般采用无断电保持功能的状态元件 S 编程。

2. 选择分支和并行分支的处理

与针对一般状态的 SFC 程序相同，在步进梯形图中，不管是对选择分支还是对并行分支，都须先执行驱动处理，接着依次执行所有的转移处理，如图 5.26 所示。

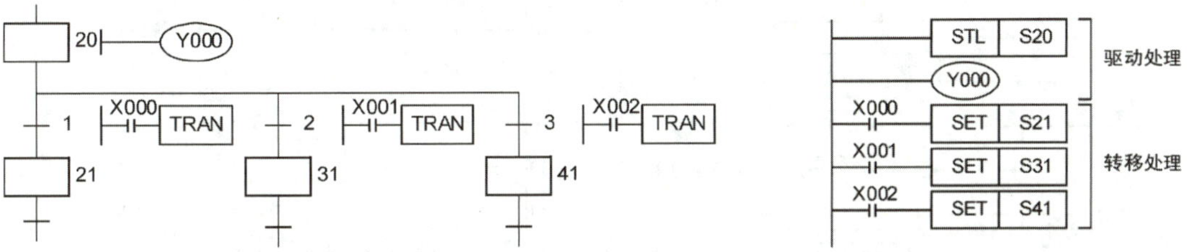

（a）选择分支示例

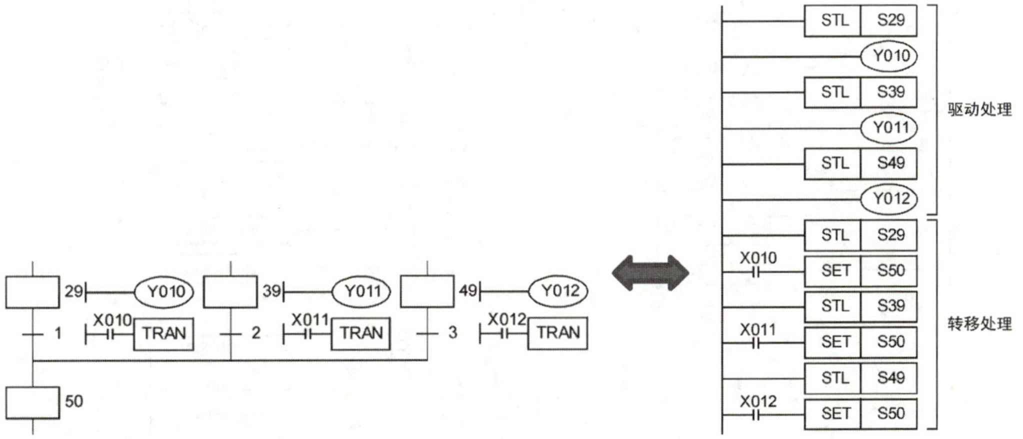

（b）选择汇合示例

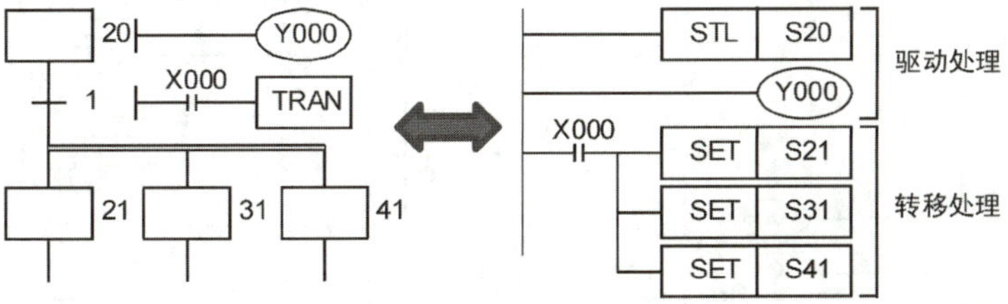

（c）并行分支示例

图 5.26　选择及并行结构的 SFC 与步进梯形图的转换

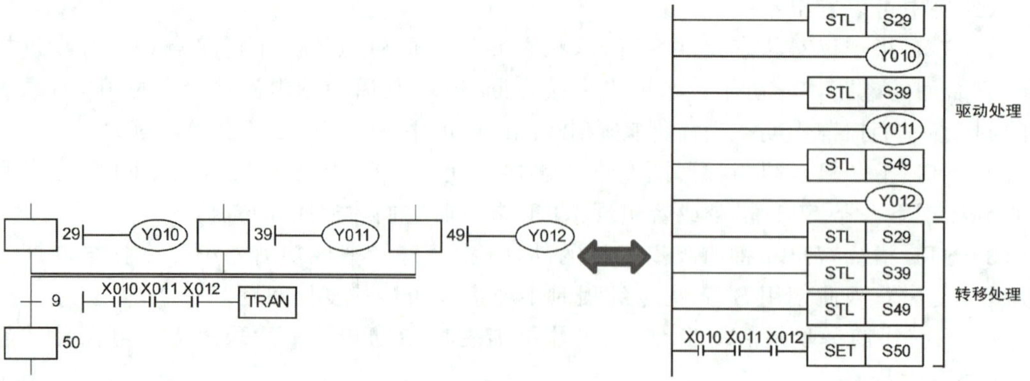

（d）并行汇总示例

续图 5.26

【例 5-2】 按钮式人行横道交通灯 SFC 与步进梯形图如图 5.27 所示。

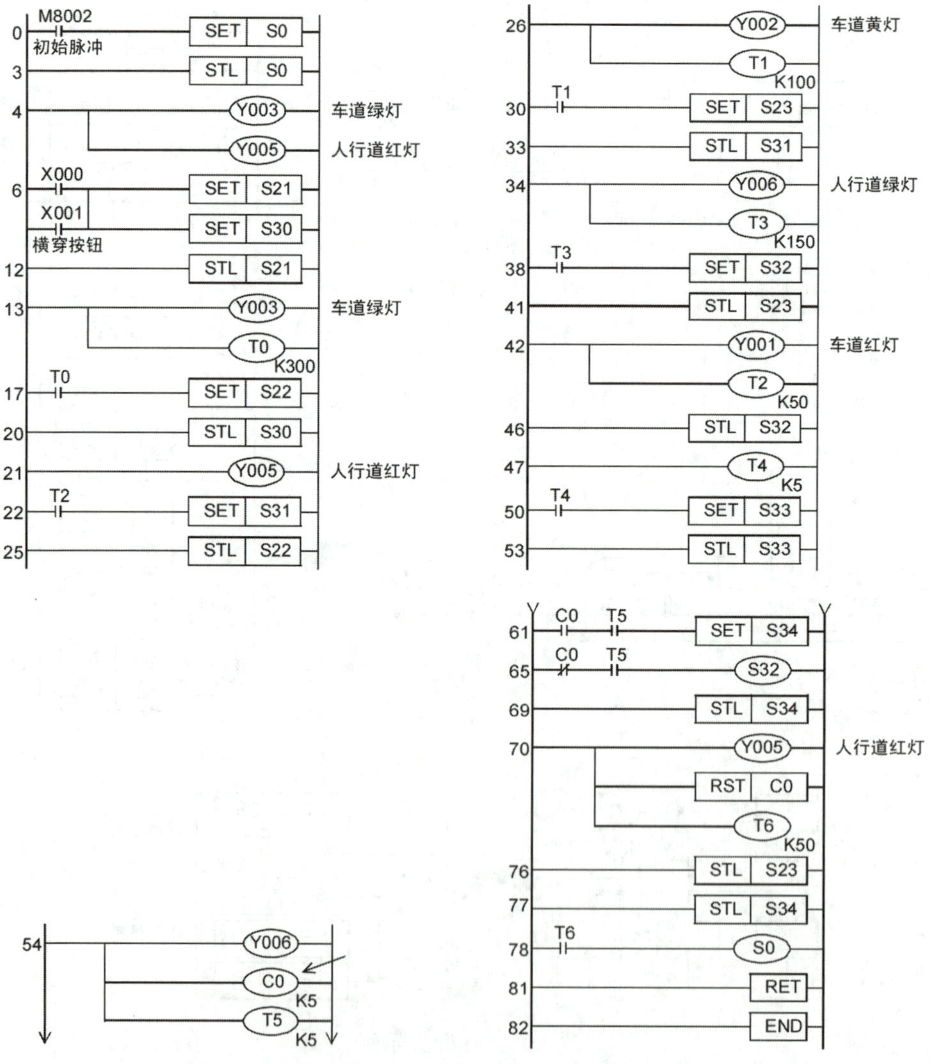

图 5.27 按钮式人行横道交通灯 SFC 与步进梯形图

二、任务实施

1. 程序总体结构设计

装配单元的控制程序的总体结构可以分为两大部分(见图 5.28):一是系统启动/停止的控制,主要实现系统停止与运行之间的切换,包括上电初始化、故障检测、系统状态显示、检查系统是否准备就绪、系统启动/停止操作;二是系统启动后工艺过程的步进顺序控制,主要实现芯件的下料、搬运与组装,可以分为两个相互独立的工艺模块,即下料过程步进控制和装配过程步进控制。

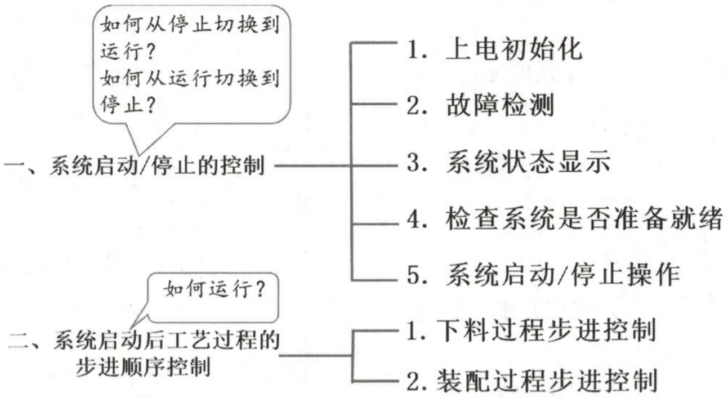

图 5.28 装配单元控制程序的总体结构

据此,为了使编制的程序结构模块清晰、易读,可以在 GX Works2 的 MAIN 程序中创建 3 个数据块,分别实现启停控制、下料控制及装配、系统状态显示。也可以根据个人的理解,将下料控制细分为下料和回转,从而创建如图 5.29 所示的 3~5 个数据块。

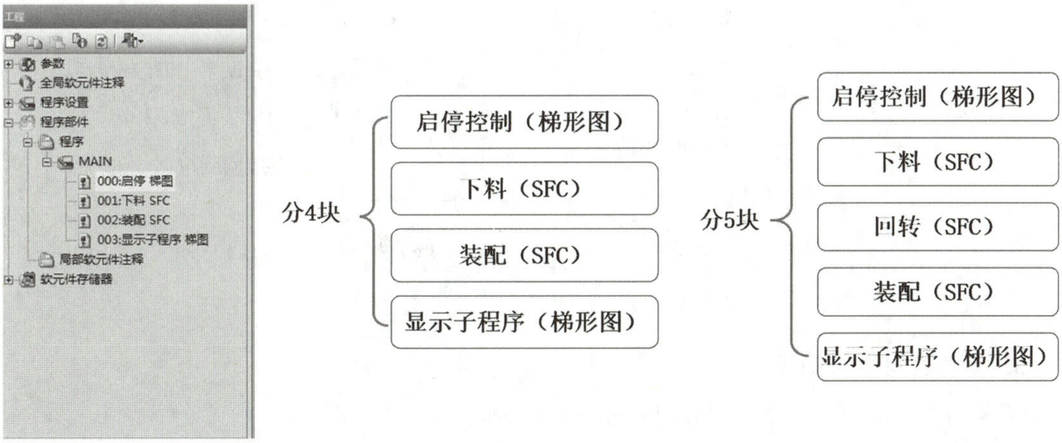

(a) 在GX Works2中创建3个数据块　(b) 4个数据块的划分　(c) 5个数据块的划分

图 5.29 数据块的创建

2. 装配单元的工艺过程

装配单元的工艺过程包括两个相互独立的子过程,一个是芯件下料过程,另一个是机械手装配过程。芯件下料过程是实现将小圆柱芯件从料仓下料到回转台的料盘中,然后回转台回转,使芯件转移到机械手手指下方的过程;机械手装配过程则是实现抓取其下方的芯件,送往装配台,完成芯件嵌入待装配工件的过程,如图 5.30 所示。

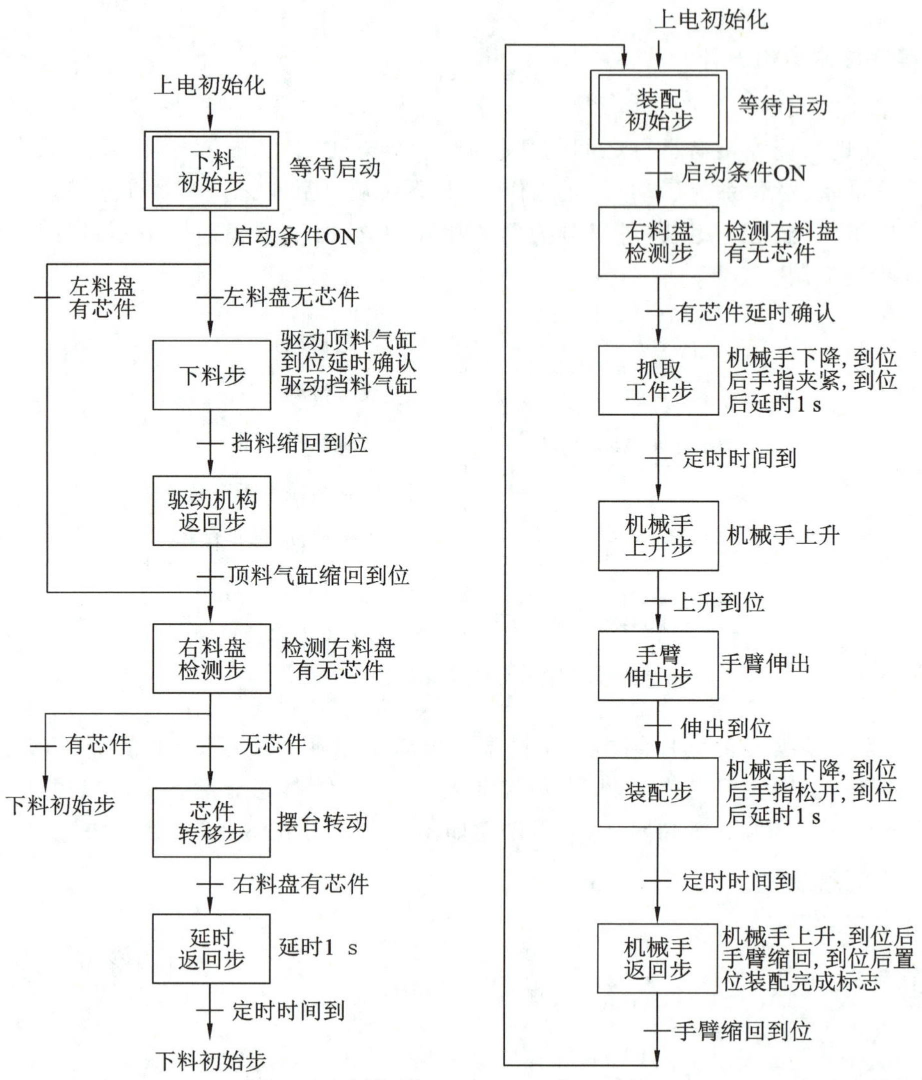

(a) 芯件下料过程　　　　(b) 机械手装配过程

图 5.30　装配单元的工艺过程

3. 启停控制梯形图设计

请分析图 5.31 所示启停梯形图程序,并回答提出的问题。

4. 下料、装配 SFC 程序设计

1) 装配单元下料过程 SFC 程序转换为步进梯形图程序

装配单元的下料和装配过程是相互独立、并行处理的步进顺序子过程。两个子过程的相互独立性体现在,每一子过程在其初始步,当其启动条件满足后,即转移到下一步,开始本序列的步进过程;过程结束后,不需要等待另一子过程的结束,即可返回初始步;如果其启动条件仍然满足,又开始下一个工作周期。所以,编程时可创建并行结构的 SFC 程序。并行分支的初始步,均应在 PLC 上电时置位(M8002 ON)。

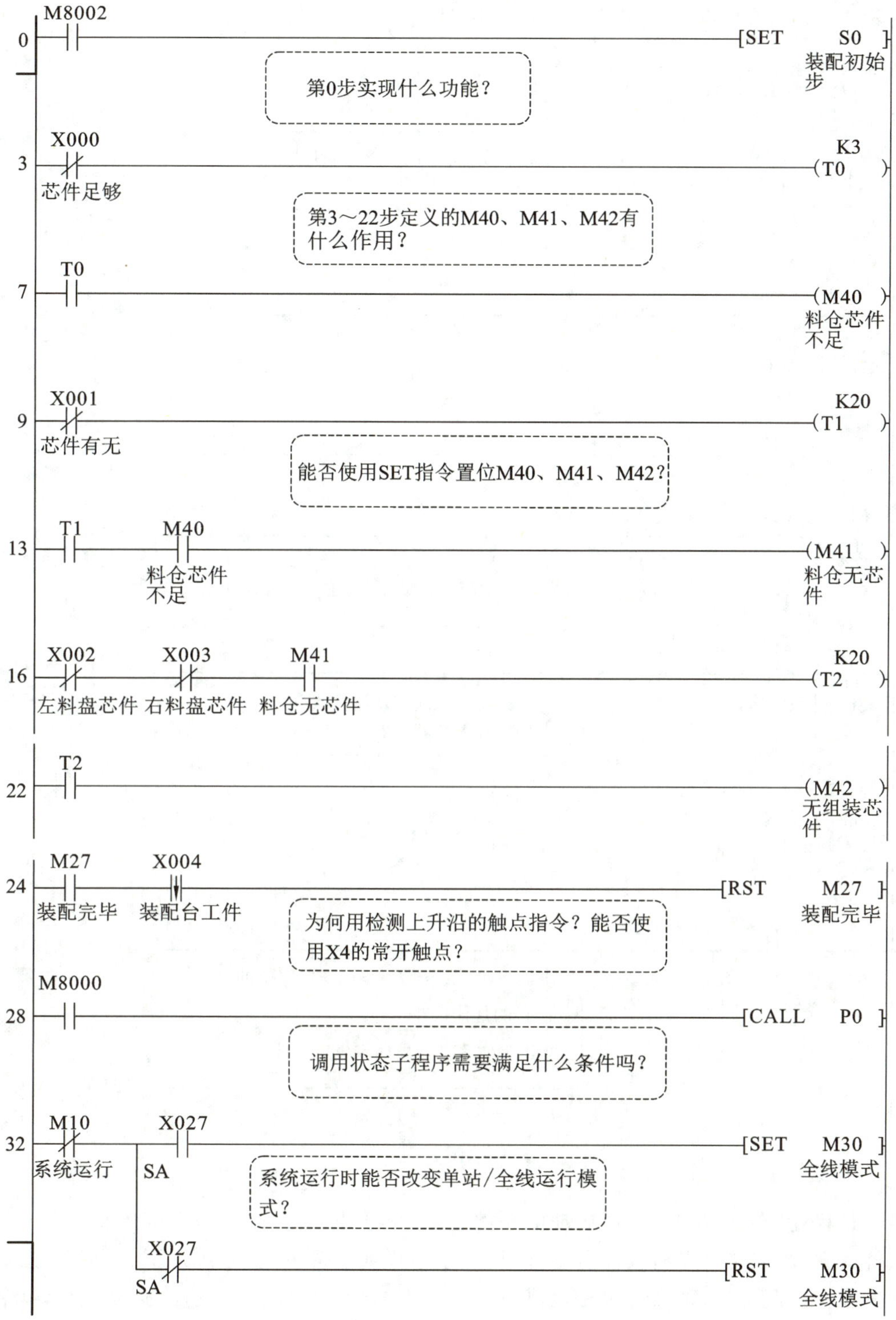

图 5.31 启停梯形图程序

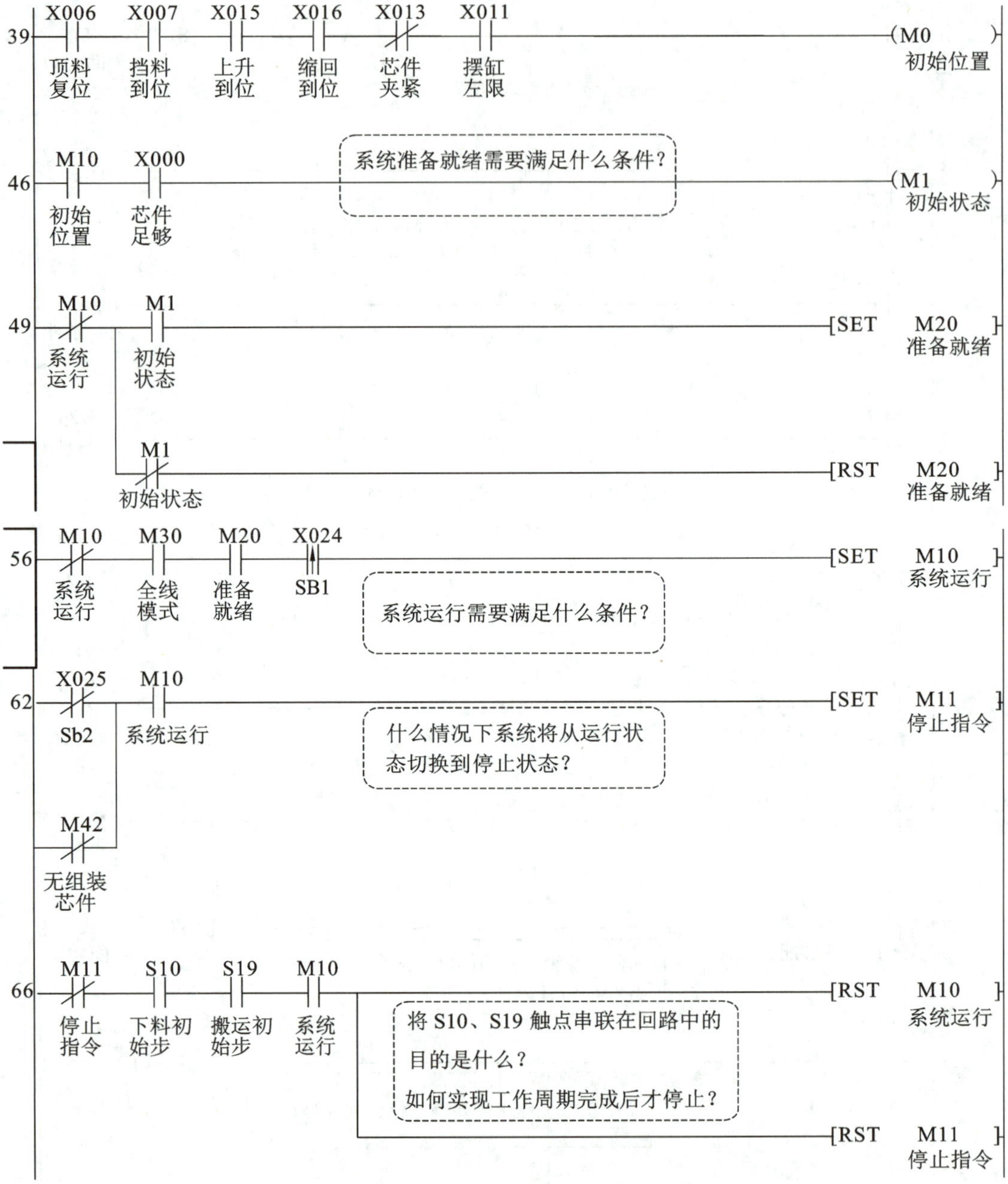

续图 5.31

下料子过程处于初始步时，步进启动的条件是：系统已处于运行状态，系统停止指令未发出。若条件成立，当回转台左料盘没有芯件时，程序转移到下料步；反之跳过下料过程，进入右料盘检测步。由此可见，下料子过程是具有跳转分支的步进顺序控制程序，这是由于下料过程本身包含了下料和芯件转移两个阶段。

结合上述两点，设计 SFC 程序块及分配状态元件，如图 5.32 所示。

请根据下料工艺流程图（见图 5.33），结合 PLC 的 I/O 信号分配，设计下料部分的 SFC 程序，并将其转换为步进梯形图程序，完成表 5.3。

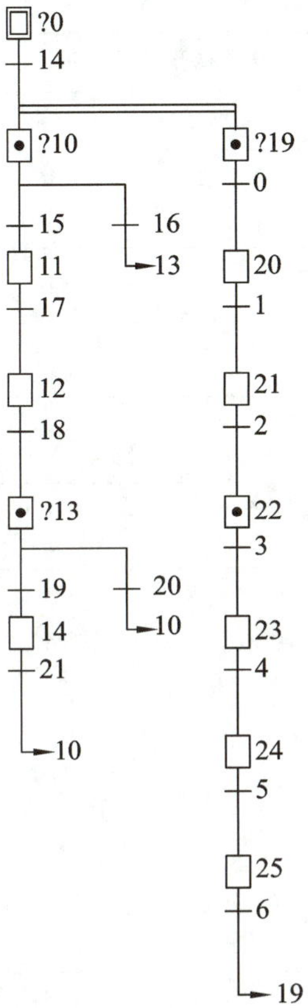

步	注释
S0	装配初始步
S10	下料初始步
S11	下料步
S12	下料复位步
S13	右料盘检测步
S14	回转步
S19	搬运初始步
S20	右料盘芯件检测步
S21	下降夹紧步
S22	上升步
S23	伸出步
S24	放料步（下降，松开）

图 5.32　SFC 程序及元件分配

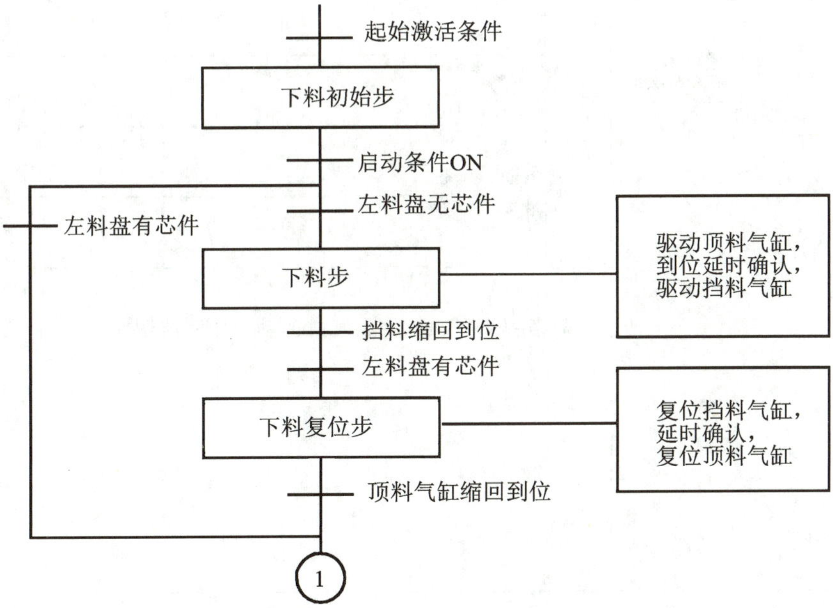

图 5.33　下料工艺流程图

表 5.3　下料部分 SFC 与步进梯形图程序转换

步　　骤	步进梯形图程序
步骤①：分析下料初始步激活及转移的条件，编制 SFC 程序及步进梯形图程序。 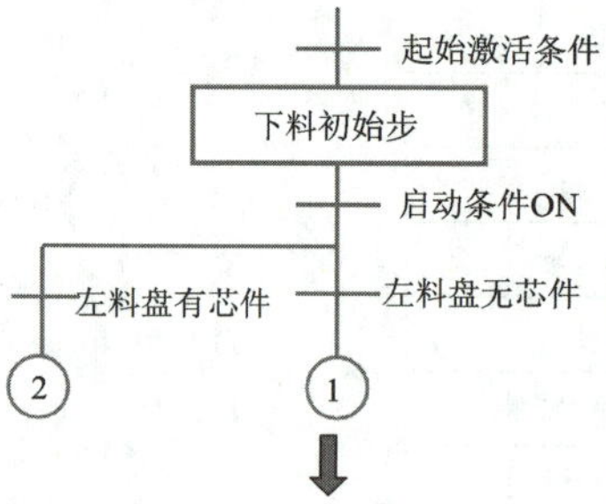 编制 SFC 程序：	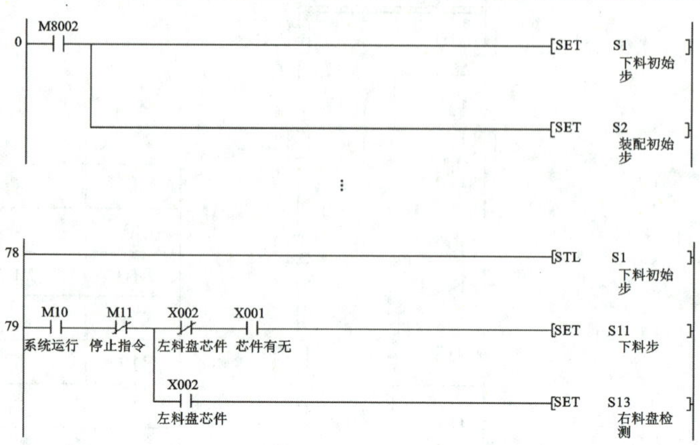 思考：满足什么条件时系统才能准备下料？
步骤②：分析下料步的驱动处理、转移条件，编制 SFC 程序及步进梯形图程序。 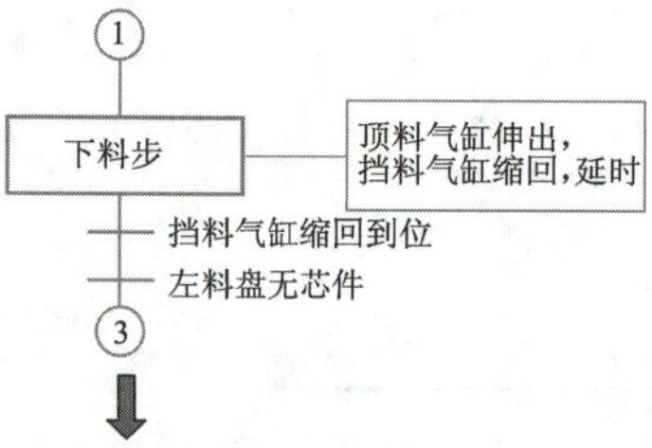 编制 SFC 程序：	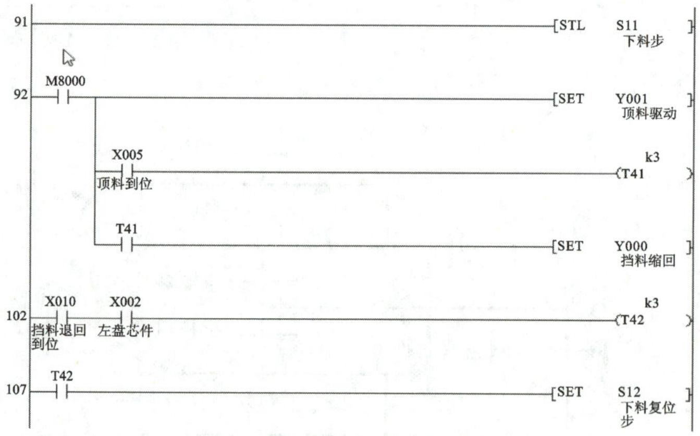 思考：顶料气缸、挡料气缸的动作顺序能调换吗？

续表

<table>
<tr><th>步　骤</th><th>步进梯形图程序</th></tr>
<tr><td>步骤③：分析下料复位步的驱动处理、转移条件，编制 SFC 程序及步进梯形图程序。
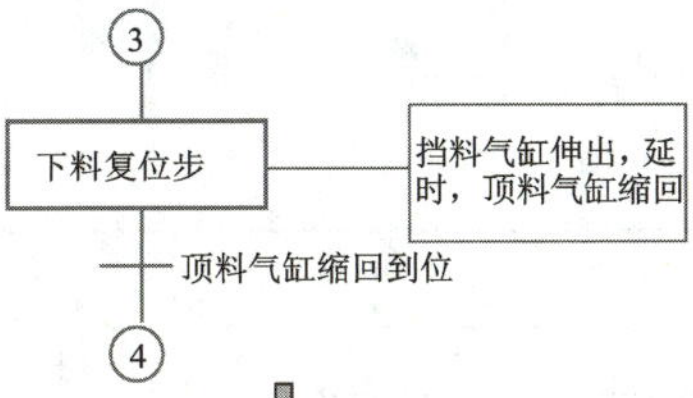

编制 SFC 程序：</td><td>

思考：顶料气缸、挡料气缸的动作顺序能调换吗？</td></tr>
</table>

请根据下料-料盘转移的工艺流程图(见图 5.34)，结合 PLC 的 I/O 信号分配，设计对应的 SFC 程序，并将其转换为步进梯形图程序，完成表 5.4。

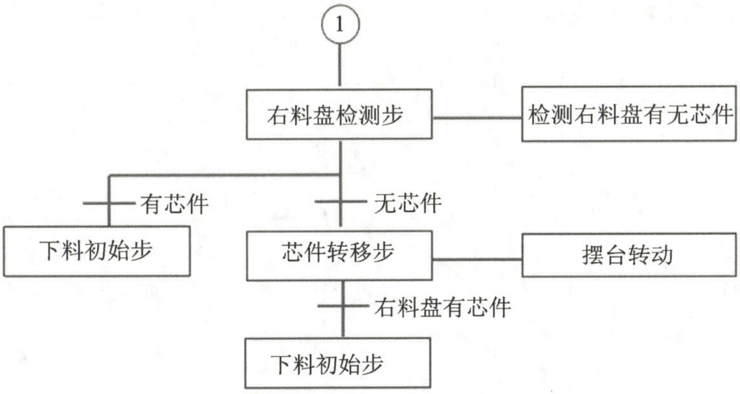

图 5.34　下料-料盘转移工艺流程图

注意：

供料控制过程包含两个互相联锁的过程，即落料过程和摆台转动、料盘转移的过程。在小圆柱芯件从料仓下落到左料盘的过程中，禁止摆台转动；同样地，在摆台转动过程中，禁止打开料仓(挡料气缸缩回)落料。

芯件转移步是右料盘检测步的后续步，编程时须注意：装配单元摆动气缸由一个单电控电磁阀驱动，若摆动气缸在左限位位置，须使该电磁阀得电，实现摆台回转操作；反之，若摆动气缸在右限位位置，则须使该电磁阀失电复位才能实现摆台回转。

当摆台回转到位后，芯件将转移到右面，使右料盘芯件检测输入为 ON 状态，这时程序应立即转移到延时返回步，延时 1 s 后返回下料初始步。

> **注意：**
> 摆台回转步与延时返回步不能合并为一个工步，否则在延时期间，摆动气缸左限位信号和右限位信号将交替接通，使回转操作反复进行。

表 5.4　下料-料盘转移 SFC 与步进梯形图程序转换

<table>
<tr><th>步　骤</th><th>步进梯形图程序</th></tr>
<tr><td>步骤①：分析右料盘检测步的驱动处理及转移条件，编制 SFC 程序及步进梯形图程序。
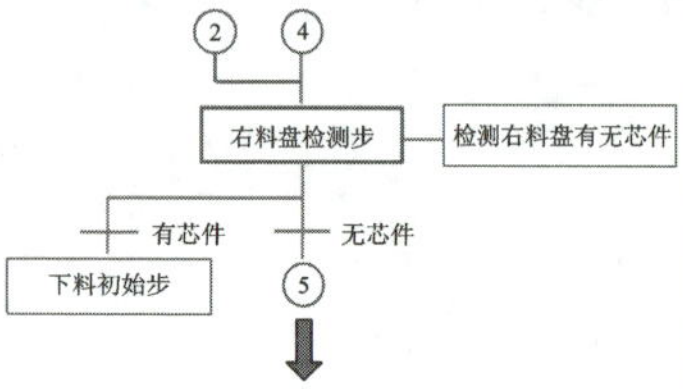

编制 SFC 程序：</td><td>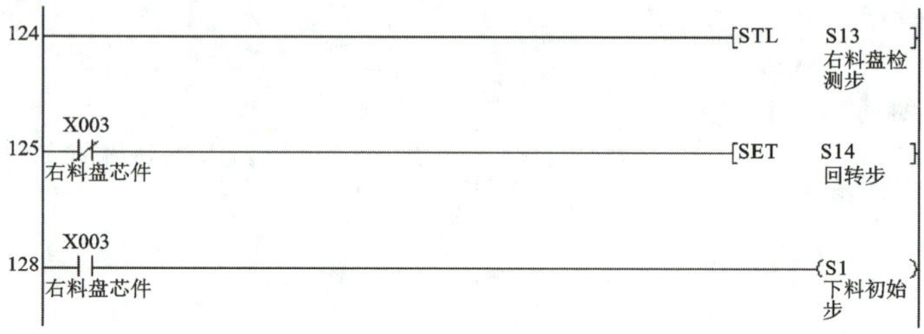

思考：什么条件下程序跳转到下料初始步？</td></tr>
<tr><td>步骤②：分析芯件转移步的驱动处理及转移条件，编制 SFC 程序及步进梯形图程序。
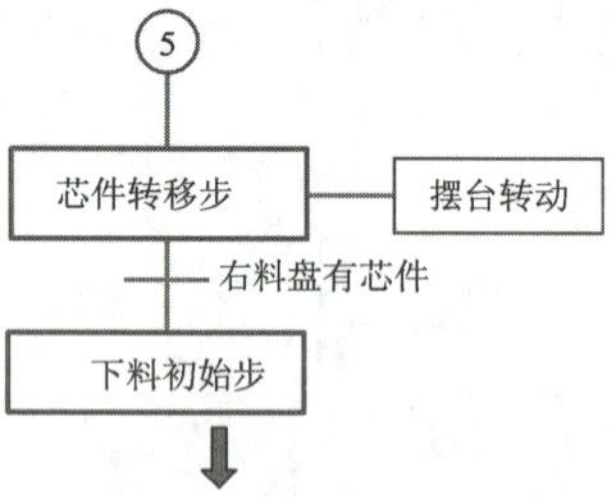

编制 SFC 程序：</td><td>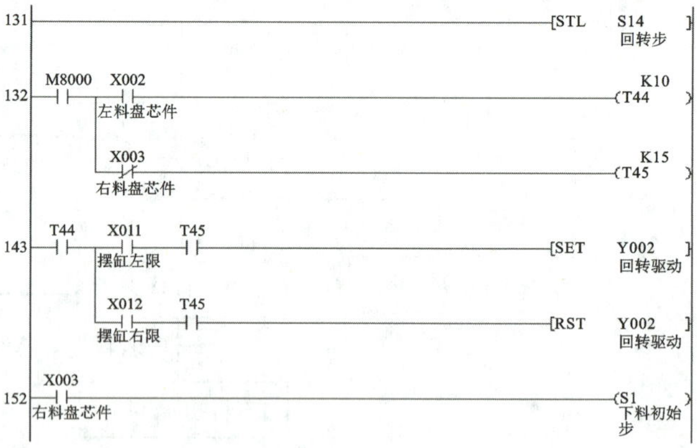

思考：(1)转盘什么时候回转？
(2)转盘什么时候复位？
(3)第 152 步有什么作用？</td></tr>
</table>

2）装配单元装配过程 SFC 程序转换为步进梯形图程序

装配子过程是一个单分支循环步进过程。编程时须注意其初始步的转移条件：系统已启动、停止指令未发出、装配台上有待装配工件，以及“装配完成标志”在 OFF 状态等条件均满足，经延时确认后初始步转移至下一步。“装配完成标志”为 OFF 状态，是防止发生重复装配的措施，其原理与加工单元主控过程所采取的防止重复加工的措施相同，即在一次装配周期结束时，置位“装配完成标志”，只有将装配好的工件取出，该标志才能复位。再重新放下待装配工件，才有可能满足初始步转移条件。

请根据机械手装配的工艺流程图（见图 5.35），结合 PLC 的 I/O 信号分配，设计对应的 SFC 程序，并将其转换为步进梯形图程序，完成表 5.5。

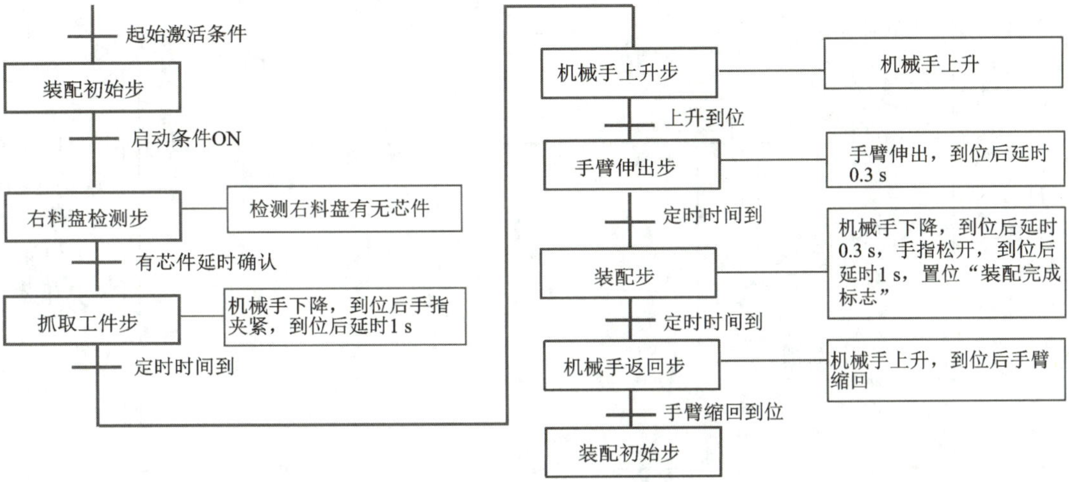

图 5.35 机械手装配工艺流程图

表 5.5 装配过程 SFC 与步进梯形图程序转换

步 骤	SFC 程序	步进梯形图程序

5. 状态显示子程序设计

设备上电和气源接通后，若各气缸满足初始位置要求，且料仓中已经有足够的小圆柱芯件，工件装配台上没有待装配工件，则“正常工作”指示灯 HL1 常亮，表示设备准备好。否则，该指示灯以 1 Hz 频率闪烁

在运行中发生“零件不足”报警时，指示灯 HL3 以 1 Hz 的频率闪烁，指示灯 HL1 和 HL2 常亮；在运行中发生“零件没有”报警时，指示灯 HL3 以亮 1 s、灭 0.5 s 的方式闪烁，指

示灯 HL2 熄灭，指示灯 HL1 常亮。

根据上述控制要求，对指示灯 HL1、HL2、HL3 的驱动条件及动作分别进行归纳，编写状态显示子程序，完成表 5.6。

表 5.6　系统状态显示子程序设计

程　序　段	梯形图程序设计	分　　析
HL1 驱动程序段	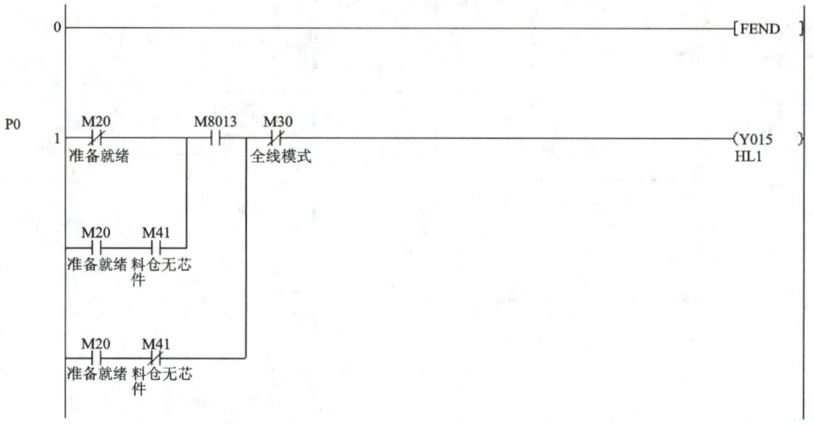	HL1 的驱动条件是什么？ HL1 的动作是什么？
HL2 驱动程序段		HL2 的驱动条件是什么？ HL2 的动作是什么？
HL3 驱动程序段		HL3 的驱动条件是什么？ HL3 的动作是什么？

项目实施记录

表 5.7 项目实施记录

学习情境		工件组装与转运		
序号	实施环节	故障现象	原因分析	解决的办法
1	电气安装、测试	光纤传感器没有信号		
2	电气安装、测试	供料不足传感器信号显示错误		
3	气路安装与测试	挡料、顶料气缸初始位置错误，无法下料		
4	气路安装与测试	芯件下料位置不准		
5	气路安装与测试	转盘回转角度达不到180°		
6	气路安装与测试	机械手伸出位置不准，无法到达装配台抓取工件		
7	程序运行与调试	连续多个下料		
8	程序运行与调试	转盘空转		
9	程序运行与调试	下料回转后才能搬运装配，两个流程无法独立并行处理		
10				
实施总结				

项目总结

表 5.8 项目总结

问题引导	我的小结
1. 装配单元中使用的光纤传感器的作用和优点是什么？	
2. 如何安装和拆卸光纤传感器？有哪些需要特别注意的事项？	
3. 如何设置光纤传感器，使之能检测金属、黑色、白色工件？	
4. STL、RET 指令用在什么场合？	
5. 步进指令的编程原则是什么？	
6. 选择分支和并行分支 SFC 程序在转换为步进顺序控制指令时要注意什么？	
7. 装配单元的总体结构是什么样的？	
8. 编写装配单元的 SFC 程序时，可以在 GX Works2 中如何创建数据块？	
9. 下料和回转部分程序运行时可能出现哪些问题？如何解决？	

续表

问题引导	我的小结
10. 机械搬运组装部分的程序运行时可能出现哪些问题？如何解决？	
11. 比较装配单元下料与供料单元供料编程的异同点。	
12. 比较装配单元搬运组装与机械手搬运控制编程的异同点。	
13. 其他重要知识、技能点	

项目拓展

(1) 装配单元的主控过程也可以看作由三个相互独立的子过程构成，即下料子过程、芯件转移子过程和装配子过程。请按此划分方法，编制满足工作任务要求的 SFC 程序，并与前述的编程方法相比较，分析其优缺点。

(2) 如果需要考虑紧急停止、按设定装配数停止，则程序应如何编制？

(3) 多并行分支的顺序控制程序应如何调试？请在实际调试中加以总结。

请在项目任务的设计基础上以不同方式编写和调试装配单元的 SFC 程序。

习题巩固

一、选择题

1. 装配单元使用的 PLC 型号是(　　)。

A. FX3U-48MR　　B. FX3U-48MT　　C. FX3U-32MR　　D. FX3U-32MT

2. 光纤传感器的特点包括(　　)。

A. 可远距离检测、传输　　B. 无损检测

C. 抗电磁干扰　　D. 耐腐蚀、防爆

3. 光导纤维是利用光的(　　)原理传输光波的一种介质，由高折射率的纤芯和包层组成。

A. 完全内反射　　B. 漫反射　　C. 折射　　D. 直射

4. 检测信号越强,光量条显示带点亮(　　)。

A. 越多　　B. 越少　　C. 不变　　D. 不确定

5. (　　)指令是步进接点指令,其操作元件为状态元件 S。

A. STL　　B. RET　　C. CALL　　D. SET

二、判断题

(　　)1. 为了能在料仓供料不足和缺料时报警,在塑料圆管底部和底座处分别安装了两个漫反射光电传感器。

(　　)2. 步进接点具有主控和跳转作用。

(　　)3. 在步进接点后面的电路块中不允许使用主控或主控复位指令。

(　　)4. 每一条 STL 指令后都必须加一条 RET 指令。

(　　)5. 按动作方式的不同,光纤传感器可分为对射式、漫反射式等多种类型。

(　　)6. 光纤传感器可智能实现被检测物体在较近距区域的检测。

(　　)7. 由于光纤损耗和光纤色散的存在,在长距离光纤传输系统中,必须在线路适当位置设立中级放大器,以对衰减和失真的光脉冲信号进行放大等处理。

(　　)8. 在切割光纤时应用专用的光纤切割器。

(　　)9. 在使用光纤时严禁大幅度将光纤弯折到底部,严禁向光纤施加拉伸、压缩等蛮力。

(　　)10. 光纤传感器只能检测白色物体,无法检测黑色物体。

(　　)11. 步进指令的编程原则是先进行驱动动作处理,然后进行状态转移处理,不能颠倒。

三、简答题

1. 光纤的结构与光在光纤中的传输如图 5.7 所示,请回答以下问题。

(1) 光纤从内到外由哪些部分组成?

(2) 光是如何在光纤内传导的?

(3) 使用光纤传感器可以测量什么物理量?

(4) 应用光纤传感器进行检测,有什么特点?

2. 图 5.8 所示为光纤传感器的结构及工作原理示意图,试分析其工作原理。

3. 搜集数字显示光纤传感器的相关资料,试述图 5.36 所示两个光纤传感器的使用方法。

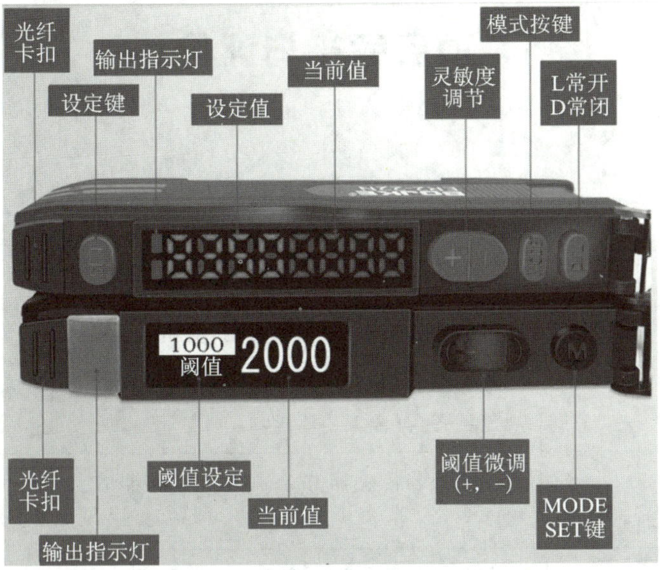

图 5.36 数字显示光纤传感器

4. 分析以下程序段是如何实现下料初始步的。

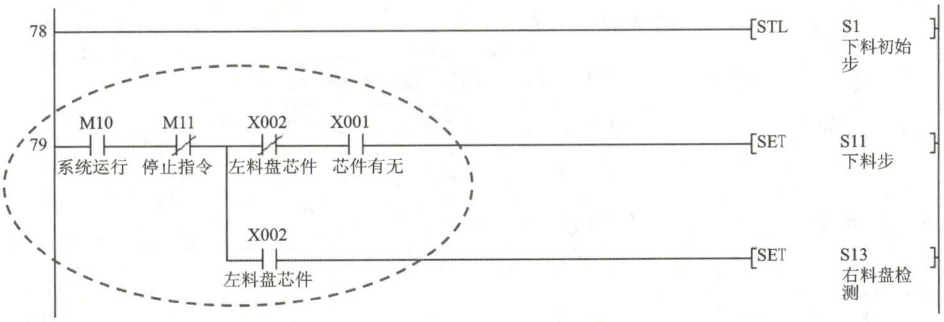

5. 分析以下程序段是如何实现芯件转移的?

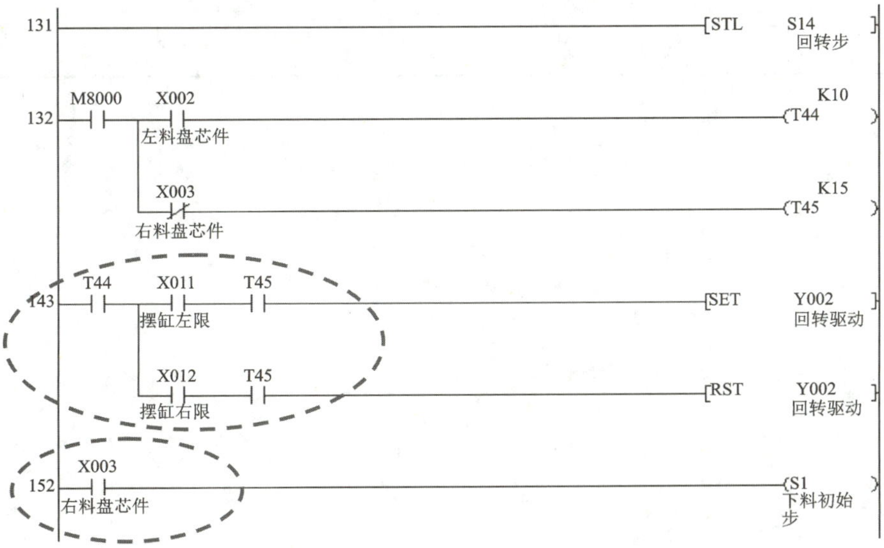

项目考核与评价

表 5.9 项目考核与评价

项目	内容	配分	要求	自我评价	小组互评	教师评价
实施过程	I/O 分配	10 分	按照任务要求，明确所有输入、输出元件			
	电气设计及接线	10 分	原理图与 I/O 分配对应，绘制规范；接线规范整齐，符合工艺要求			
	传感器安装与调整	10 分	正确安装传感器并合理设置传感器的灵敏度			
功能测试	电路测试与故障排除	10 分	上电前和通电后会使用万用表检测、分析故障，并排除故障			
	程序设计与调试	20 分	编写完整程序并下载调试，分析错误并排除故障			
	系统运行	10 分	实现任务既定功能，系统运行稳定、可靠			
职业素养	分工与配合	5 分	任务分配合理，分工明确，配合紧密			
	职业素养	5 分	注重安全操作，工具及器件摆放整齐			
资料填写	任务书	10 分	搜集信息，引导问题回答正确			
	工作计划	5 分	计划步骤安排合理，时间安排合理			
	材料清单	5 分	材料齐全			
综合评价						
总评						

项目 6

工件传送速度与位置检测

项目目标

知识目标

(1) 了解光电编码器的工作原理、安装与接线方法。
(2) 了解绝对式、增量式编码器的工作方式与应用场合。
(3) 掌握 FX3U PLC 高速计数器的地址与使用要求。

能力目标

(1) 掌握光电编码器的使用方法,包括安装与接线方法。
(2) 掌握 PLC 高速计数器的选用原则和基本编程技能。
(3) 掌握编制工件分拣程序的基本方法和步骤。

素质目标

(1) 具备团队协作意识。
(2) 懂得安全用电规范操作。
(3) 具备 5S 意识,并能贯彻实施。

项目描述与任务

1. 项目描述

图 6.1 所示为分拣装置示意图。**分拣装置可实现使不同颜色的工件从不同的料槽分流的功能**。当输送站送来的工件被放到传送带上并被入料口(定位 U 形板)光电传感器检测到时,分拣装置变频器即启动,交流电动机驱动皮带,将工件送入分拣区进行分拣。分捡装

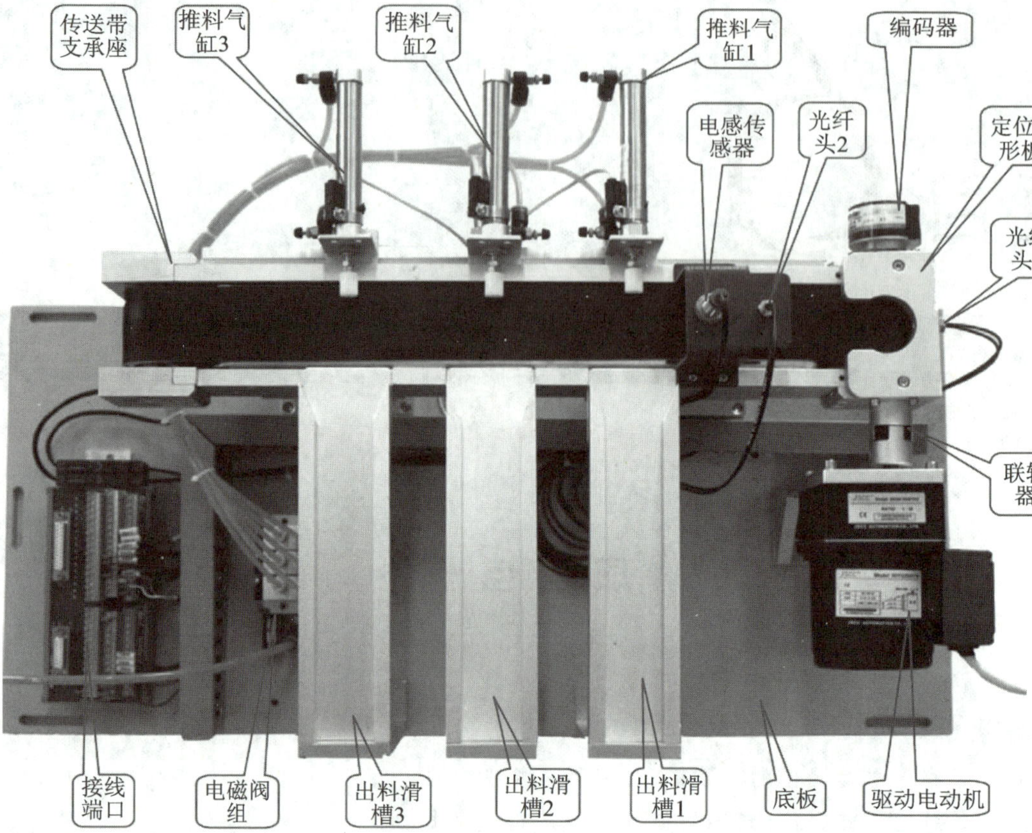

图 6.1　分拣装置示意图

置可分为传送和分拣机构、传送带驱动机构两部分。

(1) 传送和分拣机构。主要由传送带、出料滑槽、推料(分拣)气缸、进料检测(光电或光纤)传感器、属性检测(电感式和光纤)传感器以及磁性传感器组成。该部分的功能是把已经加工、装配好的工件从进料口输送至分拣区;通过传感器的检测,确定工件的属性,然后按工作任务要求进行分拣,把不同类别的工件推入三条不同滑槽中。

为了准确确定工件在传送带上的位置,在传送带进料口安装了定位 U 形板,用来对机械手输送过来的工件进行位置纠偏并确定其初始位置。传送过程中工件移动的距离则通过对旋转编码器产生的脉冲进行高速计数来确定。

(2) 传送带驱动机构。传送带采用三相减速电动机驱动,驱动机构包括电动机支架、电动机、弹性联轴器等。电动机轴通过弹性联轴器与传送带主动轴连接。

2. 项目要求

设备的工作目标是完成对白色芯金属工件、白色芯塑料工件和黑色芯金属或塑料工件的分拣。

设备上电和气源接通后,若工作单元的三个气缸均处于缩回位置,则“正常工作”指示灯 HL1 常亮,表示设备准备好。否则,该指示灯以 1 Hz 频率闪烁。

若设备准备好,则按下启动按钮,系统启动,“设备运行”指示灯 HL2 常亮。当在传送带入料口人工放下已装配工件时,电动机运行,把工件带往分拣区。

如果工件为白色芯金属工件，则其到达出料滑槽 1 中间，传送带停止，工件被推到出料滑槽 1 中；如果工件为白色芯塑料工件，则到达出料滑槽 2 中间，传送带停止，工件被推到出料滑槽 2 中；如果工件为黑色芯塑料工件，则到达出料滑槽 3 中间，传送带停止，工件被推到出料滑槽 3 中。

工件被推出滑槽后，该设备的一个工作周期结束。仅当工件被推出滑槽后，设备才能再次向传送带下料。

如果在运行期间按下停止按钮，则该设备在本工作周期结束后停止运行。

3. 项目任务

(1) 画出 PLC 的 I/O 接线图，完成该装置电气元件的硬件接线。

(2) 编写程序，实现工件位置检测。

(3) 编写程序，实现电动机转速检测，供 HMI(人机接口)界面显示。

(4) 编写程序，实现白色芯金属工件、白色芯塑料工件、黑色芯塑料工件三种工件的识别分类和分拣。

项目实施

任务 1 光电编码器的原理与使用

一、知识平台 光电编码器

1. 光电编码器的应用场合

如图 6.2 所示，工业机器人各关节所使用的伺服电动机均配有高性能的转角测量编码器，可以精确测量电动机转子的位置与电动机的转速。请结合图中的信息，将图中结构的名称补充完整。

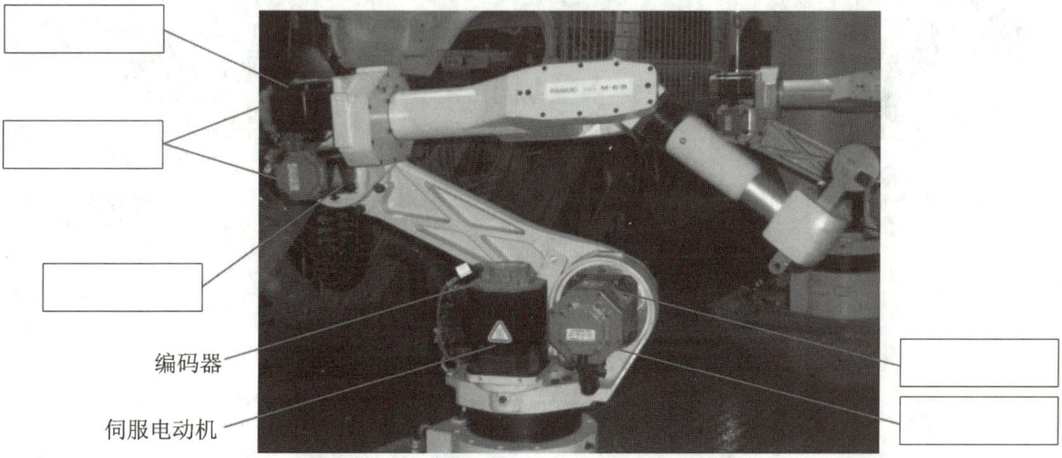

图 6.2 工业机器人各关节电动机及编码器

编码器犹如机床的“眼睛”，在数控机床上的应用很多，主要用途包括：工作台位移测量、刀架位移测量、主轴位置控制、测速等。如图 6.3 所示，工作台在平面内的精确位置及 X、Y

方向的位移均由编码器进行检测反馈。编码器和伺服电动机同轴安装,丝杠与伺服电动机连接。两轴电动机带动丝杠转动,同时驱动工作台做 XY 平面的直线运动。请将图 6.3 中各部分结构的名称补充完整。

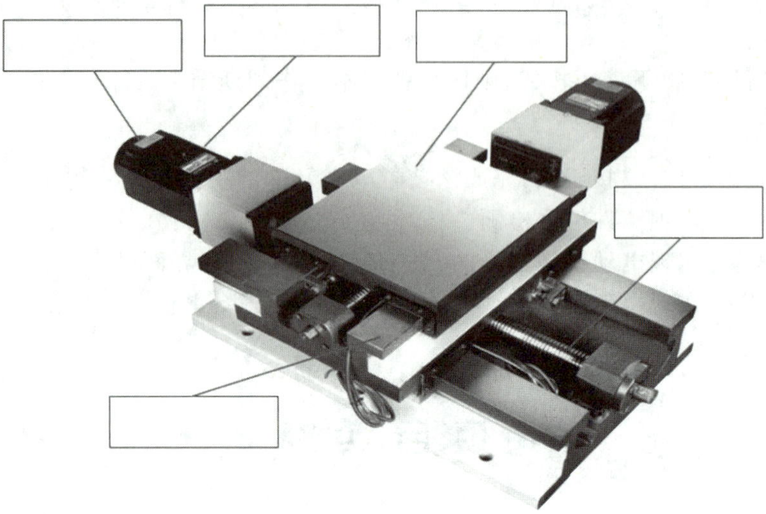

图 6.3　机床工作台伺服系统

2. 编码器的组成

1) 绝对式光电编码器的结构与工作原理

观察图 6.4、图 6.5 所示绝对式光电编码器的结构及工作原理,回答下列问题。

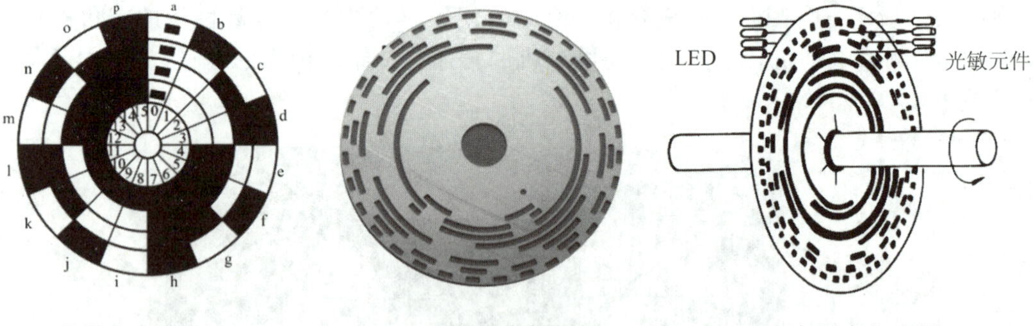

(a) 4码道光电码盘　(b) 8码道光电码盘　(c) 光电码盘与光源、光敏元件的对应关系

图 6.4　绝对式光电编码器的结构

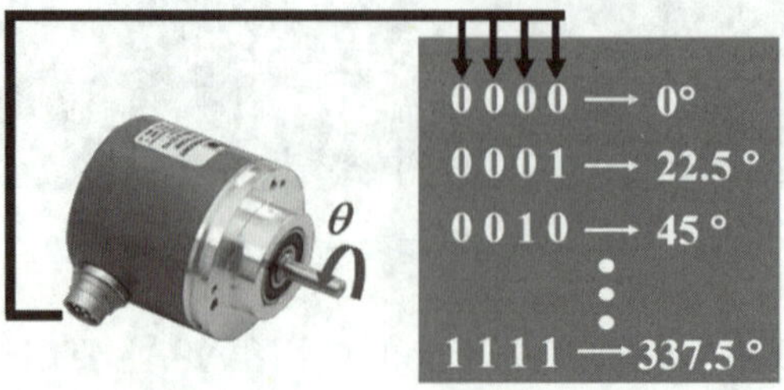

图 6.5　4 码道绝对式光电编码器的工作原理示意图

(1) 当 4 码道光电码盘转动至 c 转角时,编码器输出编码________。

(2) 当 4 码道光电码盘转动至 g 转角时,编码器输出编码________。

(3) 当 4 码道光电码盘转动至 m 转角时,编码器输出编码________。

绝对式光电编码器的测量精度取决于它所能分辨的最小角度,这与码盘上的码道数 n 有关,即能分辨的最小角度(分辨率)为 $\alpha=\frac{360°}{2^n}$。

(4) 某绝对式光电编码器共有 4 个码道,则它的分辨率为________。

(5) 某绝对式光电编码器共有 8 个码道,则它的分辨率为________。

讨论:绝对式光电编码器的特点。

(6) 在一个检测周期内,对不同的角度,输出的二进制编码________(相同/不同),因此绝对式光电编码器输出的位置数据是________(唯一/不唯一)的。

(7) 绝对式光电编码器使用机械方式连接,在掉电时其位置________(会/不会)改变,上电后________(可以/不可以)立即获得当前位置数据。

(8) 绝对式光电传感器检测到的数据为二元码(格雷码),因此________(存在/不存在)模拟量信号的检测误差。

2) 增量式光电编码器的结构与工作原理

观察图 6.6、图 6.7 所示增量式光电编码器的结构和输出信号,回答下列问题。

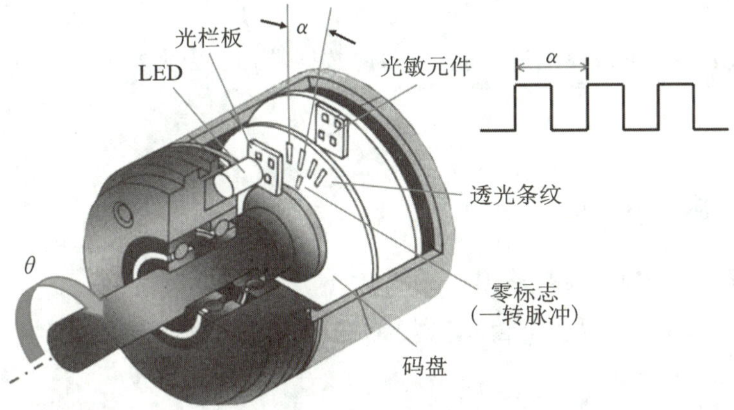

图 6.6 增量式光电编码器的结构

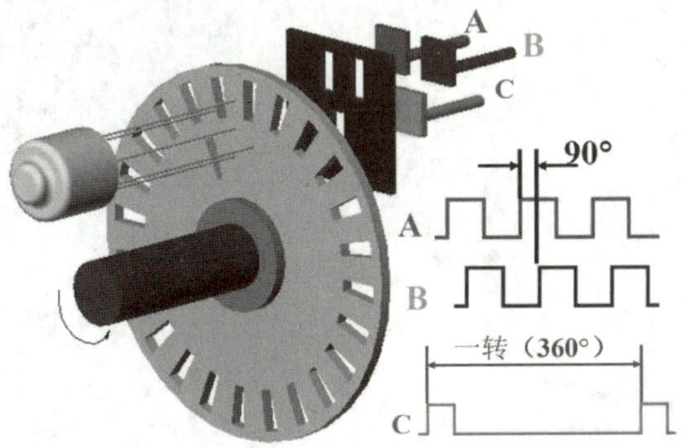

图 6.7 增量式光电编码器输出的信号

(1) 增量式光电编码器能分辨的最小角度 α(分辨率的一种表示)为________。

(2) 若增量式光电编码器码盘的透光条纹为 500,则码盘分辨率 α 为________。

(3) 若增量式光电编码器码盘的透光条纹为 1024,则码盘分辨率 α 为________。

(4) 增量式光电编码器的透光条纹(线数)越多,则编码器的分辨率________(越高/越低)。

(5) 增量式光电编码器的零标志脉冲有什么作用?

(6) 从码盘的输出信号 A、B 可以看出:当码盘正转时,A 信号超前 B 信号 90°;当码盘反转时,B 信号超前 A 信号 90°。所以,光敏元件所产生的两路信号 A、B 有什么作用?

(7) 增量式光电编码器每转动一个预先设定的角度将输出对应数量的脉冲信号。所以,通过统计脉冲信号的数量可计算________,因此增量式光电编码器输出的位置数据是________(绝对/相对)的。

(8) 增量式光电编码器采用固定脉冲信号,其旋转角度的起始位是否可以任意设定?

(9) 增量式光电编码器掉电后,其旋转角度数据是否会丢失?

二、任务实施

1. 光电编码器与 PLC 的接线

(1) 请根据图 6.8 所示两种光电编码器上的铭牌数据,将表 6.1 中的技术参数填写完整。

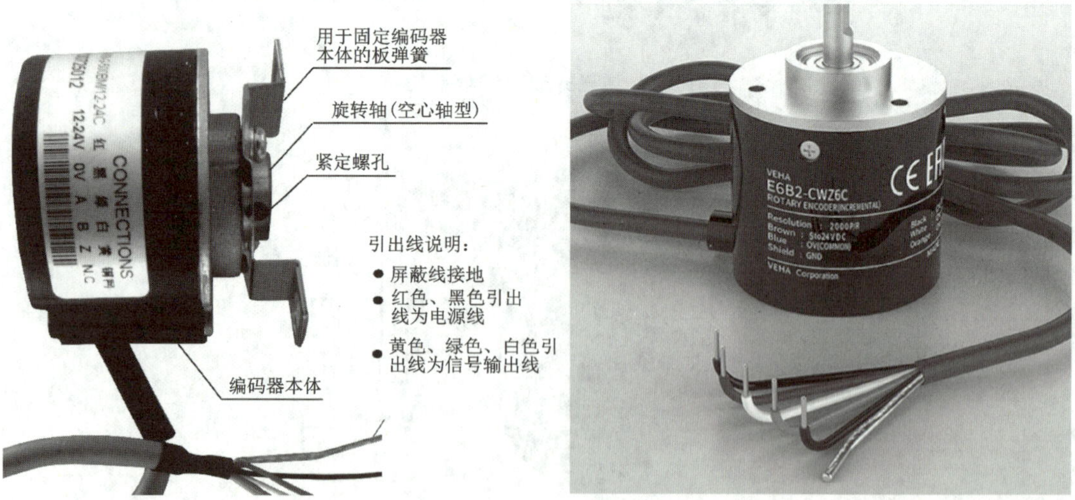

(a) (b)

图 6.8 光电编码器铭牌

表 6.1 光电编码器的技术参数

技术参数	恒特 HTK4808	欧姆龙 E6B2-CWZ6C	输出信号	导线颜色
工作电压			A 相	
工作电流			B 相	
分辨率(用每转脉冲数 ppr 表示)			C 相	
传感器输出类型(NPN/PNP)			0 V 电源线	

(2) 完成图 6.9 所示光电编码器与 PLC 的电气接线。

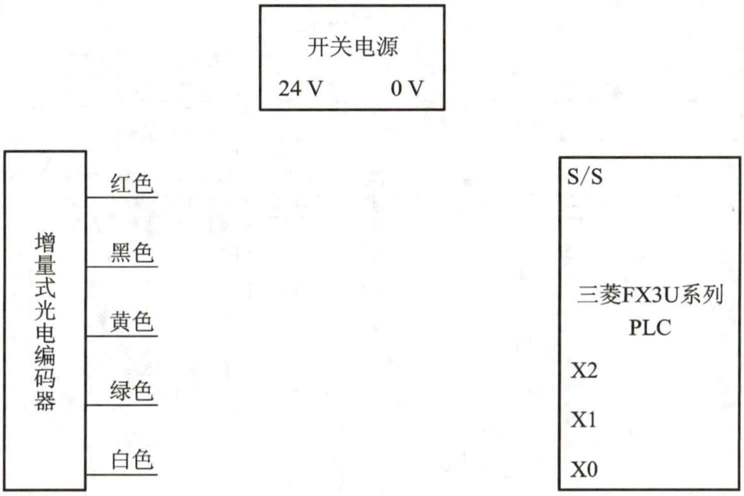

图 6.9 光电编码器与 PLC 的电气接线

2. 编码器的应用

【例 6-1】 如图 6.10 所示，使用光电编码器测量工作台直线位移时，光电编码器有两种安装方式：①光电编码器和伺服电动机同轴安装；②光电编码器装在丝杠末端。

通过测量滚珠丝杠的角位移 θ，间接获得工作台的直线位移 x，构成位置半闭环伺服系统。请回答下列问题。

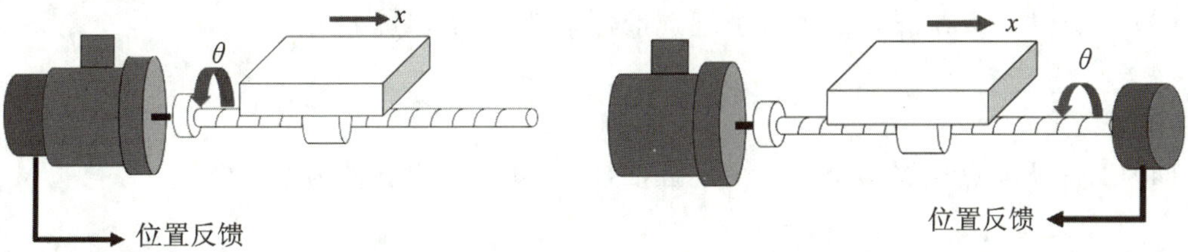

(a) 光电编码器和伺服电动机同轴安装　(b) 光电编码器安装在丝杠末端

图 6.10 使用光电编码器测量工作台的直线位移

(1) 已知丝杠的螺距为 5 mm，光电编码器分辨率为 500 ppr，若光电编码器输出 30000

个脉冲，那么工作台移动了多少距离？

(2) 若工作台移动了 450 mm，则光电编码器发出了多少个脉冲？

【例 6-2】 分拣单元如图 6.11 所示，已知皮带辊轮的直径 $d=43$ mm，光电编码器分辨率为 500 ppr，则交流电动机每旋转一周，皮带上工件移动距离 $L=\pi d=136.35$ mm。请回答下列问题。

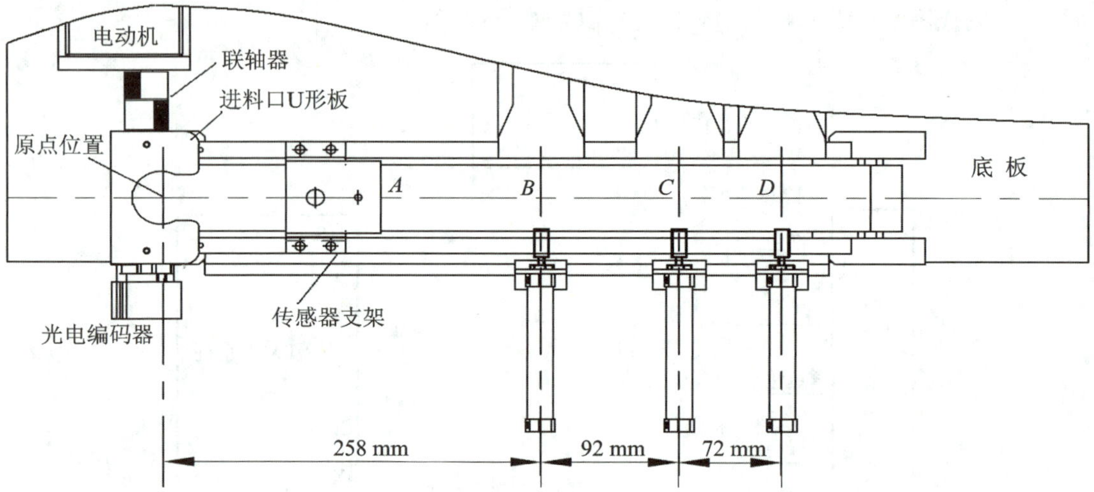

图 6.11 分拣单元

(1) 请计算每两个脉冲之间的距离（脉冲当量）。

(2) 工件从下料口中心移至光纤传感器检测中心位置 A（距离为 117.5 mm）时，光电编码器输出脉冲为多少？

(3) 工件从原点位置移至第一个气缸推杆中心时，输出脉冲为多少？

(4) 工件从原点位置移至第二个气缸推杆中心时，输出脉冲为多少？

(5) 工件从原点位置移至第三个气缸推杆中心时，输出脉冲为多少？

任务 2 高速计数器的应用

一、知识平台 高速计数器

1. 高速计数

高速计数是相对于普通低速计数而言的。高速与低速的判断标准就是 PLC 的扫描周期(几毫秒～几十毫秒)。**计数速度大于 PLC 扫描速度或者触点接通时间小于 PLC 的扫描周期,称为高速计数**。

2. 高速计数器与普通计数器的区别

普通计数器通过 PLC 的周期性扫描来判断计数触点的通断,所以普通计数器的计数时间间隔必须大于一个扫描周期,否则计数会不准确。高速计数器不受 PLC 扫描周期的影响,计数时间间隔可以很短。

3. 高速计数输入端选用

查阅 FX3U 系列 PLC 用户手册,结合表 6.2,回答下列问题。

(1) FX3U 系列 PLC 的输入端子作普通输入端子使用时,其响应时间为________,相当于该输入端子 1 s 内能接收的信号频率范围为________。

(2) 若分拣站电动机转速为 60 r/min,与电动机同轴相连的光电编码器分辨率为 500 ppr,则能否使用普通输入端子采集光电编码器输出的脉冲信号?

表 6.2 FX3U 系列 PLC 输入端子的规格

<table>
<tr><th colspan="2" rowspan="2">项 目</th><th colspan="6">规 格</th></tr>
<tr><th>FX3U-16M□/□S(S)</th><th>FX3U-32M□/□S(S)</th><th>FX3U-48M□/□S(S)</th><th>FX3U-64M□/□S(S)</th><th>FX3U-80M□/□S(S)</th><th>FX3U-128M□/□S(S)</th></tr>
<tr><td colspan="2">输入点数</td><td>8 点</td><td>16 点</td><td>24 点</td><td>32 点</td><td>40 点</td><td>64 点</td></tr>
<tr><td colspan="2">输入的连接方式</td><td>固定式端子排(M3 螺钉)</td><td colspan="5">拆装式端子排(M3 螺钉)</td></tr>
<tr><td colspan="2">输入形式</td><td colspan="6">漏型/源型</td></tr>
<tr><td colspan="2">输入信号电压/V</td><td colspan="6">AC 电源型:AC (24±10%) DC 电源型:DC 16.8～28.8</td></tr>
<tr><td rowspan="3">输入阻抗/kΩ</td><td>X000～X005</td><td colspan="6">3.9</td></tr>
<tr><td>X006、X007</td><td colspan="6">3.3</td></tr>
<tr><td>X010 以上</td><td>—</td><td colspan="5">4.3</td></tr>
<tr><td rowspan="3">输入信号电流/mA</td><td>X000～X005</td><td colspan="6">6(DC 24 V)</td></tr>
<tr><td>X006、X007</td><td colspan="6">7(DC 24 V)</td></tr>
<tr><td>X010 以上</td><td>—</td><td colspan="5">5(DC 24 V)</td></tr>
</table>

续表

项目		规格					
		FX3U-16M□/□S(S)	FX3U-32M□/□S(S)	FX3U-48M□/□S(S)	FX3U-64M□/□S(S)	FX3U-80M□/□S(S)	FX3U-128M□/□S(S)
ON 输入感应电流/mA	X000～X005	3.5 以上					
	X006、X007	4.5 以上					
	X010 以上	—	3.5 以上				
OFF 输入感应电流/mA		1.5 以下					
输入响应时间/ms		约 10					
输入信号形式		无电压触点输入 漏型输入时：NPN 集电极开路型晶体管 源型输入时：PNP 集电极开路型晶体管					
输入回路隔离		光耦隔离					
输入动作的显示		光耦驱动时面板上的 LED 灯亮					

4. 实现高速计数的方法

根据图 6.12，回答下列问题。

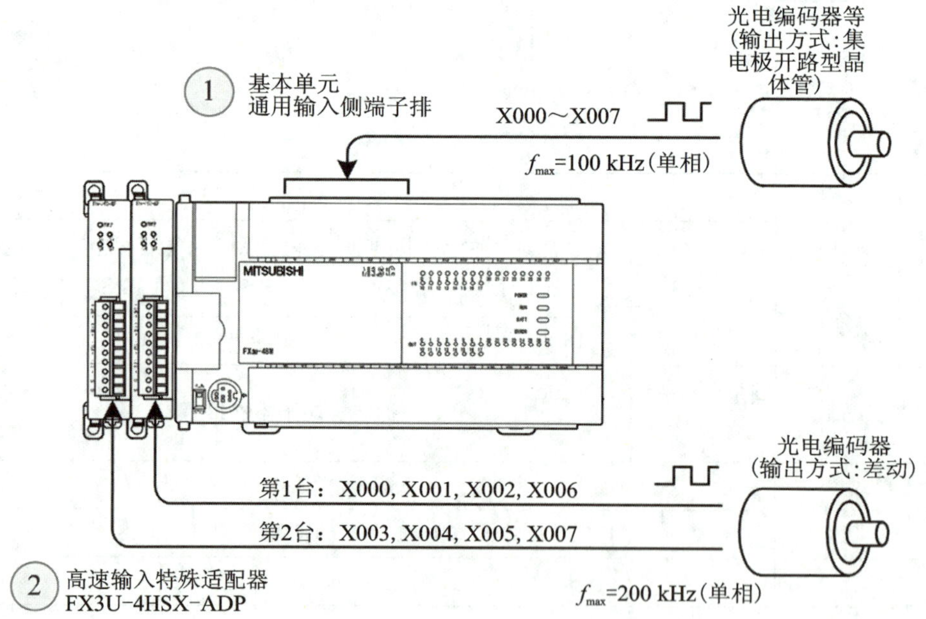

图 6.12　FX3U 实现高速计数的方法

(1) FX3U 实现高速计数有哪两种方法？

（2）这两种方法有什么区别？根据什么来选用？

（3）采用基本单元的通用输入端子对光电编码器输出的高速信号进行计数时，哪些端子可以用？哪些端子不可用？

5. 高速计数器的种类和输入信号

PLC 的高速计数器只能是 C235～C255，共 21 个，如表 6.3 所示。高速计数器数据为 32 位二进制数，具有断电保持功能，并且每一个计数器都有指定功能，必须严格按照其规定功能使用。

高速计数器的三种类型：单相单计数高速计数器、单相双计数高速计数器、双相双计数高速计数器。

表 6.3　高速计数器的种类和输入信号

计数器类型		输入信号形式	计数方向
单相单计数输入 C235～C245			通过 M8235～M8245 的 ON/OFF 来指定增计数或是减计数。 ON：减计数 OFF：增计数
单相双计数输入 C246～C250		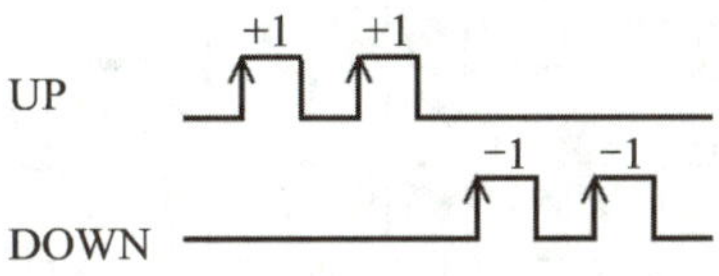	进行增计数或是减计数。 其计数方向可以通过 M8246～M8250 进行确认。 ON：减计数 OFF：增计数
双相双计数输入 C251～C255	1 倍	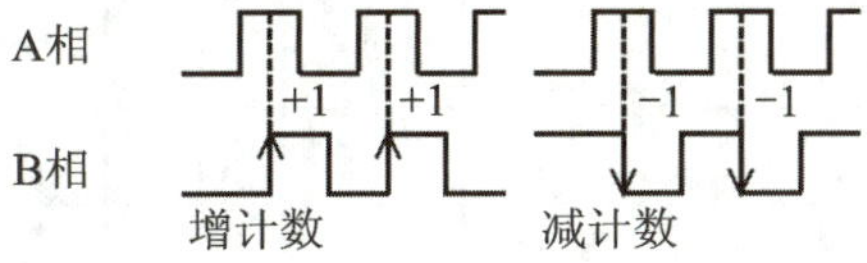	根据 A 相/B 相的输入状态的变化，自动执行增计数或是减计数。 其计数方向可以通过 M8251～M8255 进行确认。 ON：减计数 OFF：增计数
	4 倍	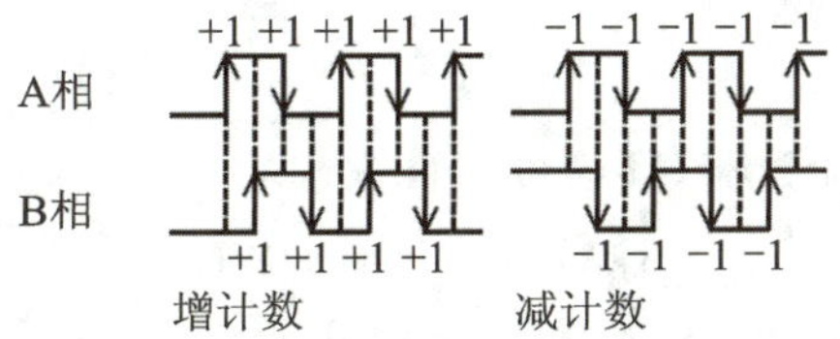	

（1）查阅 FX3U 用户手册，并参考表 6.4 分析图 6.13 所示的单相高速计数器 C235 是如何实现计数的。

表 6.4　高速计数器与输入端子 X0～X7 的分配

计数器种类	计数器编号	区分	输入的分配							
			X000	X001	X002	X003	X004	X005	X006	X007
单相单计数输入	C235	H/W	U/D							
	C236	H/W		U/D						
	C237	H/W			U/D					
	C238	H/W				U/D				
	C239	H/W					U/D			
	C240	H/W						U/D		
	C241	S/W	U/D	R						
	C242	S/W			U/D	R				
	C243	S/W					U/D	R		
	C244	S/W	U/D	R					S	
	C244(OP)	H/W							U/D	
	C245	S/W			U/D	R				S
	C245(OP)	H/W								U/D
单相双计数输入	C246	H/W	U	D						
	C247	S/W	U	D	R					
	C248	S/W				U	D	R		
	C248(OP)	H/W				U	D			
	C249	S/W	U	D	R				S	
	C250	S/W				U	D	R		S
双相双计数输入	C251	H/W	A	B						
	C252	S/W	A	B	R					
	C253	H/W				A	B	R		
	C253(OP)	S/W				A	B			
	C254	S/W	A	B	R				S	
	C255	S/W				A	B	R		S

表中：H/W—硬件计数器；S/W—软件计数器；U—增计数输入；D—减计数输入；A—A 相输入；B—B 相输入；R—外部复位输入；S—外部启动输入。

① C235 是________类型的高速计数器，其信号来自输入端________。

② 当 X10 为 ON 时，C235 进行________（增/减）方向的计数。

③ 当 X12 为 ON 时，C235 通过中断对输入 X000 的 OFF→ON 进行计数。

④ 当 X011 为 ON 时，执行 RST 指令，此时计数器被复位。

⑤ C235 的计数方向（减/增计数），由特殊继电器________的 ON/OFF 来指定。

⑥ 当 C235 的当前值≥$K-5$ 时，其输出触点________（ON/OFF）。

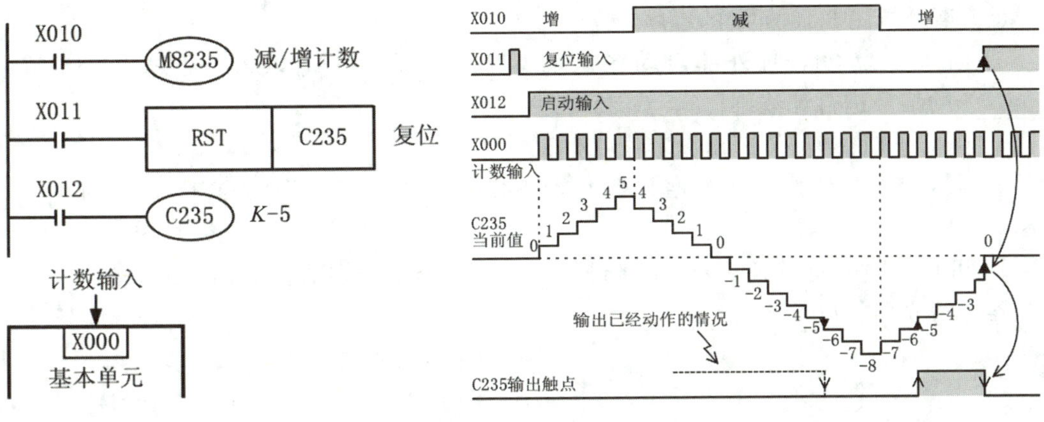

(a) 单相单计数应用示例 (b) 计数器C235的动作

图 6.13 单相高速计数器应用示例

(2) 试分析图 6.14 所示的单相双计数高速计数器 C246 是如何实现计数的。

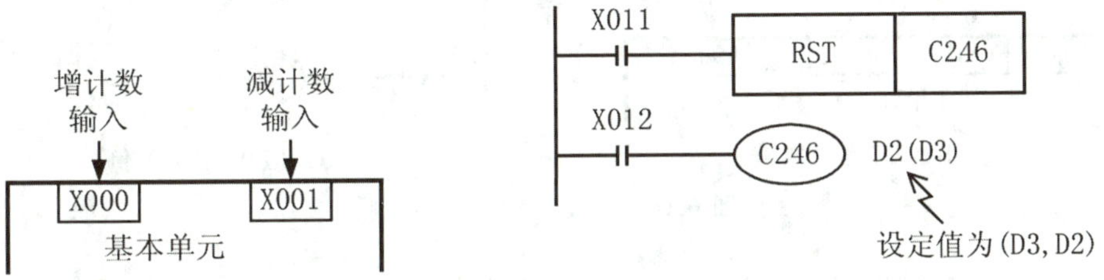

(a) 光电编码器的接线 (b) 应用程序示例

图 6.14 单相双计数高速计数器应用示例

(3) 请分析图 6.15 所示的程序。

① C251 是________类型的高速计数器。

② 当 X12 为 ON 时,C251 通过中断对输入端________的信号进行计数。

③ 当 C251 的当前值≥K1234,Y2 为________(ON/OFF)。

④ 当 C251 的计数方向为减计数时,M8251 为________(ON/OFF),Y3 为________(ON/OFF)。

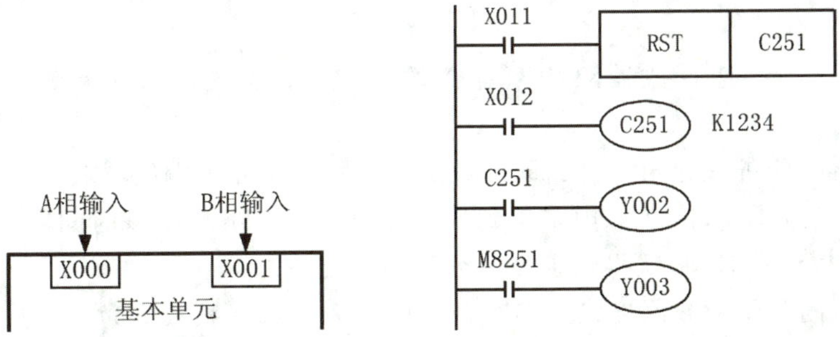

(a) 光电编码器的接线 (b) 应用程序示例

图 6.15 C251 使用程序示例

(4) 请分析图 6.16 所示的程序。

① 当 X12 为 ON,且外部启动输入端________为 ON 时,C254 通过中断对输入端________的信号进行计数。

② 当 C254 的当前值超出设定值(D1,D0)时,Y4 为________(ON/OFF)。

③ 当 C254 的计数方向为增计数时,M8254 为________(ON/OFF),Y5 为________(ON/OFF)。

④ 可在程序中使用 X11 对 C254 进行________,也可使用外部复位输入端________对计数器进行立即复位。

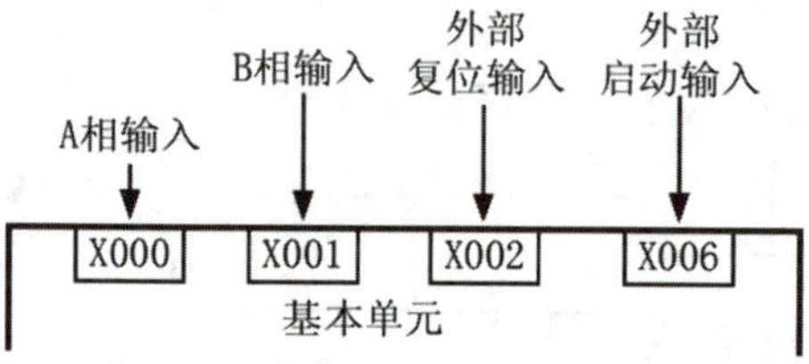

(a) 光电编码器的接线

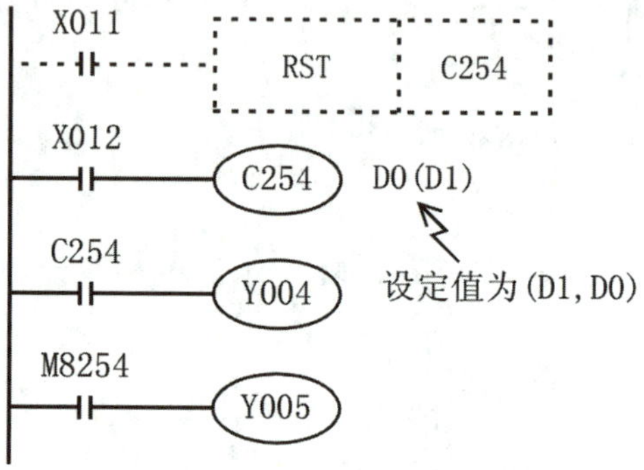

(b) 应用程序示例

图 6.16 C254 使用程序示例

(5) 请根据三种类型的高速计数器的特点及使用方法,论述在本项目中应该如何选择高速计数器。

二、任务实施

1. 使用光电编码器测量电动机旋转速度

要求利用光电编码器测量电动机的实时转速,并把实时转速显示在 HMI 界面上。

实现思路:

(1) 利用 C251 高速计数器双相双计数的方式,采集光电编码器旋转所发出来的脉冲数。

(2) 编码器的分辨率为 500 ppr,即计数 500 就相当于光电编码器旋转一圈。

(3) 用一定时间段(如 0.1 s)内采集到的脉冲数除以 500,就是该时间段内光电编码器旋转的圈数,再除以计数时间,就得到了光电编码器的转速。

(4) 注意时间单位和数据格式。实时转速单位为 r/s,计数数据为 32 位二进制数,HMI 界面显示数据为浮点数。

试分析图 6.17 所示的示例程序如何实现电动机转速的实时测量与 HMI 显示。

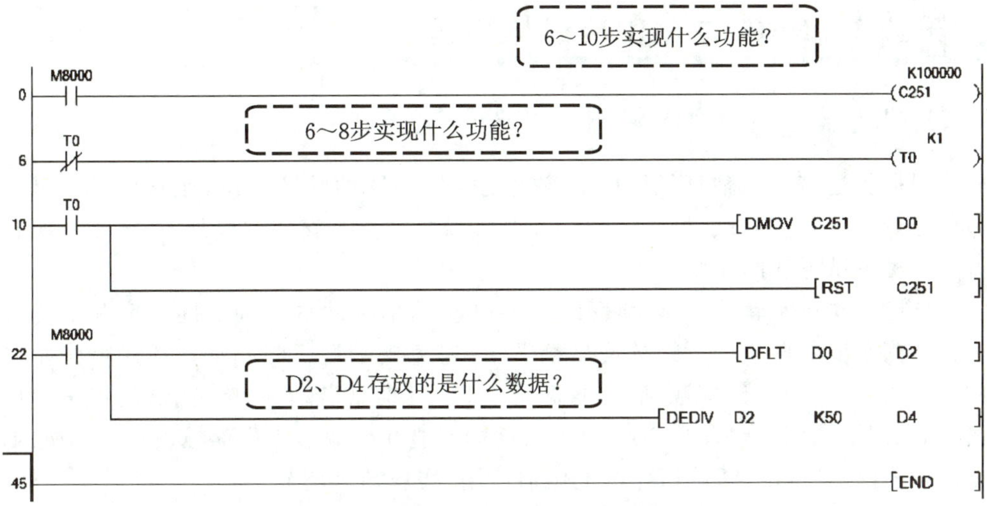

图 6.17 电动机转速测量与显示程序示例

2. 使用光电编码器测量分拣距离

按下启动按钮(X3)，电动机(Y3)运行。光纤传感器(X2)检测到产品后，产品由传送带送到剔除气缸处，剔除气缸(Y0)将产品剔除，0.5 s后气缸复位，继续下一周期的分拣。此过程中传送带的运动不一定是匀速运动。我们需要用光电编码器测量出产品移动的距离，判断产品是否在剔除气缸处。如果产品位于剔除位置，则剔除气缸执行剔除动作。

相关参数如下。

(1) 已知传送带辊轮的直径 $d=43$ mm，光电编码器分辨率为500 ppr。

(2) 使用C252计数，X2接触发传感器，用于计数清零。

试分析图6.18所示的示例程序如何实现分拣距离的测量。

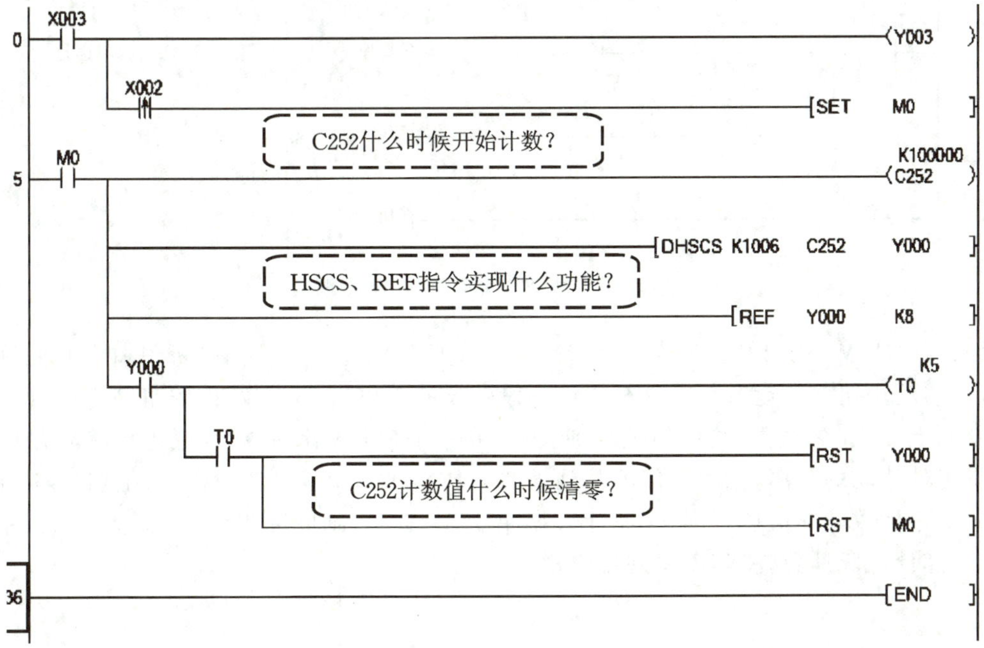

图 6.18 示例程序

任务3 PLC的I/O接线与编程

一、知识平台　光电编码器脉冲当量的现场测试

虽然根据传送带主动轴直径可以计算出光电编码器的脉冲当量，但其结果只是一个估算值。在分拣单元安装调试时，除了要仔细调整以尽量减小安装偏差外，还须现场测试脉冲当量值。一种测试方法的步骤如下。

(1) 安装调试分拣单元时，必须仔细调整电动机与主动轴联轴的同心度和传送带的张紧度。调节张紧度的两个调节螺栓应平衡调节，避免皮带运行时跑偏。传送带张紧度以电动机在输入频率为1 Hz时能顺利启动，低于1 Hz时难以启动为宜。测试时可把变频器参数设置为Pr.79=1，Pr.3=0 Hz，Pr.161=1；这样就能在变频器操作面板进行电动机的启动/停止操作，并且把外部的M旋钮作为电位器使用，实现频率调节。

(2) 安装调整结束后，变频器参数设置为：Pr.79=2(固定的外部运行模式)，Pr.4=25 Hz(高速段运行频率设定值)。

(3) 编写图6.19所示的程序，编译后传送到PLC。

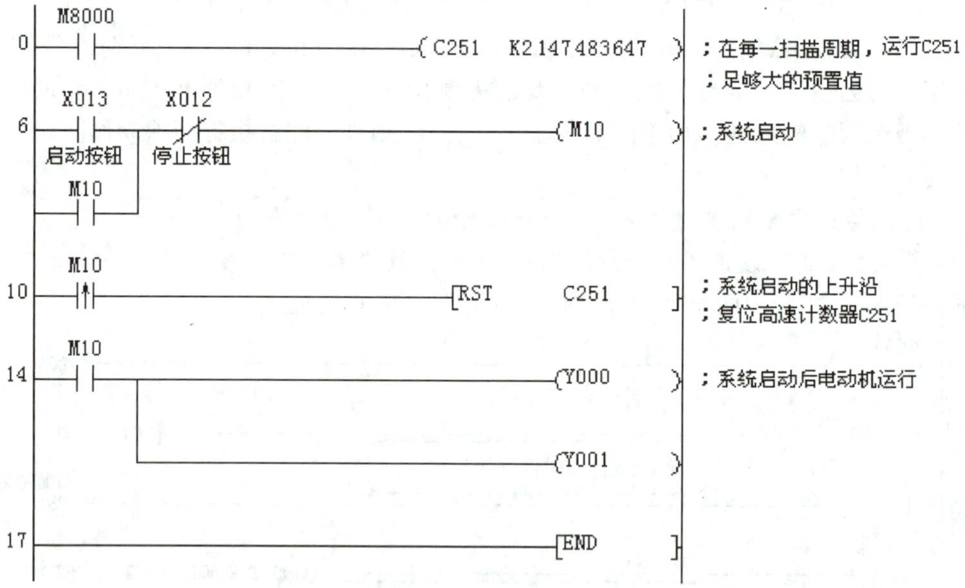

图6.19　脉冲当量现场测试程序

(4) 在GX Works2中运行PLC程序，并置于监视状态。在传送带进料口中心处放下工件后，按启动按钮启动运行。工件被传送一段较长的距离后，按下停止按钮停止运行。观察监控界面上C251的读数，将此值填写到表6.5的“高速计数脉冲数”一栏中。然后在传送带上测量工件移动的距离，把测量值填写到表6.5中“工件移动距离”一栏中；把监控界面上观察到的高速计数脉冲值填写到“高速计数脉冲数”一栏中，则脉冲当量μ计算值=工件移动距离/高速计数脉冲数，将其填写到相应栏目中。

表 6.5 脉冲当量现场测试数据

序　　号	工件移动距离(测量值)	高速计数脉冲数(测试值)	脉冲当量 μ(计算值)
第一次	357.8	1391	0.2571
第二次	358	1392	0.2571
第三次	360.5	1394	0.2586

(5) 重新把工件放到进料口中心处,按下启动按钮即进行第二次测试。进行三次测试后,求出脉冲当量 μ 平均值为 $\bar{\mu}=(\mu_1+\mu_2+\mu_3)/3=0.2576$。

按图 6.11 所示的安装尺寸重新计算光电编码器到各位置应发出的脉冲数:当工件从下料口中心线移至传感器中心时,光电编码器发出 456 个脉冲;移至第一个推杆(推杆 1)中心点时,发出 650 个脉冲;移至第二个推杆(推杆 2)中心点时,约发出 1021 个脉冲;移至第三个推杆(推杆 3)中心点时,约发出 1361 个脉冲。

在本项工作任务中,高速计数器编程的目的是根据 C251 当前值确定工件位置,与存储到指定的变量存储器的特定位置数据进行比较,以确定程序的流向。特定位置考虑如下:

① 工件属性判别位置应稍后于进料口到传感器中心位置,故取脉冲数为 470,存储在 D110 单元中(双整数);

② 由推料气缸 1 推出的工件,停车位置应稍前于进料口到推杆 1 位置,取脉冲数为 600,存储在 D114 单元中;

③ 由推料气缸 2 推出的工件,停车位置应稍前于进料口到推杆 2 位置,取脉冲数为 970,存储在 D118 单元中;

④ 由推料气缸 3 推出的工件,停车位置应稍前于进料口到推杆 3 位置,取脉冲数为 1325,存储在 D122 单元中。

注意:

特定位置数据均从进料口开始计算,因此,每当待分拣工件下料到进料口,电动机开始启动时,就必须对 C251 的当前值进行一次复位(清零)操作。

二、任务实施

1. PLC 的 I/O 信号分配

由于用于判别工件材料和芯体颜色属性的传感器只需是安装在传感器支架上的电感式传感器和一个光纤传感器,故光纤传感器 2 可不使用,该传感器改为安装在进料导向器下,用于进料口工件检测。分拣单元装置侧的接线端口信号端子的分配如表 6.6 所示。

分拣单元所使用的是具有 A、B 两相 90°相位差的通用型光电编码器,且 Z 相脉冲信号没有使用。由表 6.4 可选用高速计数器 C251。这时光电编码器的 A、B 两相脉冲输出应连接到 X000 和 X001 输入点。

表 6.6　I/O 信号分配表

输入信号				输出信号			
序号	PLC 输入点	信号名称	信号来源	序号	PLC 输出点	信号名称	信号输出目标
1	X000	光电编码器 B 相	装置侧	1	Y000	STF	变频器
2	X001	光电编码器 A 相		2	Y001	RH	变频器
3	X002	光电编码器 Z 相		3			
4	X003	进料口工件检测		4			
5	X004	电感式传感器		5			
6	X005	光纤传感器		6	Y004	推杆 1 电磁阀	
7	X006			7	Y005	推杆 2 电磁阀	
8	X007	推杆 1 推出到位		8	Y006	推杆 3 电磁阀	
9	X010	推杆 2 推出到位		9	Y007	HL1	按钮/指示灯模块
10	X011	推杆 3 推出到位		10	Y010	HL2	
11	X012	启动按钮	按钮/指示灯模块	11	Y011	HL3	
12	X013	停止按钮					
13	X014	急停按钮					
14	X015	单站/全线					

2. PLC 的 I/O 接线

请根据 I/O 信号分配表画出 PLC 外围输入输出元件的接线图。

3. 实现定位及分拣的编程思路

图 6.20 给出了分拣单元实现定位与分拣的编程思路。

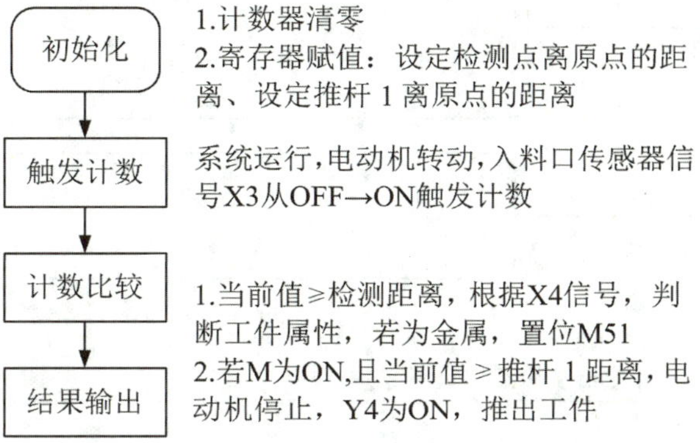

图 6.20 编程思路流程图

4. 梯形图设计

请根据程序注释，填写 PLC 梯形图指令，完善各功能程序段。

(1) 编写初始化程序段(见图 6.21)。

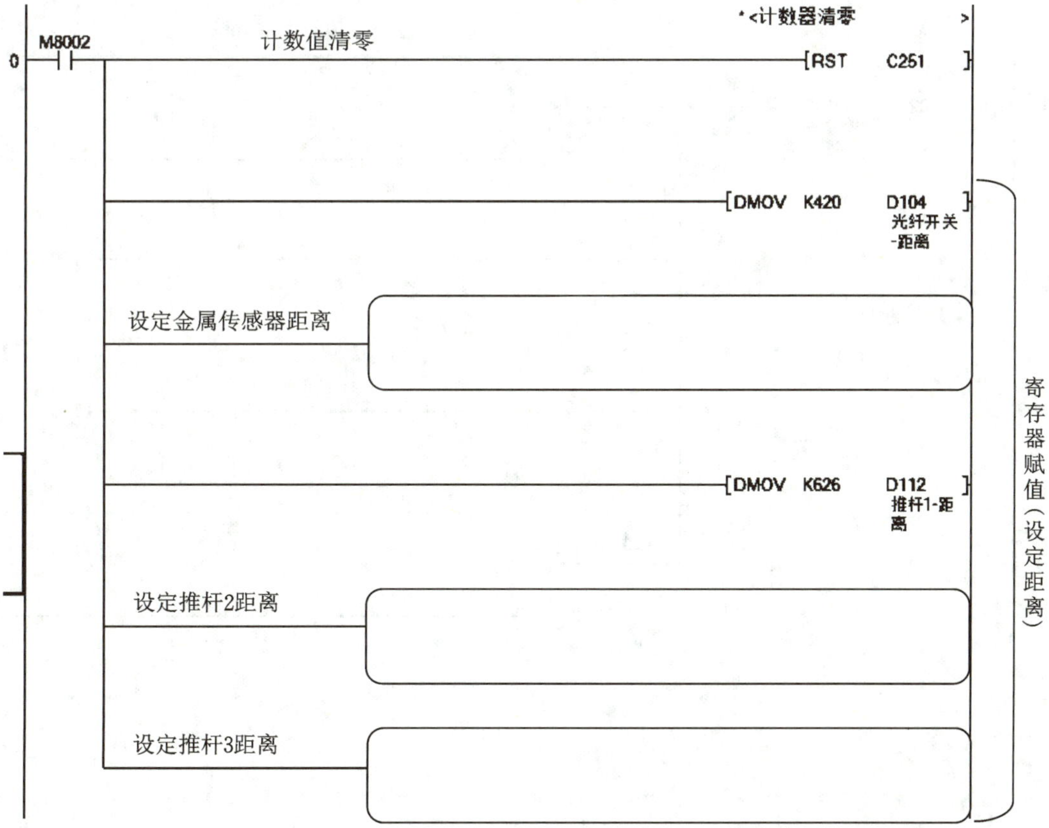

图 6.21 初始化程序段

（2）编写计数触发语句（见图 6.22）。

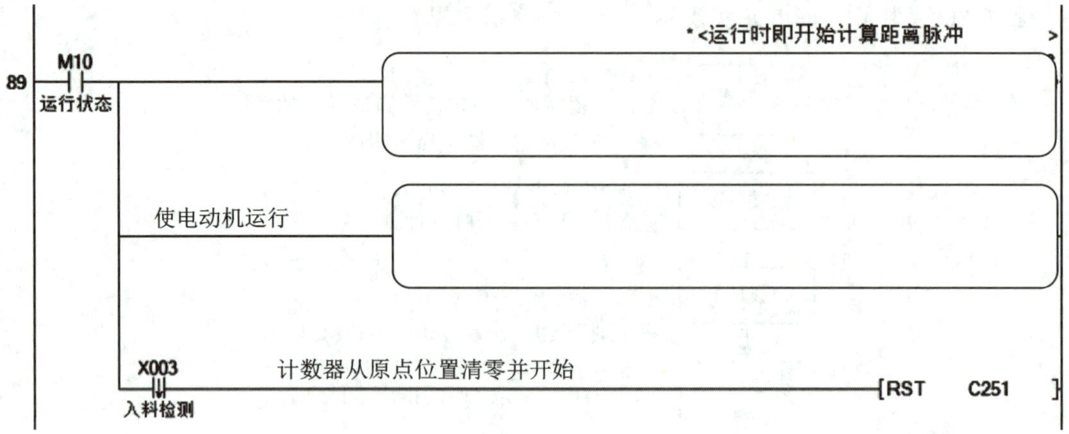

图 6.22　计数触发语句

（3）编写计数比较语句，并驱动输出（见图 6.23）。

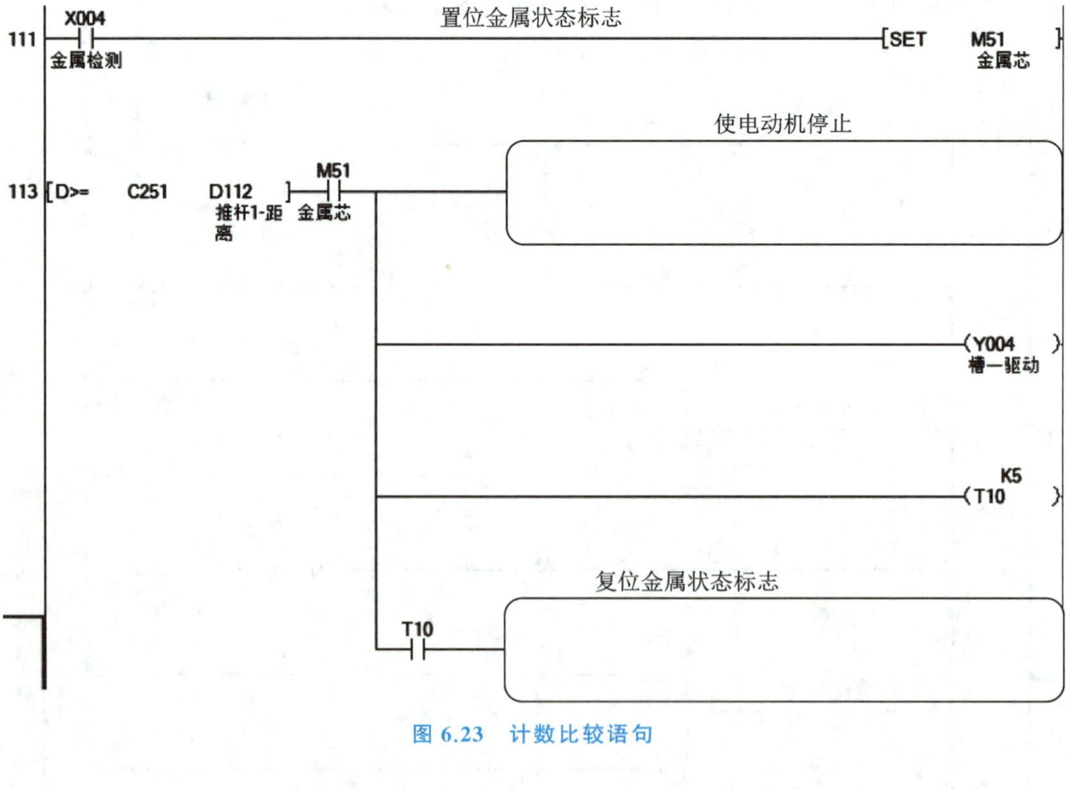

图 6.23　计数比较语句

项目实施记录

表6.7　项目实施记录

学习情境		电动机转速检测与控制装调		
序号	实施环节	故障现象	原因分析	解决的办法
1	光电编码器安装	光电编码器计数为负值		换接光电编码器A相、B相信号线
2				
3	程序调试	气缸推杆1没有将工件对正推出	推杆1定位不准	
4				
5				
实施总结				

项目总结

表6.8　项目总结

问题引导	我的小结
1. 分拣单元使用了哪些传感器?	
2. 在分拣单元中,这些传感器所起的作用是什么?	
3. PLC如何获得传送带运行速度?	
4. 如何识别金属工件和非金属工件?	

续表

问题引导	我的小结
5. 如何识别白色工件和黑色工件?	
6. 如何计算工件从入料口至各滑槽中心的距离?	
7. 光电编码器的引出线应如何接至PLC的端子?	
8. 为什么要使用高速计数器?	
9. 为什么仅采用2个传感器就可以实现3种组合条件的识别和判断?	
10. 如何判断不同的组合条件?	
11. 其他重要知识、技能点	

项目拓展

一、功能要求

设备的工作目标是完成对白色芯金属工件、白色芯塑料工件和黑色芯塑料工件的分拣。为了在分拣时准确推出工件,要求使用光电编码器进行定位检测,并且工件材料和颜色属性应在推料气缸前的适当位置被检测出来。

设备上电和气源接通后,若工作单元的三个气缸均处于缩回位置,则“正常工作”指示灯HL1常亮,表示设备准备好。否则,该指示灯以1 Hz频率闪烁。

若设备准备好,则按下启动按钮,系统启动,“设备运行”指示灯HL2常亮。当在传送带入料口人工放下已装配的工件时,变频器即启动,驱动传动电动机以固定频率30 Hz的速度把工件带往分拣区。

如果工件为白色芯金属工件,则该工件到达出料滑槽1中间,传送带停止,工件被推到出料滑槽1中;如果工件为白色芯塑料工件,则该工件到达出料滑槽2中间,传送带停止,工件被推到出料滑槽2中;如果工件为黑色芯塑料工件,则该工件到达出料滑槽3中间,传送带停止,工件被推到出料滑槽3中。

工件被推出滑槽后,该设备的一个工作周期结束。仅当工件被推出滑槽后,设备才能再次向传送带下料。

如果在运行期间按下停止按钮，则该设备在本工作周期结束后停止运行。

二、具体工作任务

(1) 完成工作站机械部件的安装、气动回路安装、电气回路接线。要求做到机械连接稳固，无松动；气路不漏气，气动元件运行顺畅，初始状态下所有气缸都处于缩回状态。安装好传感器，并适当调节其灵敏度及位置，以便能满足程序要求。按教材要求，正确连接该设备的电气控制电路，完成 PLC 的电源、I/O 端子分配。

(2) 完成工作站程序编写、下载、运行调试，以满足控制要求。

习题巩固

一、选择题

1. 高速计数器 C251 的启动只须用直通触点 M8000 将其选定(使能)即可。C251 一旦使能，输入(　　)和(　　)即被指定为它的计数输入端。

A. X000，X001　　B. X003，X004　　C. X005，X006　　D. X006，X007

2. 分拣单元 PLC 选用的是三菱公司生产的 PLC，其型号是(　　)。

A. FX3U-32MR　　B. FX3U-32MT　　C. FX3U-48MT　　D. FX3U-48MR

二、判断题

(　　)1. 分拣单元气缸上的磁性传感器用来检测活塞杆缩回到位。

(　　)2. 分拣单元每个笔形气缸上用于检测气缸活塞杆位置的磁性传感器有 2 个。

(　　)3. 分拣单元入口检测传感器检测到待分拣工件时，传送带才启动。

(　　)4. 分拣单元的光电编码器用于计算工件在传送带上的位置。

(　　)5. 当工件到达指定的分拣滑槽时，变频器驱动电动机停止，然后气缸将工件推送到分拣滑槽里。

(　　)6. 光纤传感器的灵敏度若过高，则无法区分黑色芯工件和白色芯工件。

(　　)7. 分拣单元所使用的光电编码器的接线应满足：①白色引出线为 A 相线，绿色引出线为 B 相线；②光电编码器的正极电源引线(红色)须连接到装置侧接线端口的＋24 V 稳压电源端子上，不要连接到带有内阻的电源端子(VCC)上。

(　　)8. 从分拣单元工作过程来看，高速计数器的编程仅要求实现接收光电编码器的脉冲信号并进行计数，提供工件在传送带上的位移信息，以及对所使用的高速计数器进行复位操作。高速计数器更复杂的功能，例如预置值达到中断处理等，均不需要实现。

(　　)9. 高速计数器的计数输入、外部复位和置位输入等信号来自 X000～X007 等 8 个输入点，每一个高速计数器都有与之对应的 X 端口配套使用，即指定了高速计数器 C×××后，对应的输入点 X 即被指定，并且这个被指定的输入点 X 不能为其他高速计数器所用。

(　　)10. FX 和 H2U 系列 PLC 均内置 21 点高速计数器 C235～C255，它们都是 32 位计数器。相对于普通计数器，高速计数器用于频率高于机内扫描频率的机外脉冲计数。由于计数信号频率高，FX3U 采用硬件计数或以中断方式进行计数而独立于扫描周期实现高速计算。

三、思考题

1. 装置上有哪些传感器？各有什么作用？
2. 光电编码器在本任务中有什么作用？它如何与 PLC 接线？
3. PLC 如何获得工件在传送带上的位置信息？
4. 如何识别不同的组合工件？

项目考核与评价

表 6.9　项目考核与评价

项目	内容	配分	要求	自我评价	小组互评	教师评价
实施过程	I/O 分配	10 分	按照任务要求，明确所有输入、输出元件			
	电气设计及接线	10 分	原理图与 I/O 分配对应，绘制规范；接线规范整齐，符合工艺要求			
	传感器安装与调整	10 分	正确安装传感器并合理设置传感器的灵敏度			
功能测试	电路测试与故障排除	10 分	上电前和通电后会使用万用表检测、分析故障，并排除故障			
	程序设计与调试	20 分	编写完整程序并下载调试，分析错误并排除故障			
	系统运行	10 分	实现任务既定功能，系统运行稳定、可靠			
职业素养	分工与配合	5 分	任务分配合理，分工明确，配合紧密			
	职业素养	5 分	注重安全操作，工具及器件摆放整齐			
资料填写	任务书	10 分	搜集信息，引导问题回答正确			
	工作计划	5 分	计划步骤安排合理，时间安排合理			
	材料清单	5 分	材料齐全			
综合评价						
总评						

项目 7

十字滑台定位控制

项目目标

知识目标

(1) 了解步进电动机的工作原理。
(2) 理解步进驱动器的端子功能。
(3) 掌握 FX3U PLC 的 PLSY 和 PLSR 指令的使用要求。
(4) 初步了解实现步进电动机驱动的速度、位置控制的方法。

能力目标

(1) 学会设置步进驱动器的工作电流(动态电流)、细分精度和静态电流。
(2) 掌握 PLC 控制步进电动机的硬件接线图。
(3) 学会用三菱的高速脉冲输出指令编写步进电动机的控制程序。

素质目标

(1) 具备团队协作意识。
(2) 懂得安全用电规范操作。
(3) 具备 5S 意识,并能贯彻实施。

项目描述与任务

1. 项目描述

桁架机械手的工作台为十字滑台丝杠模组(见图 7.1(a)),分别由两台步进电动机驱动,可以沿 x 轴和 y 轴方向行走。按下启动按钮,工作台(滑台)从 x 轴原点位置 A 沿 x 轴方向以 1500 脉冲/s 的速度向右行走，行走到 B 位置后停止，接着从 B 位置开始沿 y 轴方向以 1500 脉冲/s 的速度向上行走，行走至 C 位置后停止，工作台运动曲线如图 7.1(b)所示。试编写该两轴工作台的定位控制程序。

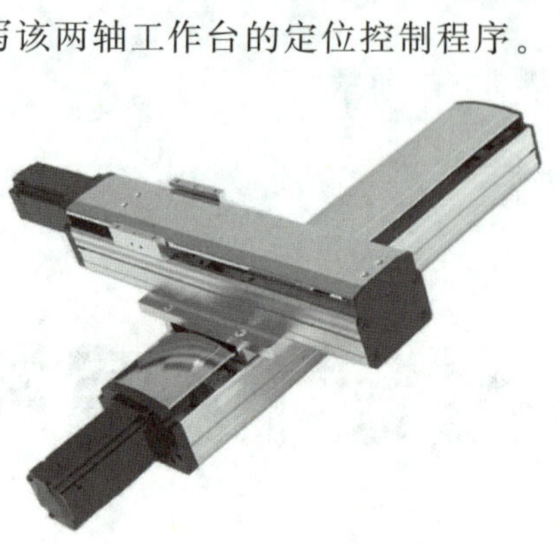

(a) 十字滑台丝杠模组

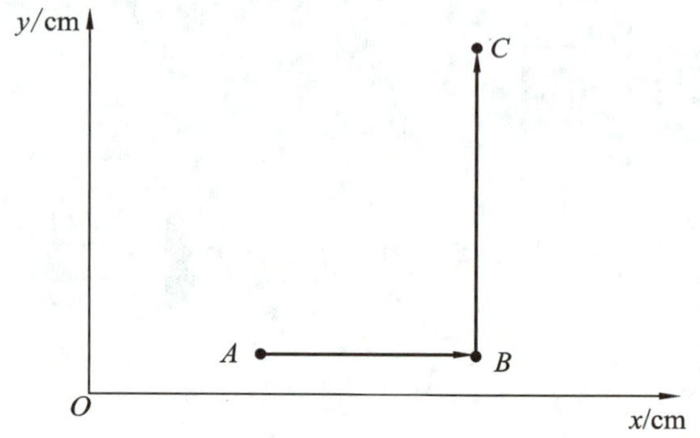

(b) 工作台运动曲线

图 7.1　桁架机械手运动示意图

2. 项目要求

(1) 工作台的 x 轴、y 轴丝杠应有原点、限位检测，以防止工作台运动超出行程范围。

(2) 可设置和改变工作台的运行速度与行程位置。

3. 项目任务

(1) 根据系统控制要求，设计系统 I/O 分配。

(2) 完成 PLC、步进驱动系统的接线。

(3) 编写程序，实现桁架机械手的运动控制。

(4) 完成程序运行与调试。

项目实施

任务 1　步进电动机与驱动器的使用

图 7.2(a)所示三相步进电动机的运行轨迹如图 7.2(b)所示，步距角是 1.5°，假设步进电动机的运行频率为 3000 Hz，旋转一周需要 5000 个脉冲。它拖动机械手运动，旋转一周行走 0.5 cm。机械手的运动不能超出原点 SQ0 与 SQ1 之间的行程范围。

试设计 PLC 控制机械手运行的硬件电路。

一、知识平台　步进电动机及步进驱动器

1. 步进电动机概述

常见的步进电动机如图 7.3 所示。**步进电动机是一种把电脉冲信号转换成机械角位移的控制电动机，每输入一个电脉冲，电动机就会旋转一定的角度。**步进电动机常作为数字控制系统中的执行元件。

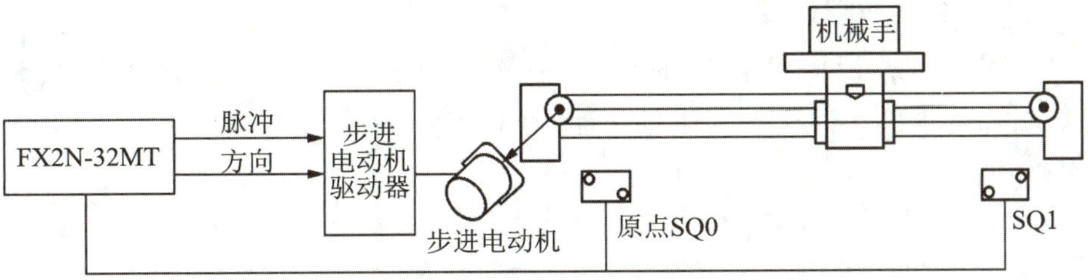

（a）步进电动机的工作示意图

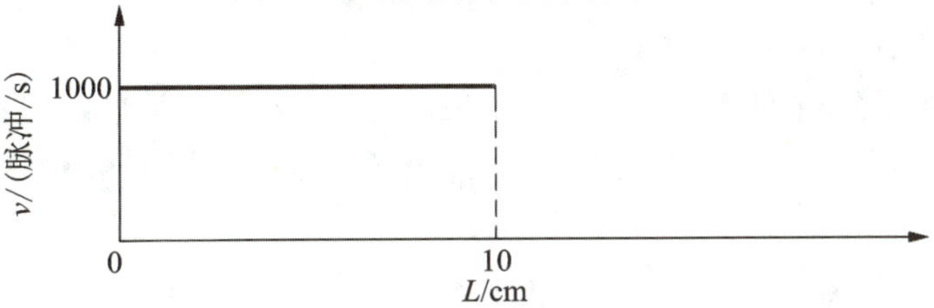

（b）步进电动机的运行轨迹

图 7.2　步进电动机工作示意图与运行轨迹

步进电动机是开环控制元件，专门用于精确控制速度和位置，因每输入一个脉冲，步进电动机前进一步而得名。一般电动机是连续旋转的，而步进电动机的转动是一步一步进行的。在非超载的情况下，步进电动机的转速、停止的位置只取决于控制脉冲信号的频率和脉冲数，而不受负载变化的影响，即给步进电动机加一个脉冲信号，步进电动机转过一个角度。脉冲数越多，步进电动机转动的角度越大。脉冲的频率越高，步进电动机的转速越快，但不能超过最高频率，否则步进电动机的力矩会迅速减小，导致电动机不转。

普通步进电动机

减速步进电动机

直线步进电动机

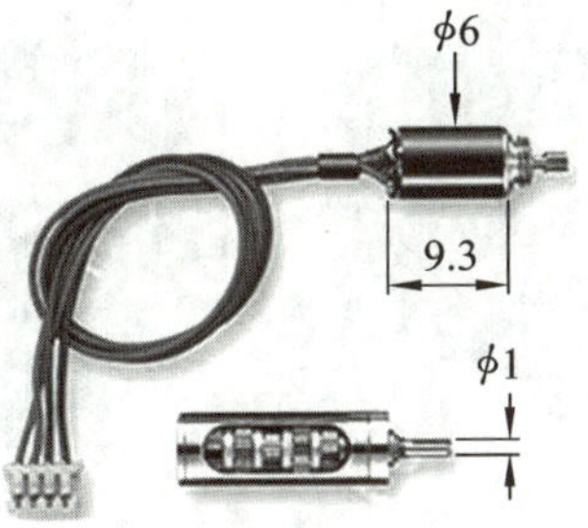

微型步进电动机（单位：mm）

图 7.3　常见的步进电动机

2. 步进电动机的应用领域

（1）步进电动机广泛应用于ATM（自动柜员机）、喷绘机、刻字机、写真机、喷涂设备、医疗仪器及设备、计算机外设及海量存储设备、精密仪器，以及工业控制系统、自动化办公、机器人等领域。

（2）步进电动机主要用于一些有定位要求的场合。

（3）步进电动机还可用于线切割的工作台拖动、植毛机工作台（毛孔定位）、包装机（定长度）等，基本上涉及定位的场合都用得到，特别适合要求运行平稳、噪声低、响应快、使用寿命长、输出扭矩高的应用场合。

（4）步进电动机在电脑绣花机等纺织机械设备中有着广泛的应用。这类步进电动机的特点是保持转矩不高，频繁启动反应速度快，运转噪声低，运行平稳，控制性能好，整机成本低。

3. 步进电动机的特点

在定位控制中，步进电动机作为执行元件获得了广泛的应用。步进电动机区别于其他电动机最大的特点如下。

（1）可以用脉冲信号直接进行开环控制，系统简单、经济。

（2）位移（角位移）量与输入脉冲个数严格成正比，且步距误差不会长期积累，精度较高。

（3）转速与输入脉冲频率成正比，而且可以在相当宽的范围内调节。多台步进电动机同步性能较好。

（4）易于启动、停止和变速，而且停止时有自锁能力。

（5）无刷，电动机本体部件少，可靠性高，易维护。

步进电动机的缺点是：带惯性负载能力较差，存在失步、共振和不能使用交直流驱动的问题。

4. 步进电动机的结构

步进电动机的外形及主要结构如图7.4所示。步进电动机由转子（转子铁心、永磁体、转轴、滚珠轴承）、定子（绕组、定子铁心）、前后端盖等组成。

（a）外形　　（b）内部线圈及转子　　（c）线圈及转子

图7.4　步进电动机的外形及主要结构示意图

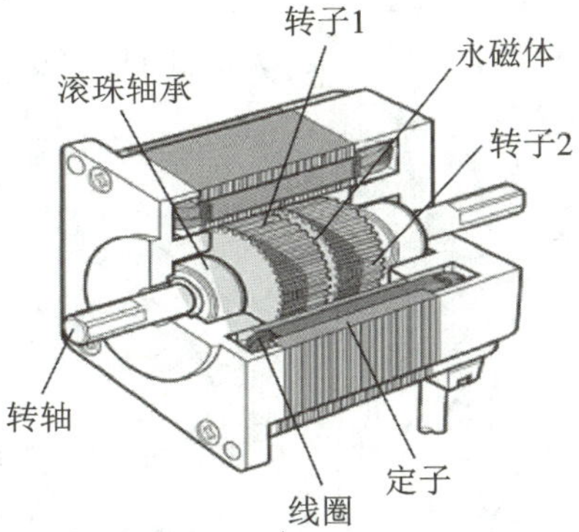

（d）剖面图

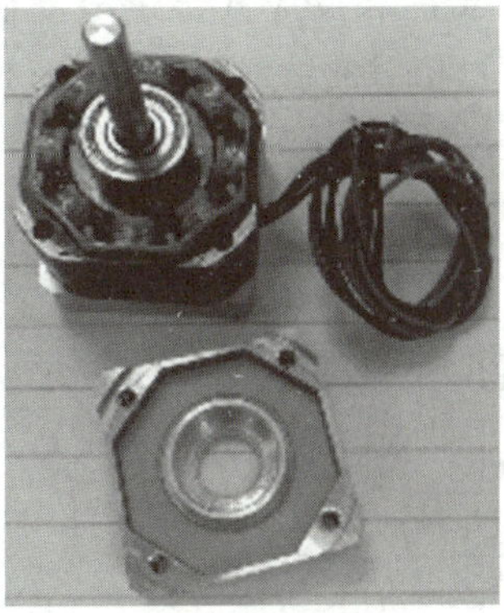

（e）端盖及内部结构

续图 7.4

定子铁心：定子铁心为凸极结构，由硅钢片叠压而成。在面向气隙的定子铁心表面有齿距相等的小齿。

定子绕组：定子每极上套有一个集中绕组，相对两极的绕组串联构成一相，如图 7.5 所示。步进电动机可以做成二相、三相、四相、五相、六相、八相等。

转子：转子上只有齿槽没有绕组，系统工作要求不同，转子齿数也不同，如图 7.6 所示。

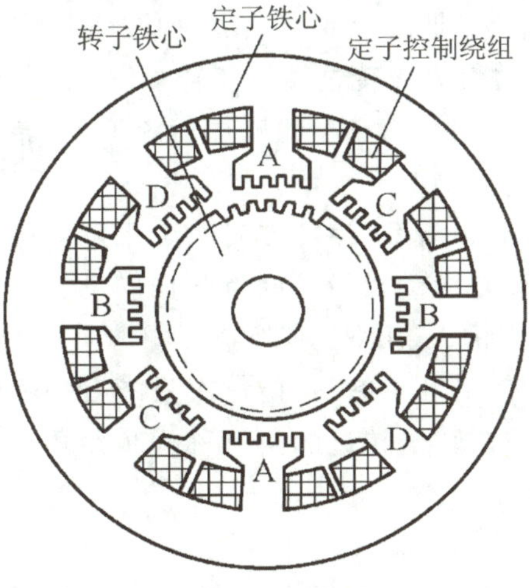

图 7.5 定子

图 7.6 转子

实际的步进电动机通常在定子凸极和转子上开很多小齿，这样就可以大大减小步距角，提高步进电动机的控制精度。最典型的两相混合式步进电动机的定子有 8 个大齿、40 个小齿，转子有 50 个小齿；三相步进电动机的定子有 9 个大齿、45 个小齿，转子有 50 个小齿。

三相步进电动机定子和转子上分别有 6 个、4 个磁极。定子的 6 个磁极上有控制绕组，两个相对的磁极组成一相。注意：这里的“相”和三相交流电中的“相”的概念不同。步进电动机通的是直流电脉冲，这里的“相”主要是指线路的连接和组数的区别。

5. 步进电动机的工作原理

下面以一台简单的三相反应式步进电动机为例，介绍步进电动机的工作原理。

图 7.7 是一台三相反应式步进电动机的原理图。定子铁心为凸极结构，共有 3 对(6 个)磁极，每两个空间相对的磁极上绕有一相控制绕组。转子用软磁性材料制成，也是凸极结构，只有 4 个齿，齿宽等于定子的极宽。

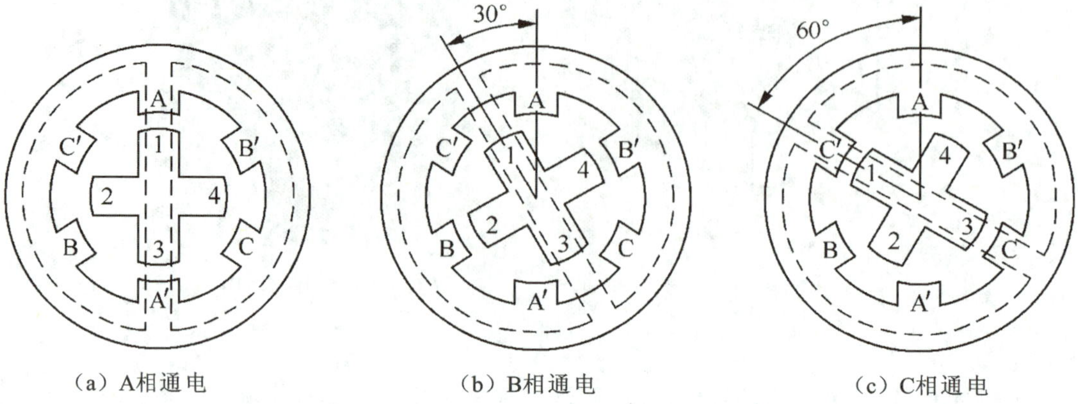

图 7.7　三相反应式步进电动机的原理图

当 A 相定子绕组通电，其余两相均不通电时，电动机内建立以定子 A 相极为轴线的磁场。磁通具有力图走磁阻最小路径的特点，使转子齿 1、3 的轴线与定子 A 相极轴线对齐，如图 7.7(a)所示。若 A 相定子绕组断电、B 相定子绕组通电，转子在反应转矩的作用下，逆时针转过 30°，使转子齿 2、4 的轴线与定子 B 相极轴线对齐，即转子走了一步，如图 7.7(b)所示。若再断开 B 相，使 C 相定子绕组通电，转子又沿逆时针方向转过 30°，使转子齿 1、3 的轴线与定子 C 相极轴线对齐，如图 7.7(c)所示。如此按 A→B→C→A 的顺序轮流通电，转子就会一步一步地沿逆时针方向转动。

步进电动机的转速取决于各相定子绕组通电与断电的频率，旋转方向取决于定子绕组轮流导通的顺序。若按 A→C→B→A 的顺序通电，则步进电动机沿顺时针方向转动。三相步进电动机的工作方式可分为三相单三拍、三相单/双六拍、三相双三拍等。

(1) 三相单三拍工作方式。“三相”是指定子绕组有 3 组，“单”是指每次只能有一相绕组通电，“三拍”指通电 3 次完成一个通电循环。把每一拍转子转过的角度称为步距角。三相单三拍运行时，步距角为 30°。

正转：A→B→C→A；反转：A→C→B→A。

(2) 三相双三拍工作方式。“双”是指每次有两相绕组通电，每通入一个电脉冲，转子旋转 30°，即步距角为 30°。双拍运行产生的转矩一般会增加。

正转：AB→BC→CA→AB；反转：AC→CB→BA→AC。

(3) 三相单/双六拍工作方式。即一相通电、二相通电间隔地轮流进行，完成一个循环要经过 6 次通电状态改变，其步距角为 15°。

正转：A→AB→B→BC→C→CA→A；反转：A→AC→C→CB→B→BA→A。

6. 步进电动机的分类

按励磁方式的不同，步进电动机可分为反应式、永磁式和混合式步进电动机。

按定子上的绕组不同，步进电动机分为二相、三相和五相等系列。最受欢迎的是两相混合式步进电动机，约占 97%以上的市场份额，原因是其性价比高，配上细分驱动器后效果良好。该种电动机的基本步距角为 1.8°，配上半步驱动器后，步距角减小为 0.9°；配上细分驱动器后，其步距角可细分达 256 倍（即 0.007°）。由于摩擦力和制造精度等原因，步进电动机实际控制精度略低。同一步进电动机可配不同细分的驱动器以改变控制精度和效果。

步进电动机的机座号（电动机外径）主要有 35、39、42、57、86 和 110 等。按机座号步进电动机可分为 42BYG（BYG 为感应子式步进电动机代号）、57BYG、86BYG、110BYG（国际标准）等类型。

7. 步进电动机的重要参数

1）步距角

步进电动机每接收一个步进脉冲信号，就旋转一定的角度，该角度称为步距角。电动机出厂时给出了一个步距角的值，如 57BYG46403 型电动机给出的值为 0.9°/1.8°（表示半步工作时步距角为 0.9°，整步工作时步距角为 1.8°），这个步距角可以称为“电动机固有步距角”，它不一定是电动机实际工作时真正的步距角，真正的步距角 θ 和驱动器参数有关。

$$\theta=\frac{360^\circ}{ZKm}$$

式中：Z 为转子齿数；K 为通电系数，当前后通电相数一致时，$K=1$，否则，$K=2$；m 为相数。

步进电动机的步距角一般为 1.8°、0.9°、0.72°、0.36°等。步距角越小，则步进电动机的控制精度越高，根据步距角可以控制步进电动机行走的精确距离。比如说，步距角为 0.72°的步进电动机，每旋转一周需要的脉冲数为 360/0.72＝500，也就是说对步进电动机驱动器发出 500 个脉冲信号，步进电动机才旋转一周。

2）转速

步进电动机的转速 n 取决于各相定子绕组通入电脉冲的频率：

$$n=\frac{60f}{ZKm}=\frac{\theta}{6^\circ}f\ (\mathrm{r/min})$$

式中：f 为电脉冲的频率，即每秒脉冲数（pps）。

3）相数

步进电动机的相数是指电动机内部的线圈组数，常用 m 表示。

目前常用的有二相、三相、四相、五相步进电动机。电动机相数不同，其步距角也不同，一般二相、四相电动机的步距角为 0.9°/1.8°，三相的为 3°/1.5°，五相的为 0.36°/0.72°。在没有细分驱动器时，主要靠选择不同相数的步进电动机来满足步距角的要求。如果使用细分驱动器，则“相数”将变得没有意义，只需在驱动器上改变细分数，就可以改变步距角。

4）拍数

完成一个磁场周期性变化所需脉冲数或导电状态，用 n 表示，或指电动机转过一个齿距角所需脉冲数。以四相电动机为例，其有四相双四拍运行方式（AB→BC→CD→DA→AB）、四相单双八拍运行方式（A→AB→B→BC→C→CD→D→DA→A）。步距角对应一个脉冲信号，用 θ 表示。$\theta=360^\circ/$（转子齿数×运行拍数）。以转子齿数为 50 的常规二、四相电动机为例，其四拍运行时步距角 $\theta=360^\circ/(50\times4)=1.8^\circ$（俗称整步），八拍运行时步距角 $\theta=360^\circ/(50\times8)=0.9^\circ$（俗称半步）。

5）保持转矩

保持转矩是指步进电动机通电但没有转动时，定子锁住转子的力矩，是步进电动机最重

要的参数之一。通常步进电动机在低速时的力矩接近保持转矩。由于步进电动机的输出力矩随转速的增大而不断衰减，输出功率也随转速的增大而变化，所以保持转矩就成为衡量步进电动机性能最重要的参数之一。比如，2 N·m 的步进电动机，在没有特殊说明的情况下是指保持转矩为 2 N·m 的步进电动机。

8. 步进电动机控制系统的组成

步进电动机控制系统由控制器、步进驱动器和步进电动机构成，如图 7.8 所示。控制器发出控制信号，步进电动机驱动器在控制信号作用下输出较大电流（1.5～6 A，不同型号电动机有区别），驱动步进电动机按控制要求对机械装置准确实现位置控制或速度控制。

步进电动机的运动方向与其内部绕组的通电顺序有关，改变输入脉冲的相序就可以改变电动机转向。转速则与输入脉冲信号的频率成正比，转动角度或位移与输入的脉冲数成正比。改变脉冲信号的频率就可以在很宽的范围内改变步进电动机的转速，并能使电动机快速启动、制动和反转。因此，可通过控制脉冲数量、频率及电动机各相绕组的通电顺序来控制步进电动机的转动。

控制器可以是内置运动卡的计算机、单片机和 PLC。本书主要讲述利用 PLC 控制步进电动机的方式。

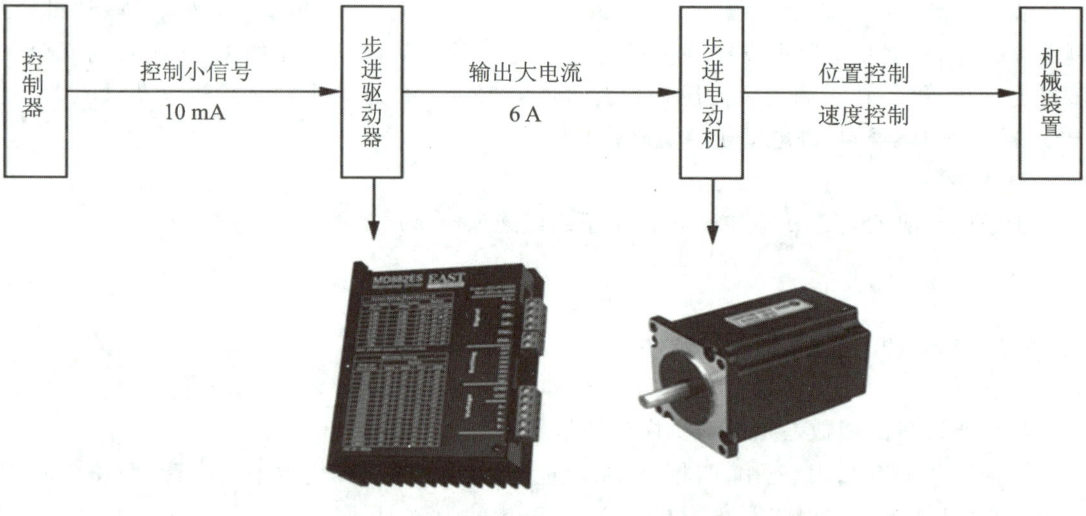

图 7.8　步进电动机控制系统框图

9. 步进驱动器

步进电动机必须有驱动器和控制器才能正常工作。**步进驱动器是一种能使步进电动机运转的功率放大器，能把控制器发来的脉冲信号转化为步进电动机的角位移**。电动机的转速与脉冲频率成正比，所以控制脉冲频率可以精确调速，控制脉冲数就可以精确定位。

步进驱动器的功能就是在控制设备（PLC 或单片机）的控制下，为步进电动机提供工作所需要的幅度足够的脉冲信号。图 7.9 所示为两相、三相步进驱动器的外形。

步进驱动器的作用是对控制脉冲进行环形分配、功率放大，使步进电动机绕组按一定顺序通电，控制电动机转动。

步进驱动器内部主要由环形分配器和功率放大器组成（见图 7.10）。环形分配器：将输入的脉冲信号分成多路脉冲，再送到功率放大器。功率放大器：将脉冲信号进行功率放大，

（a）两相步进驱动器　　（b）三相步进驱动器

图 7.9　步进驱动器的外形

以驱动步进电动机。方向信号：控制环形分配器分配脉冲的顺序，从而控制步进电动机的工作方向。使能信号：允许或禁止步进驱动器工作。

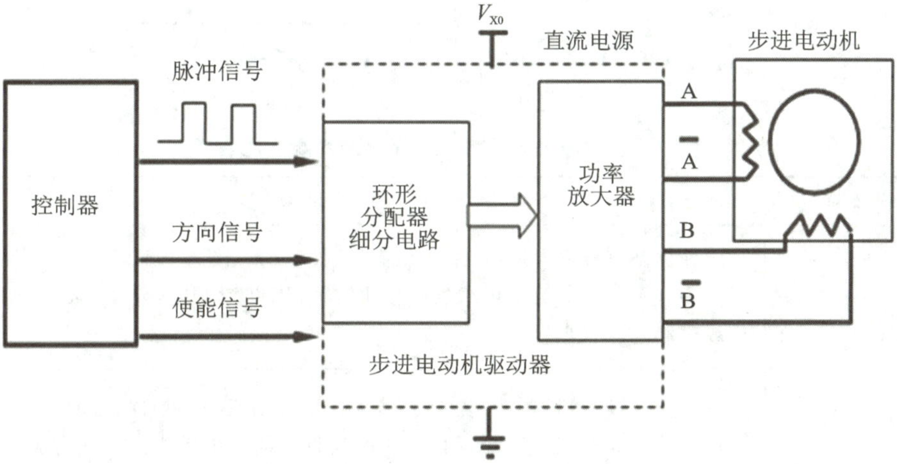

图 7.10　步进驱动器的内部结构

1）步进驱动器的外部端子

从步进电动机的转动原理可以看出，要使步进电动机正常运行，就必须按规律控制步进电动机的每一相绕组得电。步进驱动器有 3 种输入信号，分别是脉冲信号（PUL）、方向信号（DIR）、使能信号（ENA）。因为步进电动机在停止时，通常有一相得电，电动机的转子被锁住，所以需要转子松开时，可以使用使能信号。

以雷赛公司推出的三相步进驱动器 3ND583 为例，该步进驱动器的外部接线端如图 7.11 所示，外部接线端的功能说明如表 7.1 所示。

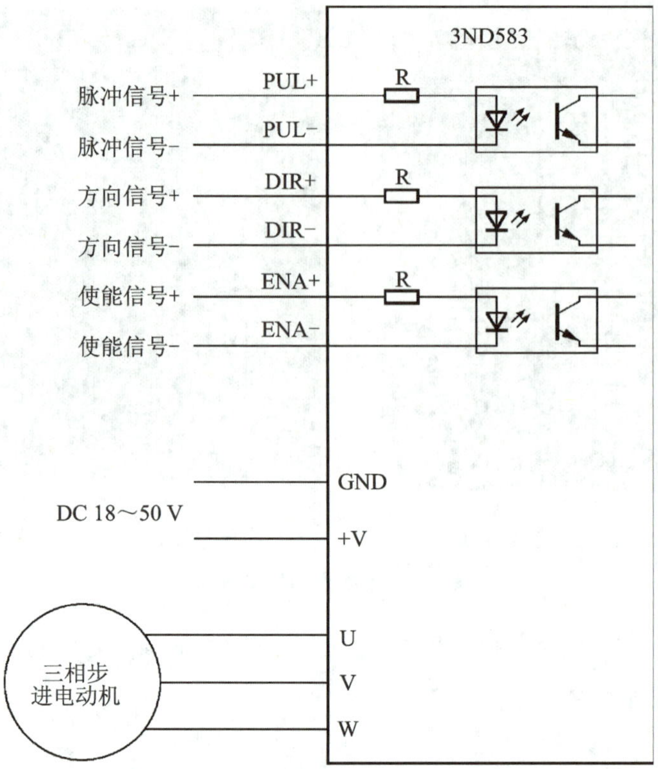

图 7.11　步进驱动器 3ND583 外部接线端

表 7.1　步进驱动器 3ND583 外部接线端功能说明

接　线　端	功 能 说 明
PUL+(+5 V)	脉冲控制信号输入端:脉冲上升沿有效;PUL－接高电平时为 4～5 V,接低电平时为 0～0.5 V。为了可靠响应脉冲信号,脉冲宽度应大于 1.2 μs。如采用+12 V 或+24 V,需串联电阻
PUL－	
DIR+(+5 V)	方向信号输入端:高/低电平信号,为保证电动机可靠换向,方向信号应先于脉冲信号至少 5 μs 建立。电动机的初始运行方向与电动机的接线有关,互换三相绕组 U、V、W 的任意两根线可以改变电动机初始运行的方向。DIR－接高电平时为 4～5 V,接低电平时为 0～0.5 V
DIR－	
ENA+(+5 V)	使能信号输入端:此输入信号用于使能或禁止。ENA+接+5 V,ENA－接低电平(或内部光耦导通)时,驱动器将切断电动机各相的电流使电动机处于自由状态,此时步进脉冲不被响应。当不需用此功能时,使能信号端悬空即可
ENA－	
U、V、W	三相步进电动机的接线端
+V	驱动器直流电源输入端正极,+18～+50 V 间任何值均可,但推荐值+36 V DC 左右
GND	驱动器直流电源输入端负极

步进驱动器的指示灯有两种，即电源指示灯(绿色)和保护指示灯(红色)。当任一保护发生时，保护指示灯变亮。

步进驱动器的保护功能如下：①过压保护。当直流电源电压为 50 V 时，保护电路动作，电源指示灯变红，保护功能启动。②过流保护。电动机接线线圈绕组短路或电动机自身损坏时，保护电路动作，电源指示灯变红，保护功能启动。

2) 步进驱动器的外部典型接线

步进驱动器 3ND583 内置高速光电耦合器和 270 Ω 的限流电阻，允许接收差分信号、NPN 三极管输出电路信号和 PNP 三极管输出电路信号。当步进驱动器与 PLC 相连时，首先要了解 PLC 的输出信号类型是集电极开路 NPN 还是 PNP。若 PLC 输出类型为 NPN，则 PLC 的输出端(Y 口)应与驱动器的信号端“负极”(PUL－、DIR－、ENA－)连接，而驱动器的另一信号端“正极”(PUL＋、DIR＋、ENA＋)则与 PLC 的输出回路电源 VCC 连接成公共端，这种连接方式就是共阳极接法。若 PLC 输出类型为 PNP，则应采用共阴极接法，如图 7.12 所示。信号回路中可能需要串联一定阻值的电阻(具体根据驱动器的使用说明选择)。此外，步进驱动器与 PLC 相连还需考虑 PLC 的脉冲输出控制类型是脉冲＋方向还是正-反方向，因为方向信号可采用普通输出 Y 端，而脉冲信号则只能采用具有高速脉冲输出功能的端子(FX3U 的为 Y0、Y1、Y2 端)。

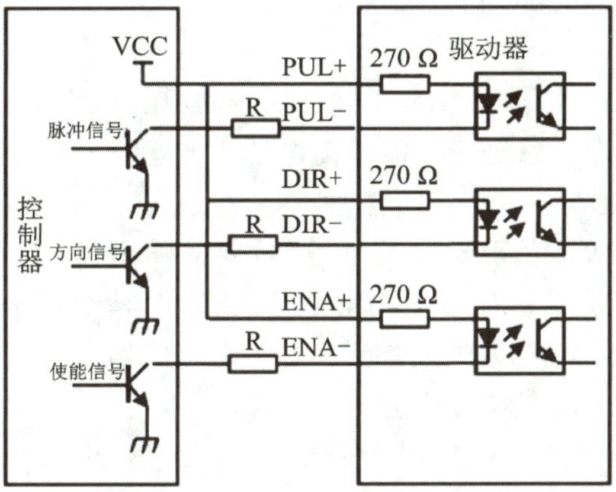

(a) 共阳极接法

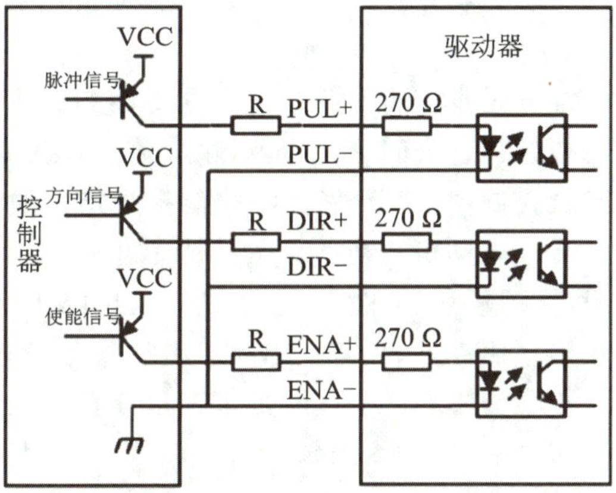

(b) 共阴极接法

图 7.12 步进驱动器的两种连接方式

三菱 FX3U 晶体管输出型 PLC 为 NPN 集电极开路输出，各个输出的发射极连接在一起组成 COM 端，PLC 的脉冲输出控制类型为脉冲＋方向，高速脉冲输出口规定为 Y0、Y1 或 Y2，最多可连接 3 台步进驱动器控制 3 台步进电动机。

西门子晶体管输出型 PLC S7-200 是 PNP 集电极开路输出，其接线图如图 7.13 所示。

注意：

(1) 一般 PLC 不能直接与步进驱动器相连，因为驱动器的控制信号是＋5 V，而 PLC 的输出信号为＋24 V。

如果 VCC＝5 V，则不串联电阻；如果 VCC＝12 V，串联电阻阻值为 1 kΩ、额定功率大于 1/8 W 电阻；如果 VCC＝24 V，串联电阻阻值为 2 kΩ、额定功率大于 1/8 W 电阻；串联电阻必须接在控制器信号端。

(2) 步进驱动器的 PUL 端子需要接收脉冲信号，因此，必须采用晶体管输出型的 PLC。

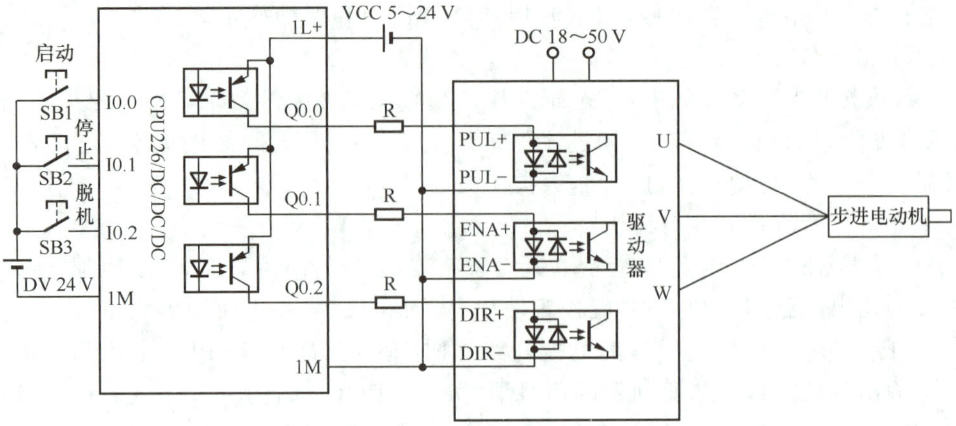

图 7.13　步进驱动器 3ND583 与西门子 PLC 的接线图

步进电动机的使能信号又称为脱机信号。步进电动机通电后，如果没有脉冲信号输入，定子不运转，其转子处于锁定状态，用手不能转动。但在实际控制中，常常希望能够用手转动以调整、修正运动机构的位置，这时只要使脱机信号有效（低电平），就能关断定子线圈的电流，使转子处于自由转动（脱机）状态。当与 PLC 连接时，脱机信号（ENA）可以像方向信号（DIR）一样连接一个 PLC 的非脉冲输出端，用程序进行控制。

3）步进驱动器的细分设置

细分是步进驱动器的一个重要性能。步进驱动器都存在一定程度的低频振荡，而细分能有效改善这个问题，甚至消除这种低频振荡现象。**细分同时能提高电动机的运行分辨率，在定位控制中，细分数适当，也能提高定位的精度**。

步进电动机驱动器除了给步进电动机提供较大的驱动电流外，更重要的作用是细分。在没有步进驱动器时，由于步进电动机的步距角在 1°左右，角位移较大，不能进行精细控制。使用步进驱动器，只需在驱动器上设置细分步数，就可以改变步距角的大小。例如，若设置细分步数为 10000 步/转，则步距角只有 0.036°，可以实现高精度控制。

步进驱动器 3ND583 的侧面连接端子中间有 8 个 SW 拨码开关，用来设置工作电流（动态电流）、静态电流、细分精度。图 7.14 所示为拨码开关。其中 SW1～SW4 用于设置步进驱动器输出电流（根据步进电动机的工作电流，调节驱动器输出电流，电流越大，力矩越大）；SW6～SW8 用于设置细分精度；SW5 用于选择半流/全流工作模式。

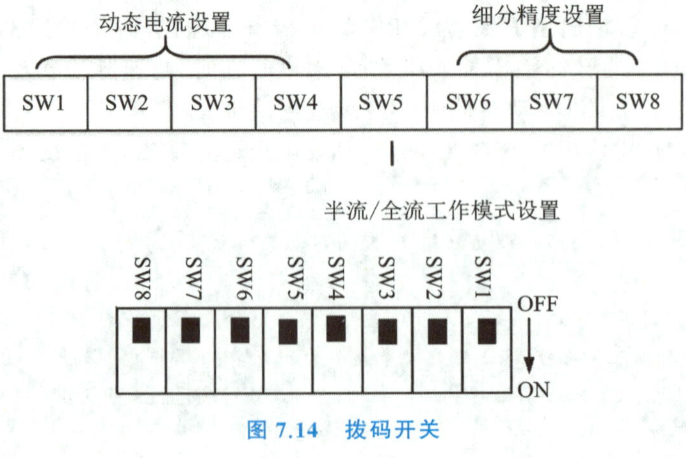

图 7.14　拨码开关

（1）动态电流设置。

用 SW1～SW4 拨码开关设置动态电流，一共可设置 16 个电流级别，如表 7.2 所示。表中“1”表示 ON，“0”表示 OFF。为了能驱动多种功率的步进电动机，大多数步进驱动器具有动态电流设置功能。

表 7.2　动态电流设置

输出电流峰值/A	输出电流有效值/A	SW1	SW2	SW3	SW4
2.1	1.5	0	0	0	0
2.5	1.8	1	0	0	0
2.9	2.1	0	1	0	0
3.2	2.3	1	1	0	0
3.6	2.6	0	0	1	0
4.0	2.9	1	0	1	0
4.5	3.2	0	1	1	0
4.9	3.5	1	1	1	0
5.3	3.8	0	0	0	1
5.7	4.1	1	0	0	1
6.2	4.4	0	1	0	1
6.4	4.6	1	1	0	1
6.9	4.9	0	0	1	1
7.3	5.2	1	0	1	1
7.7	5.5	0	1	1	1
8.3	5.9	1	1	1	1

通常驱动器的最大电流要略大于电动机标称电流。对于同一电动机，电流设置值越大，电动机输出的转矩也越大，同时电动机和驱动器的发热也越严重。因此，一般情况下应把电流设置成使电动机长时间工作出现温热但不过热的数值。

（2）细分精度设置。

细分精度由 SW6～SW8 拨码开关设置，参见表 7.3。表中“1”表示 ON，“0”表示 OFF。细分精度不能设置得过大，在输入脉冲不变的情况下，细分精度设置得越大，电动机转速越慢，而且电动机输出转矩也会变小。

表 7.3　细分精度设置

细分精度/(步/转)	SW6	SW7	SW8
200	1	1	1
400	0	1	1
500	1	0	1
1000	0	0	1
2000	1	1	0
4000	0	1	0

续表

细分精度/(步/转)	SW6	SW7	SW8
5000	1	0	0
10000	0	0	0

(3) 静态电流设置。

步进电动机和其他电动机一样，在不通电时，是可以用手转动的，不能自锁。步进电动机一般用于定位控制场合，对定位是有要求的，所以在实时控制停机时要求“带电自锁”。

步进驱动器在停止时提供给步进电动机的单相锁定电流称为静态电流。

步进驱动器的静态电流由其面板上的拨码开关 SW5 设置，拨码开关设置为 ON 时，静态电流与工作(动态)电流相同，即静态电流为全流；拨码开关设置为 OFF 时，静态电流为待机自动半电流，即静态电流为半流。

如果电动机停止时不需要很大的保持力矩，建议把 SW5 设成 OFF，使得电动机和驱动器的发热量减少，可靠性提高。脉冲串停止后约 0.4 s，电流自动减至一半左右(实际值的 60%)，发热量理论上减至 36%。若步进电动机负载为提升类负载，静态电流应设为全流；对于平移动类负载，静态电流可设为半流。

二、任务实施

1. 准备所需的元件、材料及工具

三菱 FX3U-32MT 的 PLC 1 台，雷赛公司 3ND583 步进驱动器 1 台，三相 573S09 步进电动机 1 台，开关和按钮若干，2 kΩ 电阻 3 个，通用电工工具 1 套，安装有 GX Works2(或 GX Works3)软件的计算机 1 台，USB-SC09-FX 编程电缆 1 根。

2. 设计硬件电路

1) I/O 分配表设计

根据系统的控制要求，采用三菱晶体管输出型 PLC 控制雷赛公司的步进驱动器，实现步进电动机的控制。请根据表 7.4 的信息提示，完善 I/O 分配。

表 7.4 系统的 I/O 分配

PLC 输入			PLC 输出		
输入端	输入元件	作用	输出端	输出元件	作用
	SA	手动控制开关		PUL−	脉冲信号
	SQ0	原点位置		DIR−	方向控制 Y2 为 0，右行 Y2 为 1，左行
	SQ1	右限位		ENA−	脱机控制 Y3 为 0，步进电动机轴抱死 Y3 为 1，步进电动机轴松开
	SB	脱机按钮			

2）硬件电路接线

请参考图 7.12，根据上述 I/O 分配，画出对应的硬件电路接线图。

提示：

步进驱动器的控制信号是 5 V，而三菱晶体管输出型 PLC 的输出信号为 24 V，因此在 PLC 与步进驱动器之间需串联一只阻值为 2 kΩ 的电阻，起分压作用。

PLC 的输出端 Y0、Y2、Y3 分别接步进驱动器的 PUL－、DIR－、ENA－，将 PUL＋、DIR＋、ENA＋连接在一起接 24 V 电源的正极，24 V 电源的负极接 PLC 的 COM1 端。

3）三相电动机的接线

三相电动机有 6 根接线，应该按照图 7.15 所示方法接线。

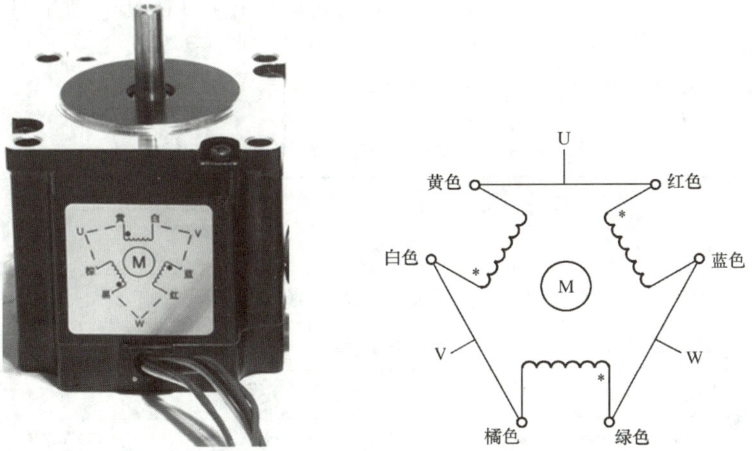

图 7.15　三相电动机的接线

3. 设置步进驱动器的细分精度和电流

(1) 参照表 7.3，设置 5000 步/转，需将控制细分的拨码开关 SW6～SW8 分别设置为________、________、________。

(2) 步进电动机的铭牌上的标称电流为 3.5 A，设置工作电流为 2.1 A 时，需将控制工作电流的拨码开关 SW1～SW4 分别设置为________、________、________、________、________，将拨码开关 SW5 设置为________，选择半流。8 个拨码开关的位置如图 7.16 所示。

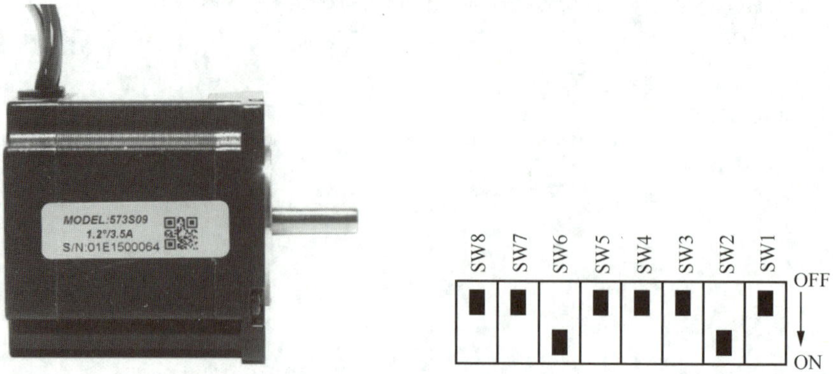

图 7.16　拨码开关位置

4. 检查和通电测试

（1）通电前根据系统硬件接线图，按照 PLC 供电电源→PLC 输入回路→PLC 输出回路→步进驱动电动机回路（从左至右）的顺序，仔细检查接线。

（2）采用万用表蜂鸣器挡检查各回路电源是否存在短路。

（3）接通电源，观察 PLC 工作指示灯、步进驱动器的指示灯是否正常。一般驱动器都有保护，有绿色和红色指示灯，如果绿灯亮一般表示正常，如果红灯亮则表示不正常，如不正常，请检查接线。

（4）步进电动机上电能锁紧，力矩输出正常，表明电动机正常。

（5）如果接线都正确，驱动器发送控制脉冲，电动机能运动，说明驱动器是好的。可将原连接至 Y0 端的 PUL 一端断开，在电源 0 V 端间歇性短接，观察电动机是否转动，如转动则说明驱动器正常。

（6）步进驱动系统的常见故障及处理办法见表 7.5。

表 7.5　步进驱动系统常见故障及处理办法

故障现象	可能问题	解决措施
电动机不转	电源灯不亮	正常供电
	电流设定太小	根据电动机额定电流，选择合适电流挡位
	驱动器已保护	排除故障后，重新上电
	使能信号为低	此信号拉高或不接
	控制信号问题	检查控制信号的幅值和宽度是否满足要求
电动机转向错误	电动机线接错	任意交换电动机的两根线（例如 U、V 相交换接线位置）
	电动机线有断路	检查并接对
报警指示灯亮	电动机线接错	检查接线
	电压过高或过低	检查电源电压
	电动机或驱动器损坏	更换电动机或驱动器

续表

故障现象	可能问题	解决措施
位置不准	信号受干扰	排除干扰
	屏蔽地未接或未接好	可靠接地
	细分精度设置错误	检查并修改
	电流偏小	适当加大电流
	控制信号问题	检查控制信号是否满足时序要求
电动机加速时堵转	加速时间太短	适当延长加速时间
	电动机转矩太小	选大转矩电动机
	电压偏低或电流太小	适当提高电压或设置更大的电流

任务2 高速脉冲输出指令及使用

采用任务1所述的三相步进电动机，步距角是1.5°，假设步进电动机的运行频率为3000 Hz，旋转一周需要5000个脉冲。它拖动机械手运动，旋转一周行走0.5 cm。当闭合控制开关SA时，机械手从原点位置沿x轴右行10 cm至SQ1停止；当断开控制开关SA时，步进电动机回到原点位置。机械手的运动不能超出原点SQ0与SQ1之间的行程范围。

试设计PLC控制机械手运行的控制程序。

一、知识平台　三菱FX PLC的高速脉冲输出指令

三菱FX3U系列PLC提供3路高速脉冲输出点(Y0～Y2)，用来驱动步进电动机和伺服电动机，实现速度和位置的开环控制。

1. 脉冲输出指令PLSY

如图7.17所示，当驱动条件X0为ON时，执行PLSY指令，从输出口Y000输出一个频率为3000 Hz、脉冲个数为10000、占空比为50%的脉冲串。

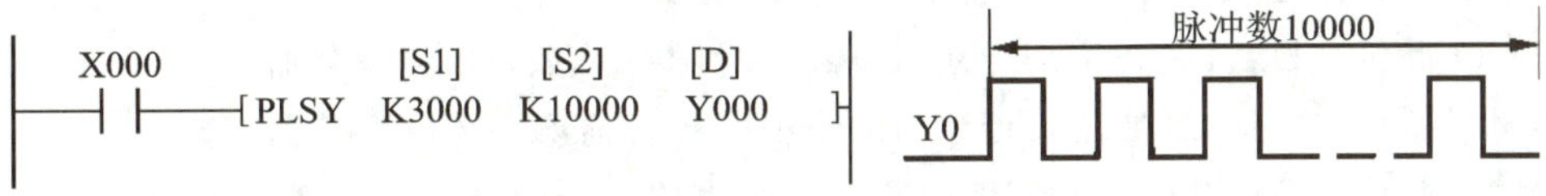

图7.17　脉冲输出指令PLSY的格式

[S1]：指定脉冲频率。FX3U的频率范围为1～100 kHz。

[S2]：指定脉冲数目。16位指令可设1～32767个脉冲，32位指令可设1～2147483647个脉冲。若指定脉冲数为0，则持续产生脉冲。

[D]：指定脉冲输出元件。FX3U的PLC只能用晶体管输出型PLC的Y0～Y2输出点。

【例7-1】 步进电动机正反转控制程序如图7.18所示。当按下正转按钮X0时，通过MOV指令将15000个脉冲传送到D0中，伺服电动机以3000 Hz的转速旋转3圈(每圈需要5000个脉冲)；当按下反转按钮X1时，通过MOV指令将10000个脉冲传送到D0中，伺

服电动机以3000 Hz的速度反向旋转2圈。

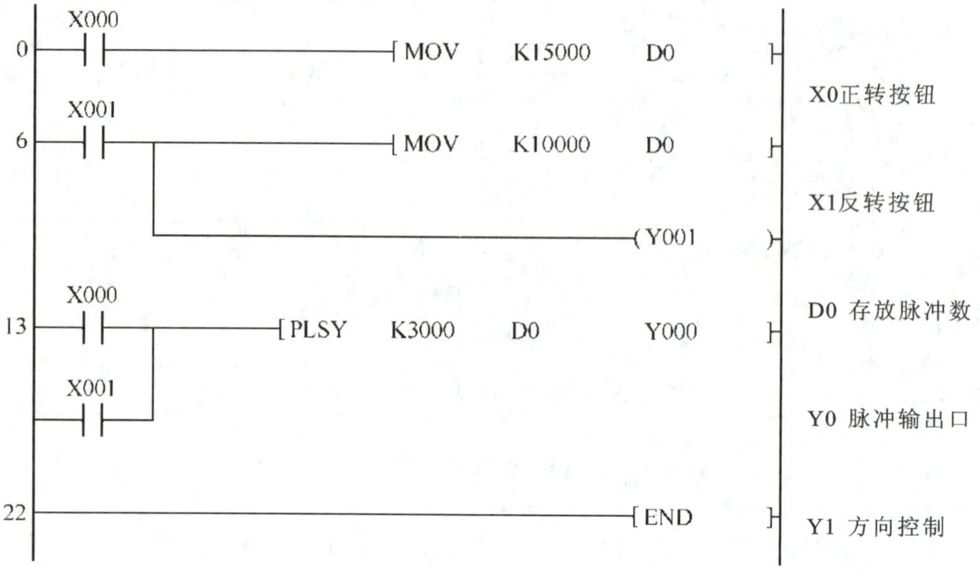

图 7.18 步进电动机正反转控制程序

编写PLSY指令时，须注意如下几点。

(1) 脉冲的占空比为50%，输出控制不受扫描周期的影响，采用中断方式处理。

(2) 在指令执行过程中，若变更[S1]指定的字元件内容，输出频率也随之改变(调速很方便)；若变更[S2]指定的字元件内容，输出脉冲数并不改变，只有驱动断开并再一次闭合后才按新的脉冲数输出。若X0变为OFF，则脉冲输出停止；待X0再次置ON时，脉冲再次输出，但脉冲数从头开始计算。

(3) 设定的脉冲数输出完成后，完成标志M8029置“1”，当X0断开后，M8029复位。其他相关标志位与寄存器说明如下。

M8147：Y0输出脉冲时闭合，发完脉冲后自动断开。

M8148：Y1输出脉冲时闭合，发完脉冲后自动断开。

D8140(低位)、D8141(高位)：记录Y0输出的脉冲总数，32位寄存器。

D8142(低位)、D8143(高位)：记录Y1输出的脉冲总数，32位寄存器。

D8136(低位)、D8137(高位)：记录Y0和Y1输出的脉冲总数，32位寄存器。

(4) 连续脉冲串的输出。把指令中的脉冲个数设置为K0，指令的功能变为输出无数个脉冲串，如图7.19所示。若要停止脉冲输出，则只要断开驱动条件即可。这条指令在定位控制中常用来进行手动调试。按住按钮X0，指令输出脉冲，电动机运行；松开按钮X0，脉冲输出停止，电动机停止运行。

(5) **PLSY指令的使用限制。PLSY指令可以在程序中反复使用，但是在设计驱动指令时序时，须注意避免同时驱动产生双重线圈输出以及两次驱动之间的时间间隔。**

(6) PLSY指令没有加/减速控制，当X0闭合后立即以[S1]指定的脉冲频率输出脉冲。

2. 带加/减速的脉冲输出指令PLSR

如图7.20(a)所示，当X0为ON时，执行PLSR指令，从输出口Y0输出一个最高频率

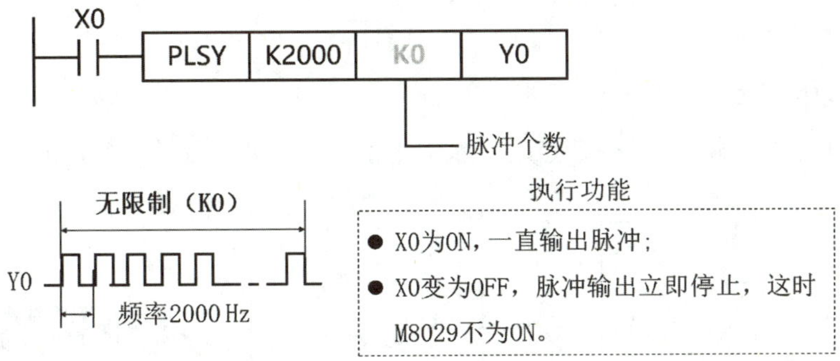

图 7.19 连续输出脉冲串的 PLSY 指令格式

为 2000 Hz、脉冲个数为 1000、加/减速时间为 500 ms、占空比为 50%的脉冲串。各操作数的含义和取值范围如图 7.20(b)所示。

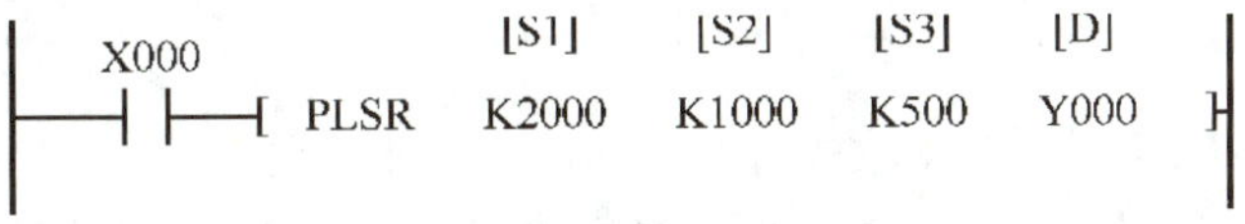

(a) PLSR 指令的格式

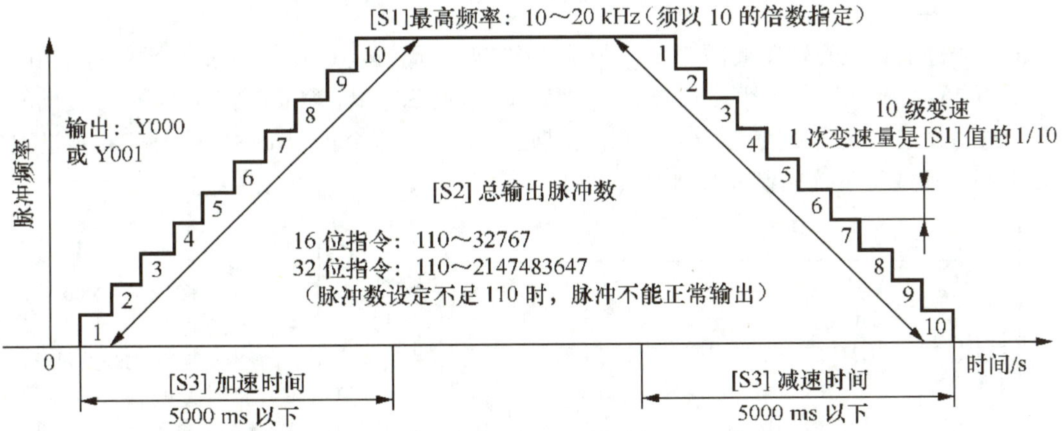

(b) PLSR 指令的脉冲输出

图 7.20 PLSR 指令

PLSR 指令与 PLSY 指令的区别在于 PLSR 指令在脉冲输出的开始和结束阶段可以实现加速和减速过程，其加速时间和减速时间一样，由[S3]指定。

图 7.20 中的 X0 为 OFF 时，输出中断，X0 又变为 ON 时，从初始值开始输出。输出频率范围为 2～20 kHz，最高速度、加/减速时的变速速度超过此范围时，将自动调到允许值内。

编写 PLSR 指令时要注意的问题与编写 PLSY 指令时要注意的问题类似，但在执行中修改任一个操作数，再运行都不会立即反映出来，变更内容从下一个指令驱动开始时才有效。

二、任务实施

1. 系统的I/O分配

系统的I/O分配与硬件电路接线图按照本项目任务1实施，系统接线图如图7.21所示。

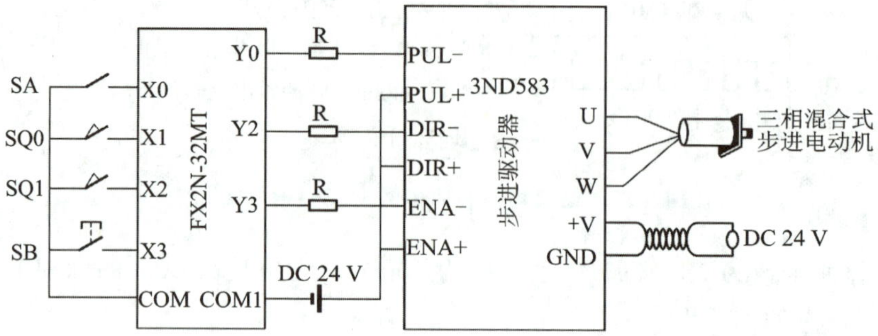

图7.21　系统接线图

注意：三菱PLC的输出是NPN方式，因此采用共阳极接法。

步进驱动器的控制信号是5 V，而三菱晶体管输出型PLC的输出信号是24 V，因此在PLC与步进驱动器之间的3个信号回路中各串联一只阻值为2 kΩ的电阻，起分压作用。

2. 程序设计

由于步进电动机旋转一周需要5000个脉冲，旋转一周行走0.5 cm，因此机械手行走10 cm需要100000个脉冲。将脉冲总数送入PLSY指令的[S2]中，就可以控制步进电动机的定位。步进电动机的运行频率为3000 Hz，将其送入PLSY指令的[S1]中，从而控制步进电动机的速度。机械手系统控制程序如图7.22所示。

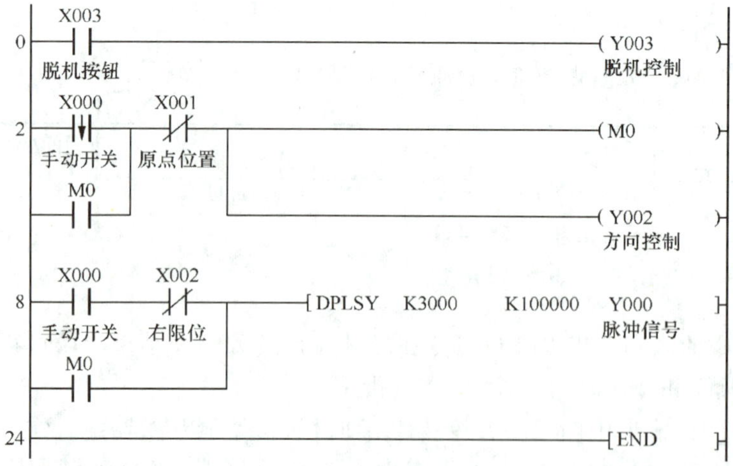

步0：脱机信号Y003为1时，步进电动机的轴松开。

步2：在手动开关断开的下降沿使电动机方向信号Y002为1，控制步进电动机左行，返回原点。

步8：控制机械手右行或返回原点。由于脉冲数为100000，所以采用32位指令DPLSY，控制机械手右行

图7.22　机械手系统控制程序

注意：

Y003为1时，步进脉冲不被响应，此时即使PLSY指令开始发送脉冲，步进电动机也不运行，因此当步进电动机需要旋转时，应使Y3为0。

【任务拓展 1】 步进电动机的调速控制

在三菱 FX 系列 PLC 中，控制脉冲输出序列的脉冲输出频率存储于 PLSY 指令的[S1]中，因此要改变步进电动机的转速，就必须改变[S1]指定的字元件的脉冲输出频率。在指令执行过程中，变更[S1]指定的字元件内容，输出频率随之改变，因此调速很方便。

【例 7-2】 仍采用本项目任务 1 所述的 PLC、步进驱动器和步进电动机，但要求控制系统有两个运行速度：闭合速度开关 1，选择 3000 Hz 的频率运行；闭合速度开关 2，选择 5000 Hz 的频率运行。控制系统的 I/O 分配如表 7.4 所示，该系统不使用使能信号。试编写步进电动机调速控制程序。

实施步骤：

(1) 设计步进电动机调速控制的 I/O 分配(参考任务 1)。

(2) 系统硬件电路接线(参考任务 1)。

(3) 设计步进电动机调速控制程序。

提示：①通过速度选择开关将相应的频率 3000 Hz 和 5000 Hz 送到 D××中；②使用 PLSY 指令中的 D××更改脉冲串的频率值，从而改变步进电动机的速度。

【任务拓展 2】 步进电动机的正反转控制

【例 7-3】 仍采用任务 1 所述的 PLC、步进驱动器和步进电动机。假设步进电动机的运行频率为 3000 Hz，旋转一周需要 5000 个脉冲，电动机的额定电流是 2.1 A。控制要求如下：①利用 PLC 控制步进电动机顺时针转 2 周，停 5 s，逆时针转 1 周，停 2 s，如此循环进行；按下停止按钮，电动机马上停止运行。②按下脱机开关，电动机的轴松开。试编写步进电动机正反转控制程序。

实施步骤：

(1) 设计步进电动机调速控制的 I/O 分配(参考本项目任务 1)。

(2) 系统硬件电路接线(参考本项目任务 1)。

(3) 设置步进驱动器的细分精度和电流(参考本项目任务 1)。

(4) 设计步进电动机正反转控制程序。

根据控制要求，程序实现的顺序功能图如图 7.23 所示。请根据顺序功能图设计对应的 SFC 程序或梯形图程序。

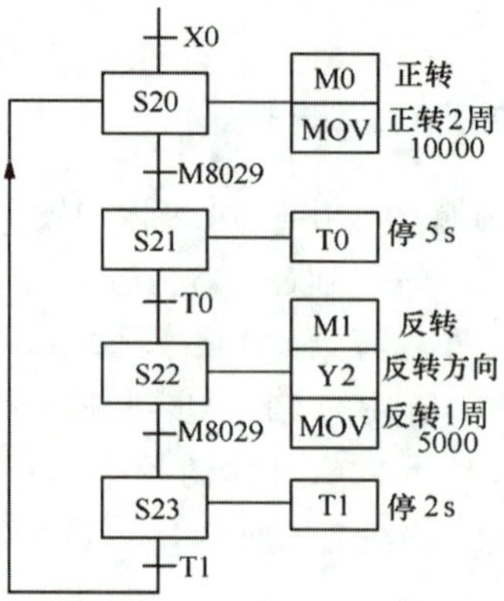

图 7.23　顺序功能图

提示：①采用 D×× 存储脉冲数量；②使用 PLSY 指令中的 Y× 更改脉冲方向，以控制电动机正反转；③由于 PLSY 指令在程序中只能使用一次，故要实现多次正反转可用多个中间继电器 M× 进行标志，最后由 M 组合驱动 PLSY 指令。

【任务拓展 3】 十字滑台的定位控制

1. 系统 I/O 分配

十字滑台的 I/O 分配如表 7.6 所示。

表 7.6　I/O 分配表

输　　入			输　　出		
输入继电器	输入元件	作用	输出继电器	输出元件	作用
X0	SA	启动开关	Y0	x 轴 PUL−	x 轴脉冲信号
X1	SQ1	x 轴原点	Y2	x 轴 DIR−	x 轴方向控制
X2	SQ2	x 轴限位	Y1	y 轴 PUL−	y 轴脉冲信号
X3	SQ3	y 轴原点	Y3	y 轴 DIR−	y 轴方向控制
X4	SQ4	y 轴限位			

2. 系统的接线

请画出十字滑台的电路接线图。

提示： (1) 连接前请查看驱动器的标称参数，明确工作电压是否与 PLC 适配，考虑是否需要连接限流电阻。 (2) 需结合传感器的类型(NPN 或 PNP)，考虑 PLC 与驱动器应采用何种连接方法(共阴极或共阳极)。

3. 程序设计

请设计十字滑台的定位控制程序。

提示： (1) 通过 PLSY 指令给 x 轴和 y 轴的步进电动机驱动器分配脉冲，用 Y0 控制 x 轴的步进电动机，用 Y1 控制 y 轴的步进电动机。 (2) 使用 M0、M1 分别标志右行、上行。机械手沿 x 轴右行 10000 个脉冲，M0 为 1，右行完成后，即其设定的脉冲数输出完成后，将完成标志 M8029 置为 1，用 M8029 启动 M1，以控制机械手沿 y 轴上行，上行完成后停止运行。

项目实施记录

表 7.7 项目实施记录

学习情境		十字滑台定位控制		
序号	实施环节	故障现象	原因分析	解决的办法
1	电路连接、通电测试	电源灯不亮	驱动器工作电压不正常	
2	电路连接、通电测试	步进驱动器故障指示灯亮	PLC 输出回路与驱动器输入回路没有“共地”	
3	电路连接、通电测试	步进电动机不转动	电流设定太小	根据电动机额定电流，选择合适的电流挡位
4	电路连接、通电测试	步进电动机不转动	使能信号为“0”	
5	程序调试	PLC 已发高速脉冲，但步进电动机不转	驱动器细分精度设置过高或 PLC 所发脉冲频率过高	
6		步进电动机不转动，机身发热		
7				
实施总结				

项目总结

表 7.8 项目总结

问题引导	我的小结
1. 步进电动机的基本组成部分有哪些？	
2. 简述步进电动机的工作原理。	

续表

问题引导	我的小结
3. 什么叫作步进电动机的步距角？	
4. 为什么要采用步进驱动器？它能实现什么功能？	
5. 如何设置细分开关和选择合适的电流？	
6. 步进电动机驱动器的共阳极、共阴极接线方法有什么区别？步进电动机驱动器与不同 PLC 连接时应注意什么？	
7. 三菱 FX3U 系列 PLC 的哪些端口能输出高速脉冲？	
8. PLSY 及 PLSR 指令在使用时有何区别？	
9. M8029 特殊继电器用在什么地方？	
10. PLC 通过 PLSY 指令发出高速脉冲，但步进电动机不转，原因有哪些？	
11. 其他重要知识、技能点	

项目拓展

(1) 本任务中左右极限保护的功能是如何实现的？还有哪些控制方案？
(2) 本任务中采用什么方法能使步进电动机停止运行？还能采用哪些方法？

习题巩固

一、填空题

1. 步进电动机是将________信号转变为角位移或线位移的开环控制元件。
2. 步进电动机每接收一个步进脉冲信号，电动机就旋转一定的角度，该角度称为

________。

3. 步进电动机的输出角位移与其输入的________成正比，步进电动机的速度与脉冲的________成正比。

4. 一个三相六极步进电动机转子上有 40 个齿，采用单三拍供电，则该电动机步距角为________。

5. 步进驱动器有 3 种输入信号，分别是________信号、________信号和________信号。

二、选择题(单选或多选)

1. 步进驱动器的三种输入信号为(　　)。

A. 脉冲信号　　B. 方向信号　　C. 使能信号

2. 步进驱动器主要根据步进电动机的分类而分成(　　)型步进驱动器。

A. 42　　B. 86　　C. 57　　D. 110

3. 步进驱动器一般需要接 5 V 电源，如果接 12 V 直流电源，则需要串联阻值为(　　)的电阻，如果接 24 V 直流电源，则需要串联阻值为(　　)的电阻。

A. 1 kΩ，1 kΩ　　B. 1 kΩ，2 kΩ　　C. 2 kΩ，1 kΩ　　D. 1 kΩ，2 kΩ

三、判断题

(　　)1. 步进驱动器与 PLC 的接线形式分为共阴极和共阳极两种。

(　　)2. 步进电动机工作时，每相绕组由专门的驱动电源通过环形分配器按一定规律轮流通电。

(　　)3. 步进电动机每通过一个电脉冲，转子转过的角度称为步距角。

(　　)4. 步进电动机具有自锁能力。

(　　)5. 理论上说，步进电动机每通过一个脉冲，转一个步距角。

(　　)6. 改变脉冲顺序，可改变步进电动机的转动方向。

(　　)7. 控制脉冲频率，可控制步进电动机的转速。

(　　)8. 步进电动机和步进电动机驱动器构成步进电动机驱动系统。

项目考核与评价

表 7.9　项目考核与评价

项目	内容	配分	要求	自我评价	小组互评	教师评价
实施过程	I/O 分配	10 分	按照任务要求，明确所有输入、输出元件			
	电气设计及接线	10 分	原理图与 I/O 分配对应，绘制规范；接线规范整齐，符合工艺要求			
	步进驱动器的设置	10 分	根据任务要求和步进电动机参数，设置细分精度和电流			

续表

项目	内容	配分	要求	自我评价	小组互评	教师评价
功能测试	电路测试与故障排除	10 分	上电前和通电后会使用万用表检测、分析故障,并排除故障			
	程序设计与调试	20 分	编写完整程序并下载调试,分析错误并排除故障			
	系统运行	10 分	实现任务既定功能,系统运行稳定、可靠			
职业素养	分工与配合	5 分	任务分配合理,分工明确,配合紧密			
	职业素养	5 分	注重安全操作,工具及器件摆放整齐			
资料填写	任务书	10 分	搜集信息,引导问题回答正确			
	工作计划	5 分	计划步骤安排合理,时间安排合理			
	材料清单	5 分	材料齐全			
综合评价						
总评						

项目8 传送台位置控制系统设计

项目目标

知识目标

(1) 认知电感式传感器的基本结构、工作原理、应用场合。
(2) 掌握伺服驱动系统的组成、伺服驱动器的连接要点和基本参数。
(3) 认知 FX3U 系列 PLC 的定位控制功能及相关软元件。
(4) 掌握定位控制指令 ZRN、DSZR、DRVA、DRVI 的功能和用法。

能力目标

(1) 掌握电感式传感器的安装和使用方法。
(2) 掌握 ZRN、DRVA 等定位控制指令的使用方法。
(3) 掌握伺服驱动电动机和驱动器的安装、接线、基本参数的设置方法。
(4) 掌握 PLC 定位控制指令的编程技能。
(5) 能分析和排除程序运行调试过程中出现的故障。

素质目标

(1) 具备自主获取资讯的能力和团队协作意识。
(2) 懂得安全用电规范操作。
(3) 具备 5S 意识,并能贯彻实施。

项目描述与任务

1. 项目描述

某传送工作台采用三菱 PLC 控制伺服电动机运行，伺服电动机通过同步轮及同步带拖动滑动溜板做往复直线运动，并精确定位，借由溜板实现传送功能。传送工作台组件如图 8.1 所示。

传动组件由直线导轨底板、伺服电动机及伺服驱动器、同步轮、同步带、直线导轨、滑动溜板、拖链、原点接近开关及左/右极限开关等组成。

伺服电动机由伺服电动机驱动器驱动，通过同步轮和同步带拖动滑动溜板沿直线导轨做往复直线运动。同步轮齿距为 5 mm，共 12 个齿，即同步轮旋转一周，搬运机械手位移为 60 mm。

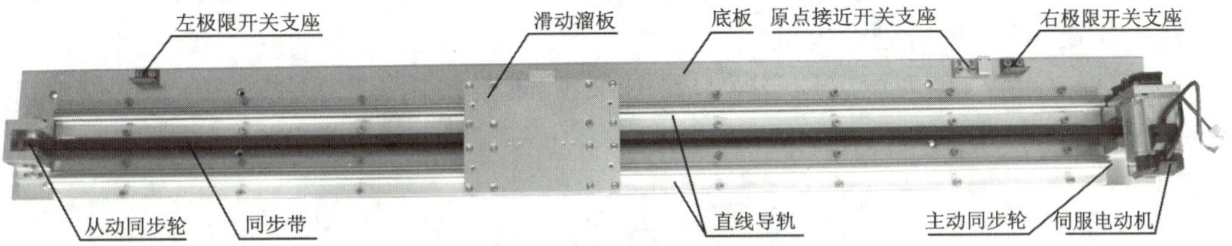

图 8.1 传送工作台组件

原点接近开关和左/右极限开关安装在直线导轨底板上，如图 8.2 所示（图中未显示左极限开关）。原点接近开关是一个无触点的电感式接近传感器，用来提供直线运动的起始点信号。左、右极限开关均是有触点的微动开关，用来提供越程故障时的保护信号：当滑动溜板在运动中越过左或右极限位置时，极限开关就会动作，从而向系统发出越程故障信号。

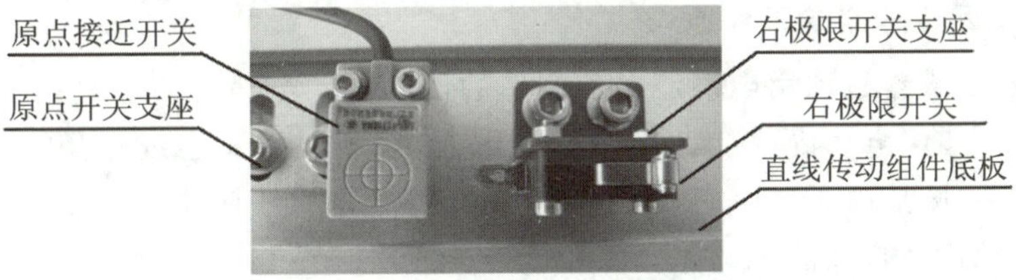

图 8.2 原点接近开关和右极限开关

2. 项目功能要求

本项目要求传送工作台能按照图 8.3 所示的运行参数实现：

① 按下回原点按钮，伺服电动机驱动工作台进行机械原点回归。

② 按下手动按钮，能进行 JOG+及 JOG-的点动测试运行。

③ 工作台在原点位置，按下启动按钮，2 s 后，按照设定的目标点（如距离原点 300 mm 处）运行，到达目标点后作业 5 s，自动返回原点；2 s 后再次前往目标点。如此往复，直至按下停止按钮，伺服电动机停止运行。

④ 急停、暂停、报警功能。当出现故障报警信号时，系统停止运行，报警灯闪烁。

⑤ 显示不同运行模式(运行、停止、急停、报警、暂停)的状态(指示灯)。

试画出 PLC 控制伺服驱动器的接线图,设置相关参数并编写控制程序。

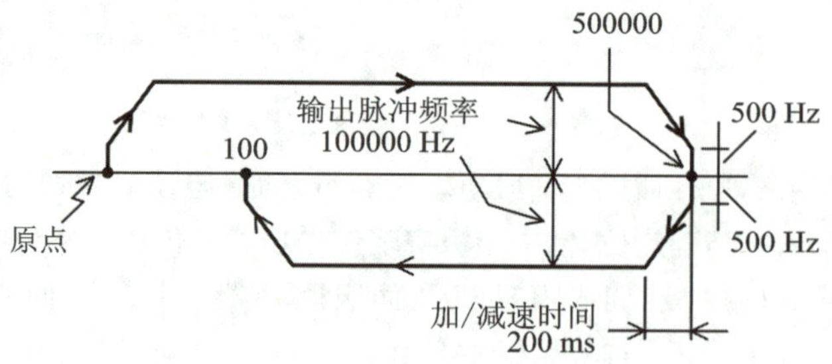

图 8.3 工作台运行要求示意图

3. 项目任务

(1) 设计该伺服控制系统的 PLC 控制电路,包括规划 PLC 的 I/O 分配及接线端子分配,绘制控制电路图,然后进行电气接线。

(2) 按控制要求,合理设置伺服驱动器的参数,正确使用 FX3U PLC 的定位控制指令,编制和调试 PLC 程序。

项 目 实 施

任务 1 PLC 的外围电路接线

一、知识平台 电感式接近传感器的应用

1. 电感式接近传感器的工作原理

电感式接近传感器是利用电涡流效应制造的传感器。电涡流效应是指当金属物体处于一个交变的磁场中时,金属内部会产生交变的电涡流,该涡流又会反作用于产生它的磁场;如果这个交变的磁场是由一个电感线圈产生的,则这个电感线圈中的电流就会发生变化,用于平衡涡流产生的磁场,如图 8.4 所示。

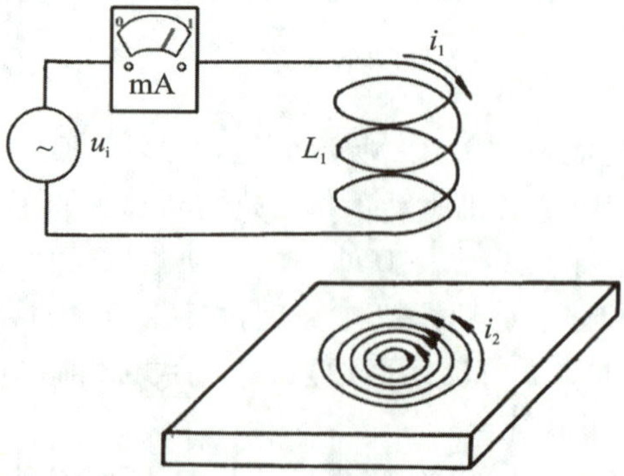

图 8.4 电涡流效应

电感式接近传感器利用电涡流的物理效应,以高频振荡器(LC 振荡器)中的电感线圈作为检测元件,当被测金属物体接近电感线圈时产生电涡流效应,引起振荡器振幅或频率变化,传感器的信号调理电路(包括检波、放大、整形、输出等电路)将该变化转换成开关量输出,从而实现非接触检测。电感式接近传感器工作原理框图如图 8.5 所示。

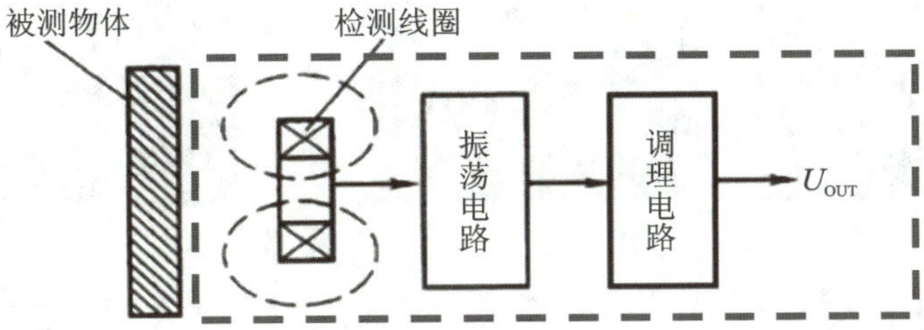

图 8.5 电感式接近传感器的工作原理框图

电感式接近传感器可用于金属物体的位置检测、行程限位、产品计数等,工作距离小于 20 mm。图 8.6 所示为常见的圆柱形、方形两种电感式接近传感器及其图形符号。

(a) 圆柱形　(b) 方形　(c) 图形符号

图 8.6 电感式接近传感器及其图形符号

2. 电感式接近传感器的工作特性

(1) 检测不同金属(铁、不锈钢、铜、铝等)时,检测距离不同,如图 8.7 所示。

(2) 安装:用螺钉安装,因受温度、电压的影响,一般安装距离为额定检测距离的 80%。

(3) 检测面应定期做好清洁,清理金属粉尘等沉积物,以免影响性能。

(4) 在强磁场环境下使用时,建议使用屏蔽导线。

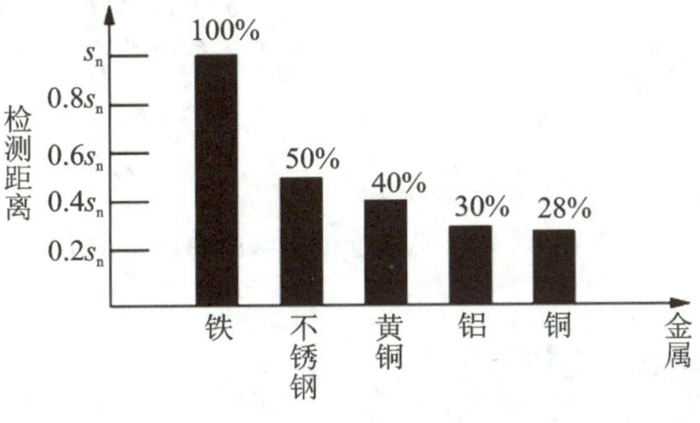

图 8.7 电感式接近传感器对不同金属的检测距离

3. 电感式接近传感器的安装

电感式接近传感器的安装步骤如图 8.8 所示。首先要拆下传感器上的一个固定螺母;

再将传感器插入支架安装孔内;根据被测物的高度和检测距离调节传感器高度;将拆下的螺母旋上拧紧,固定在支架上。

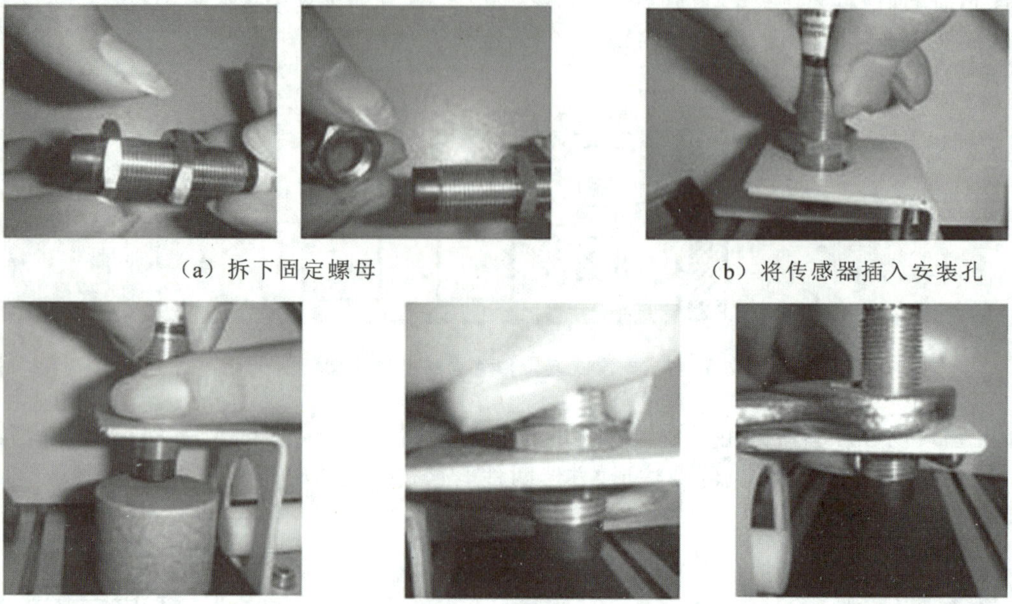

(a) 拆下固定螺母　(b) 将传感器插入安装孔

(c) 根据被测物的高度和检测距离调节传感器高度　(d) 旋上固定螺母　(e) 拧紧固定螺母

图 8.8　电感式接近传感器的安装方法和步骤

对于安装距离,应注意:在接近传感器的选用和安装中,必须认真考虑检测距离、设定距离,保证生产线上的传感器可靠动作。安装距离说明如图 8.9 所示。

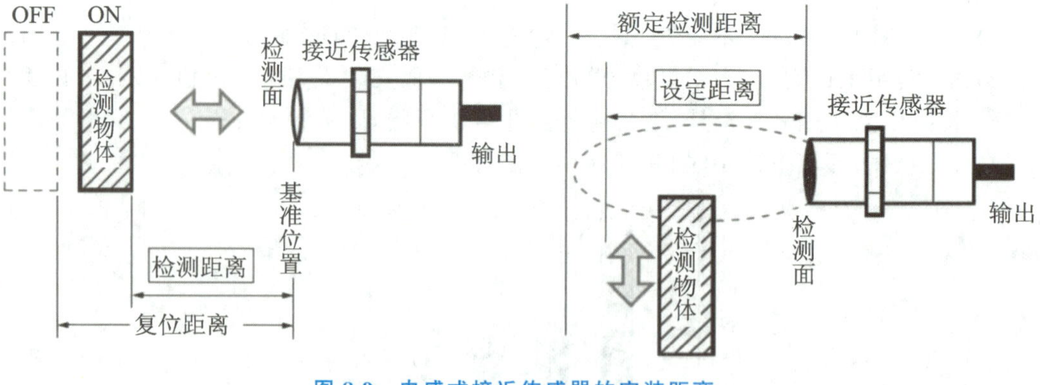

图 8.9　电感式接近传感器的安装距离

二、知识平台　伺服控制系统

1. 伺服控制系统的组成

如图 8.10 所示,伺服控制系统主要由指令部、控制部、驱动及检测部构成。指令部用于发出动作的指令信号;控制部使电动机能按照指令运行;驱动及检测部用于驱动控制对象,并对其运行状态进行检测反馈。

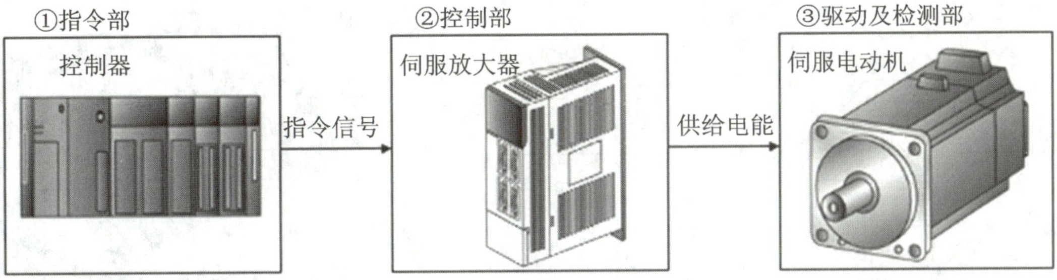

图 8.10 伺服控制系统的主要组成

伺服控制系统主要有三种控制模式，分别是位置控制模式、速度控制模式、转矩控制模式。

典型的伺服控制系统如数控机床工作台位置控制系统，其原理框图如图 8.11 所示，伺服驱动器通过执行控制器的指令来控制伺服电动机，进而驱动机械装备的运动部件（这里指的是丝杠工作台），实现对装备的速度、转矩和位置控制。

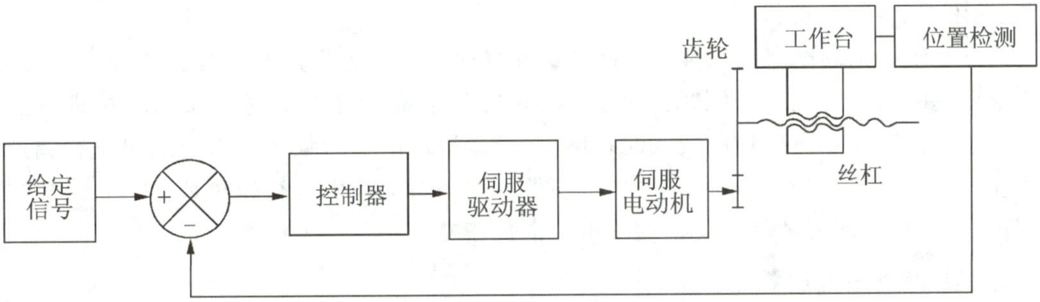

图 8.11 典型伺服控制系统原理框图

现代高性能的伺服控制系统大多数采用永磁交流伺服系统，包括永磁同步交流伺服电动机和全数字交流永磁同步伺服驱动器两部分。

2. 伺服电动机

伺服电动机又称为执行电动机，其**功能是把输入的电压信号变换成电动机转轴的角位移或角速度输出**。输入的电压信号又称为控制信号或控制电压，改变控制电压的大小和电源的极性，就可以改变伺服电动机的转速和转向。伺服电动机的主要特点是当控制电压为零时无自转现象，转速随着转矩的增加而匀速下降。

伺服电动机主要包括三个部分（见图 8.12）。

(1) 编码器：位于伺服电动机的背面，主要测量电动机的实际转速，并将转速信号转化为脉冲信号。

(2) 编码器电缆：从伺服电动机背面的编码器引出的一组电缆，主要传输测得的转速信号，并反馈给控制器进行比较。

(3) 输入电源线电缆：与电动机内部绕组 U、V、W 连接，还包括一根接地线。

3. 伺服驱动器

交流伺服驱动器（servo drive）又称为伺服控制器、伺服放大器，是用来控制伺服电动机

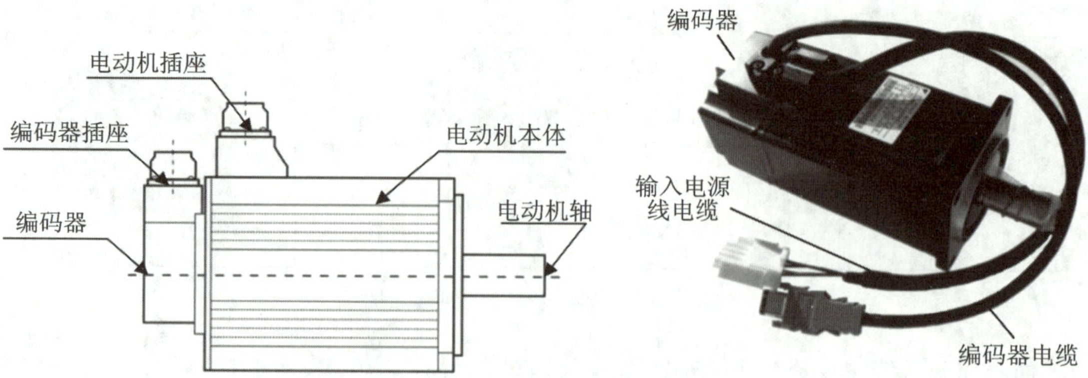

图 8.12 伺服电动机结构示意图

的一种控制器，其作用类似于变频器对普通交流马达的作用，属于伺服系统的核心设备，主要应用于高精度的定位系统。交流永磁同步伺服驱动器主要由伺服控制单元、功率驱动单元、通信接口单元、伺服电动机及相应的反馈检测器件组成，其中伺服控制单元包括位置控制器、速度控制器、转矩和电流控制器等。

伺服驱动器的功能是将工频(50 Hz 或 60 Hz)的交流电源转换成幅度和频率均可变的交流电源，并提供给伺服电动机，通过速度、转矩和位置三种方式对伺服电动机进行控制。当伺服驱动器工作在速度控制模式时，其通过控制输出电源的频率来对电动机进行调速；当工作在转矩控制模式时，通过控制输出电源的幅度来对电动机进行转矩控制；当工作在位置控制模式时，根据输入脉冲来决定输出电源的通断时间。

4. 伺服驱动器的位置控制模式

位置控制模式是伺服中最常用的控制方式，如图 8.13 所示，它一般通过外部输入脉冲的频率来确定伺服电动机转动的速度，通过脉冲数来确定伺服电动机转动的角度，所以一般用于定位装置。

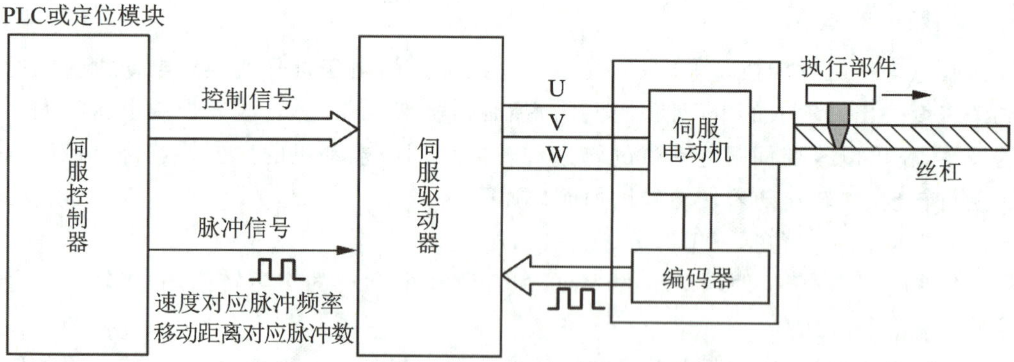

图 8.13 位置控制模式原理示意图

5. 位置控制模式下电子齿轮的概念

位置控制模式下，等效的单闭环系统方框图如图 8.14 所示。

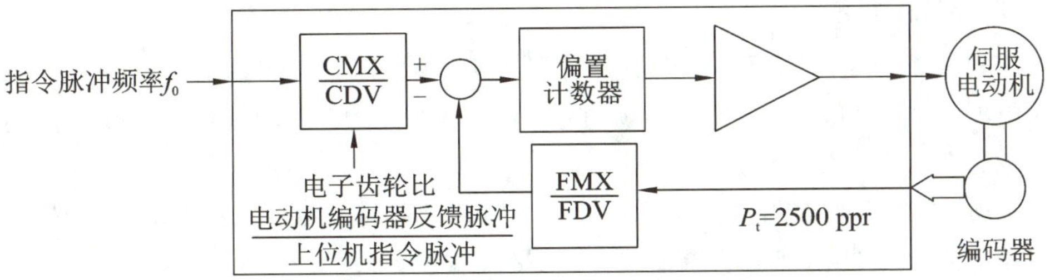

图 8.14 等效的单闭环位置控制系统方框图

图中，指令脉冲信号和电动机编码器反馈脉冲信号进入驱动器后，均通过电子齿轮变换进行偏差计算。电子齿轮实际是一个分-倍频器，合理搭配它们的分-倍频值，可以灵活地设置指令脉冲的行程。

6. 松下 MINAS A4 系列驱动器

图 8.15 所示为松下 MINAS A4 系列交流伺服电动机驱动器，电动机编码器反馈脉冲为 2500 pulse/rev。缺省情况下，驱动器反馈脉冲电子齿轮分-倍频值为 4 倍频。如果希望指令脉冲为 6000 pulse/rev，就应把指令脉冲电子齿轮的分-倍频值设置为 10000/6000，从而实现 PLC 每输出 6000 个脉冲，伺服电动机旋转一周，驱动机械手恰好移动 60 mm 的整数倍的距离。

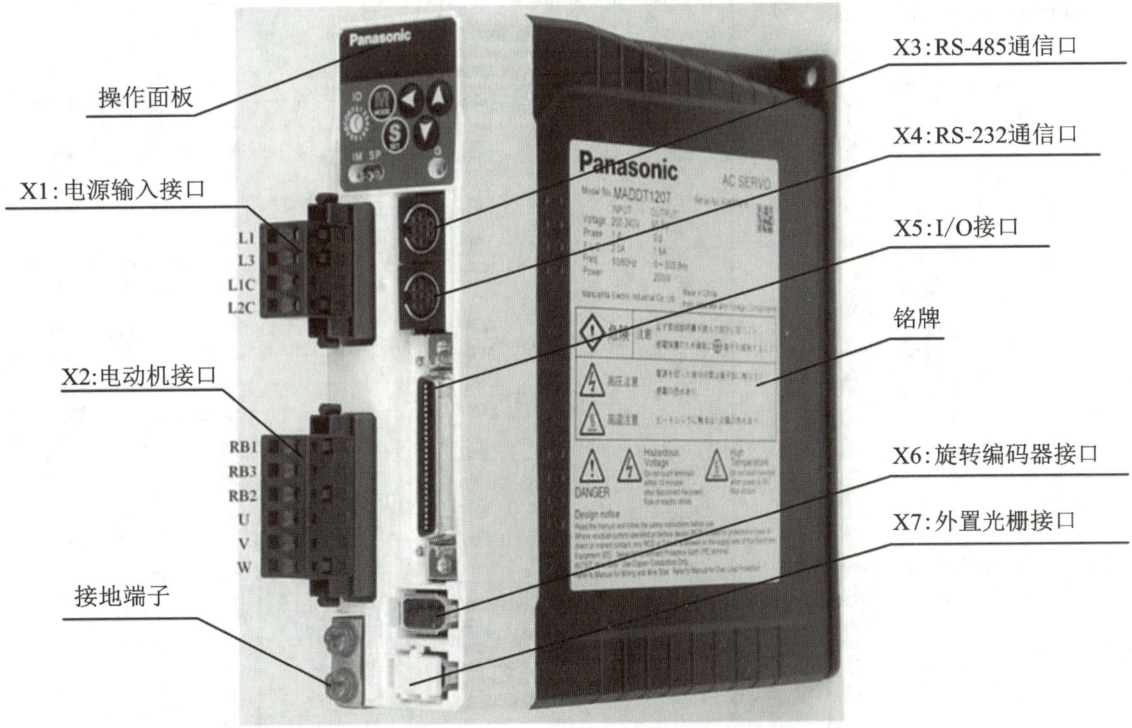

图 8.15 松下 MINAS A4 系列驱动器的外观及面板

7. 伺服装置的接线

MADDT1207003 伺服驱动器面板上有多个接线端口，其说明如下。

X1：电源输入接口，AC 220 V 电源连接到 L1、L3 主电源端子，同时连接到控制电源端子 L1C、L2C 上。

X2：电动机接口和外置再生放电电阻接口。U、V、W 端子用于连接电动机。必须注意，电源电压务必按照驱动器铭牌上的指示，电动机接线端子（U、V、W）不可以接地或短路，交流伺服电动机的旋转方向不像感应电动机可以通过交换三相相序来改变，必须保证驱动器上的 U、V、W、E 接线端子与电动机主回路接线端子按规定的次序一一对应，否则可能损坏驱动器。电动机的接线端子和驱动器的接地端子以及滤波器的接地端子必须保证可靠地连接到同一个接地点上。机身也必须接地。RB1、RB2、RB3 是外接放电电阻端子。MADDT1207003 的规格为 100 Ω/10 W。YL-335B 没有使用外接放电电阻。

X6：电动机旋转编码器接口。连接电缆应选用带有屏蔽层的双绞电缆，屏蔽层应接到电动机侧的接地端子上，并且应确保将编码器电缆屏蔽层连接到插头的外壳（FG）上。

X5：I/O 端口，其部分引脚信号定义与选择的控制模式有关，不同模式下的接线请参考松下 A 系列伺服电动机手册。YL-335B 输送单元中，伺服电动机用于定位控制，选用位置控制模式，其伺服驱动器所采用的是简化接线方式，如图 8.16 所示。

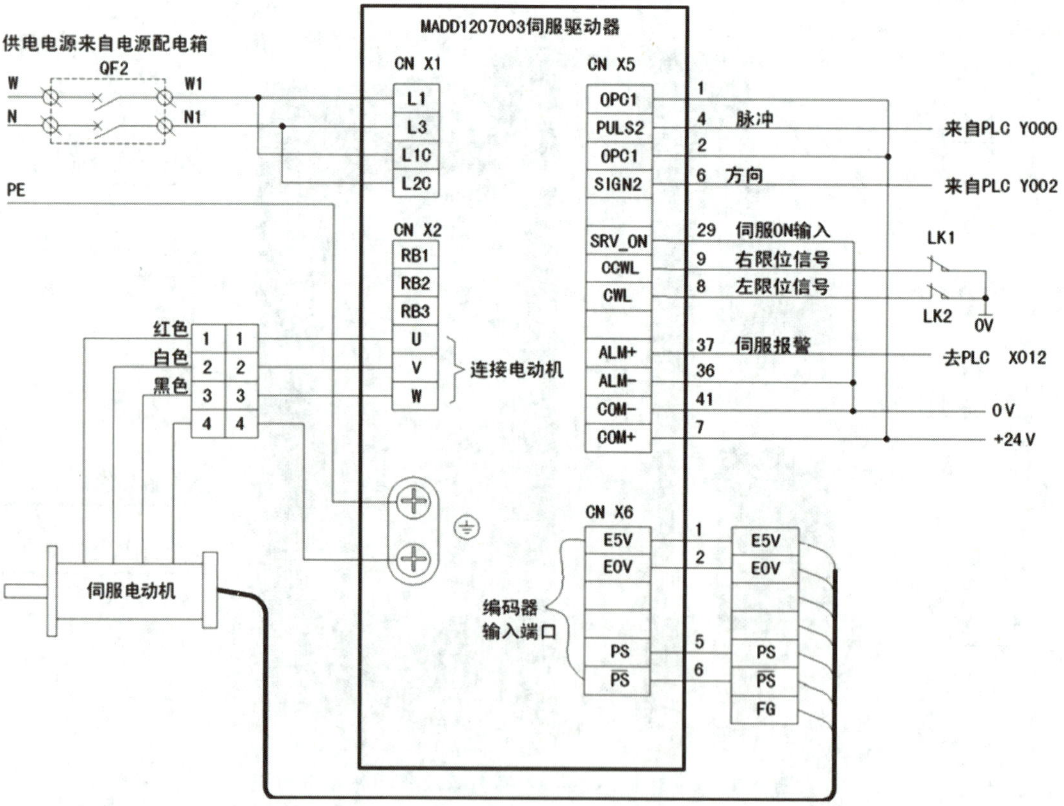

图 8.16　伺服驱动器电气接线图

三、任务实施

1. 伺服驱动器主电路接线（见表 8.1）

表 8.1　伺服驱动器主电路接线

<table>
<tr><th>参考步骤</th><th>绘制伺服驱动器的主电路接线图</th></tr>
<tr><td>1. 伺服驱动器电源（主电源、控制电源）接线（A）</td><td rowspan="4">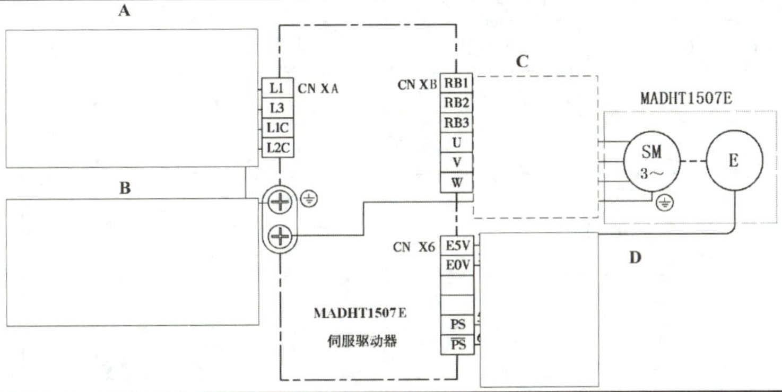
</td></tr>
<tr><td>2. 将伺服驱动器接地（B）</td></tr>
<tr><td>3. 连接伺服驱动器与电动机（C）</td></tr>
<tr><td>4. 连接伺服驱动器与编码器（D）</td></tr>
</table>

2. 伺服驱动器控制电路 X4 端口的主要引出线连接（见表 8.2）

表 8.2　伺服驱动器控制电路接线

<table>
<tr><th>参考步骤</th><th>绘制伺服驱动器的控制电路接线图</th></tr>
<tr><td>1. 连接脉冲信号输入端</td><td rowspan="5">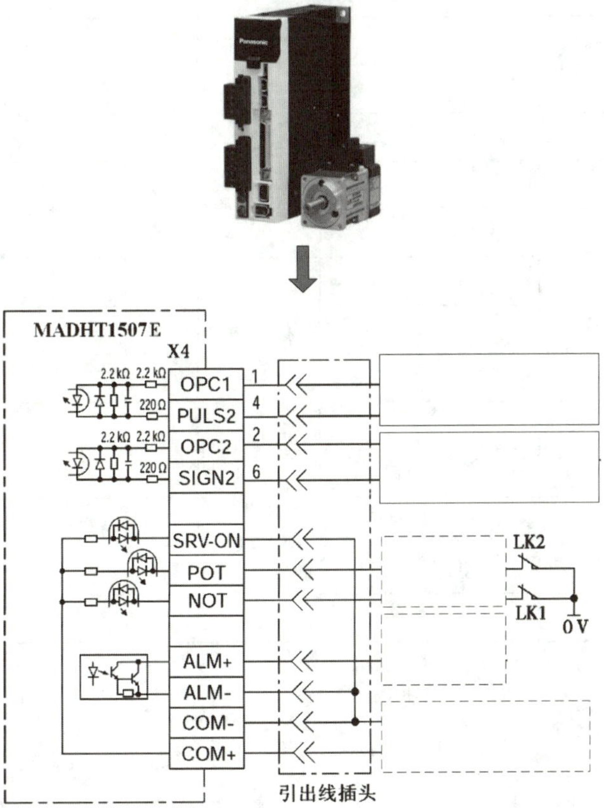
</td></tr>
<tr><td>2. 连接越程信号输入端</td></tr>
<tr><td>3. 连接伺服启动端</td></tr>
<tr><td>4. 连接伺服报警输出端</td></tr>
<tr><td>5. 连接信号公共端 COM</td></tr>
</table>

3. PLC 的外围电路设计

（1）规划 PLC 的 I/O 信号。

请根据表 8.3 的提示，将 PLC 的 I/O 信号分配完整。

表 8.3　传送工作台 PLC 的 I/O 信号分配表

输入信号				输出信号			
序号	PLC 输入点	信号名称	信号来源	序号	PLC 输出点	信号名称	信号来源
1			伺服定位模块	1			伺服定位模块
2				2			
3				3			
4				4			
5				5			
6				6			
7				7			
8				8			
9				9			
10				10			
11				11			
12				12			
13				13			
14				14		HL1	按钮/指示灯模块
15				15		HL2	
16				16		HL3	
17			传感器模块				
18							
19							
20							
21		停止按钮	按钮/指示灯模块				
22		启动按钮					
23		急停按钮					
24		暂停按钮					

（2）连接 PLC 的外围电路。

请将表 8.4 补充完整。

表 8.4　PL 的外围电路

参考步骤	绘制接线图
1. 连接 PLC 的工作电源	
2. 连接 PLC 的输入回路	
3. 连接 PLC 的输出回路	
4. 连接 PLC 与伺服驱动器	
5. 其他	

任务 2　定位控制的实现

一、知识平台　伺服系统的参数设置与定位控制

1. 伺服系统的参数设置方法

1）参数设置操作说明

MADDT1207003 伺服驱动器的参数共有 128 个，Pr00～Pr7F，可以与 PC 连接后在专门的调试软件 Panaterm 上进行设置，也可以在驱动器上的面板上进行设置。当现场条件不允许，或仅修改少量参数时，也可通过驱动器上的操作面板来进行设置。操作面板及各个按钮的说明如图 8.17 所示，参数设置操作如图 8.18 所示。

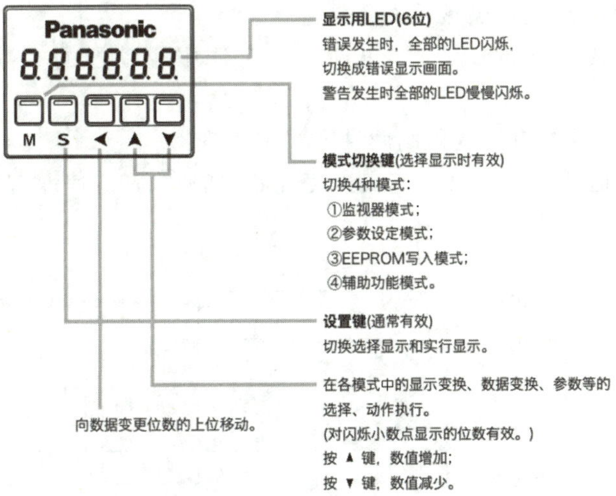

图 8.17　前面板外观及功能

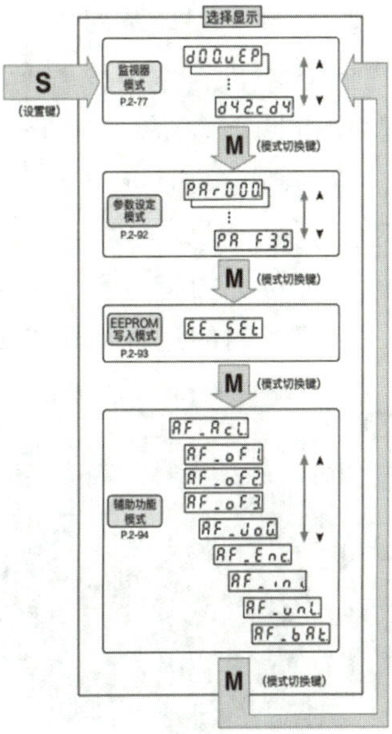

图 8.18　参数设置操作

在前面板上可进行的参数设置操作包括参数设定和参数保存，图 8.19(a)给出了一个将参数 Pr08 的值从初值 10000 修改为 6000 的流程示例。图 8.19(b)所示是在参数设定完成后将参数设定结果写入 EEPROM，以保存设定的操作流程。

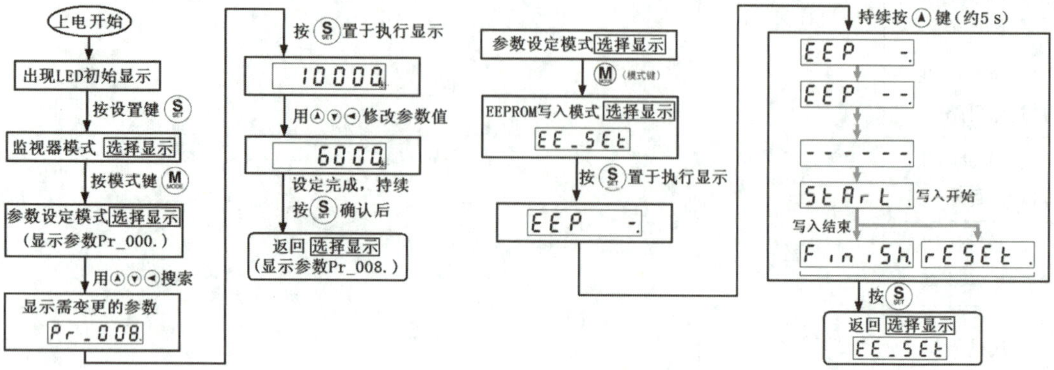

(a) 参数设定的操作流程　　(b) 参数保存的操作流程

图 8.19　在前面板上进行参数设置的示例

2）伺服系统参数初始化

参数初始化操作在辅助功能模式下完成，其流程如下。

(1) 按“MODE”键选择辅助功能模式，出现选择显示“AF_Acl”；

(2) 然后按▲键选择辅助功能，当出现“AF-ini”时按“SET”键确认，进入参数初始化功能，出现执行显示“ini—”；

(3) 持续按▲键（约 5 s），出现“StArt”时参数初始化开始，再出现“FiniSh”时初始化结束。

注：其他参数的说明及设置请参看松下 MINAS A4 系列伺服电动机、驱动器使用说明书。

2. 认知 FX3U 系列 PLC 的定位控制

PLC 在进行定位控制时，先搜索到原点位置，如图 8.20 所示，然后根据目标位置的要求来驱动机械手运动，并且在运动过程中时刻记录机械手的当前位置。

输送单元的原点位于电感式接近传感器的中心线，可通过设定伺服驱动器的参数来确定。

目标位置的指定可用相对位置控制或绝对位置控制两种方式来实现。

定位控制的过程如图 8.21 所示。运动对象从某一基底速度开始，加速到指定速度，在到

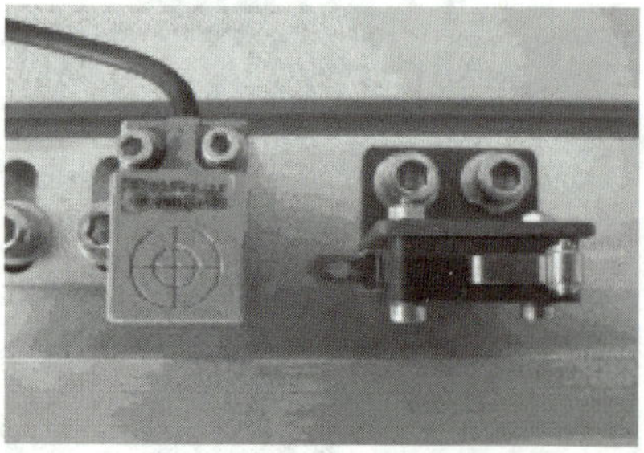

图 8.20　原点位置

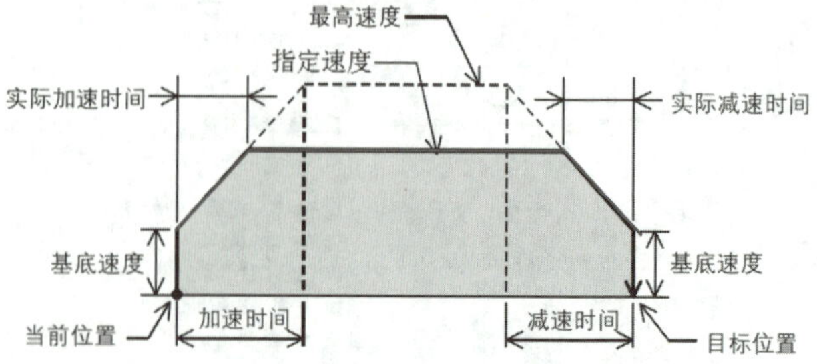

图 8.21　定位控制过程

达目标位置前减速到最低速度后停止。指定速度应不大于允许的最高速度。基底速度、最高速度和加/减速时间等是进行定位控制的基本参数,需要预先存储在 PLC 的内存中。

3. FX3U 系列 PLC 的定位控制功能

1) 定位控制的相关软元件

进行定位控制时,PLC 须支持高速脉冲输出功能,故其输出类型必须为晶体管输出型(型号为 MT)。FX3U 系列 PLC 基本单元内置最多三轴的定位控制功能。由输出点 Y0～Y2 输出定位脉冲,并采用一系列特殊软元件来记录定位控制的参数信息。

表 8.5、表 8.6 所示分别为定位控制中使用的输出点 Y0 的相关特殊辅助继电器、特殊数据寄存器。

表 8.5 定位控制输出点 Y0 的相关特殊辅助继电器

特殊辅助继电器名称	FX3U 中的地址	属　性	功　能
Y0 脉冲输出中监控(BUSY/REDAY)	M8340	只读	定位指令(如 ZRN、DRVA、PLSV 等)执行时,监控脉冲输出
Y0 脉冲输出停止指令(立即停止)	M8349	可驱动	驱动此标志位为 ON,立即使脉冲输出停止
指令执行结束标志	M8029	只读	应用指令执行正常结束标志

表 8.6 定位控制输出点 Y0 的相关特殊数据寄存器

数据寄存器名称	FX3U 中的地址	初 始 值	属　性	功　能
当前值寄存器/PLS(32 位)	[D8341,D8340]	0	只读	执行 DRVA、PLSV 等指令时,对应旋转方向增减当前值
最高速度/Hz(32 位)	[D8344,D8343]	100 k	读写	执行定位指令时的最高速度,设定范围为 10～100 kHz
基底速度/Hz(16 位)	D8342	0	读写	执行定位指令时的基底速度,设定范围为最高速度的 1/10 以下
加速时间/ms	D8348	100	读写	从基底速度到最高速度的加速时间,设定范围为 50～5000 ms
减速时间/ms	D8349	100	读写	从最高速度下降到基底速度的减速时间,设定范围为 50～5000 ms

2) 定位控制的相关指令

(1) 原点回归指令 ZRN/DSZR。

原点回归指令主要用于搜索和记录原点位置信息。该指令需要提供一个近原点的信号,称为近点信号,原点回归动作从近点信号前段开始,以指定的原点回归速度向负方向移动。**当近点信号由 OFF 变为 ON 时,工作台减速至爬行速度;当近点信号由 ON 变为 OFF 时,工作台在停止脉冲输出的同时,使当前值寄存器清零。**原点回归如图 8.22 所示。

原点回归 ZRN 指令要求提供原点回归开始的速度、爬行速度、指定近点信号输入等 3

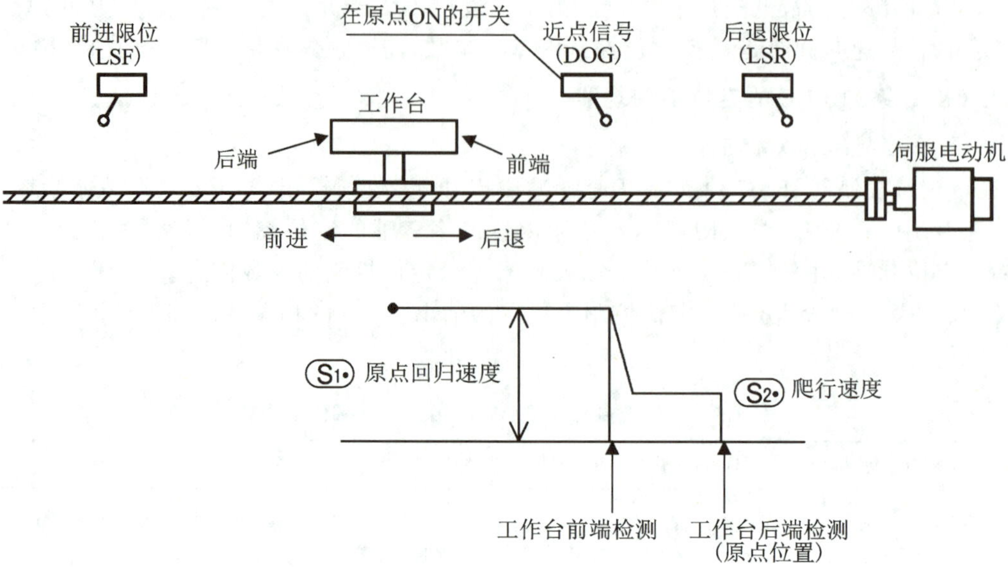

图 8.22　原点回归示意图

个源操作数，并指定脉冲输出的 Y 编号作为目标操作数。原点回归指令 ZRN 示例如图 8.23 所示，原点回归的开始速度为 20 kHz，爬行速度为 1000 Hz，近点信号输入为 X0，脉冲输出点为 Y0。该指令为 16 位指令，若回归速度超过 32767 Hz，就要用 32 位指令 DZRN。

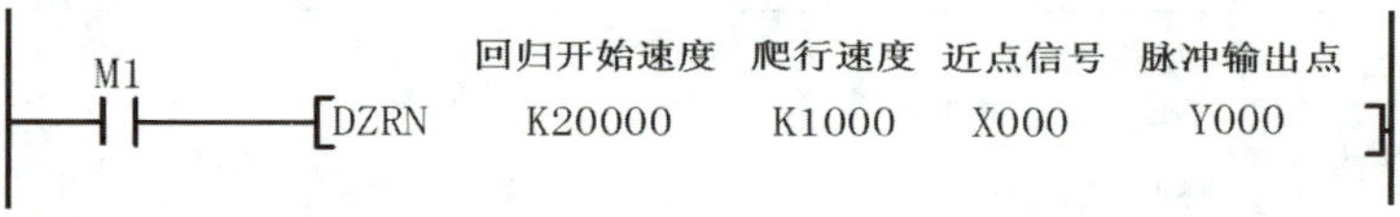

图 8.23　ZRN 指令示例

ZRN 指令不能指定回原点的方向，默认是负方向。若要从正方向回原点，需要用 DSZR 指令。它是带 DOG 搜索的原点回归指令，例如 DSZR X00 X01 Y00 Y04，其中 X00 是原点接近信号，X01 是原位置信号，Y00 是脉冲输出信号，Y04 是方向输出信号。

(2) 单速定位指令 DRVI/DRVA。

绝对定位指令 DRVA 的功能是用目标位置相对于原点的坐标值（以带符号的脉冲数表示）来指定目标位置，并指定输出脉冲的频率，以实现定位控制。 DRVA 指令示例如图 8.24 所示，目标位置为距离原点 40000 脉冲处，输出脉冲频率为 20000 Hz，脉冲输出点为 Y0，旋转输出点为 Y2。

图 8.24　DRVA 指令示例

相对定位指令 DRVI 的功能是以指定速度，由当前位置开始，移动指定距离。 移动方向由输出脉冲数的正/负符号决定。例如，DRVI D10 D20 Y1 Y4，其中 D10 为指令输出脉冲数，D20 为输出脉冲频率，Y1 为指令输出脉冲地址，Y4 为旋转方向输出端。根据所控制执行元件的设置参数来确定输出 ON(OFF)是正向还是反向。

此外,FX3U 中还有单速中断定长进给(中断定位)指定 DVIT、可变速运行指令 PLSV 等其他定位指令,可参阅 FX3U 用户手册(定位控制篇)。

二、任务实施

(1) 请写出本任务中伺服系统需要设置的参数,完善表 8.7。

表 8.7 伺服系统需要设置的参数

<table>
<tr><th rowspan="2">序号</th><th colspan="2">参数</th><th rowspan="2">设置数值</th><th rowspan="2">功能和含义</th></tr>
<tr><th>参数编号</th><th>参数名称</th></tr>
<tr><td>1</td><td>Pr01</td><td></td><td></td><td>显示电动机转速</td></tr>
<tr><td>2</td><td>Pr02</td><td></td><td></td><td>位置控制(相关代码 P)</td></tr>
<tr><td>3</td><td>Pr04</td><td></td><td></td><td>左/右限位动作触发时,会发生 Err38 行程限位禁止输入信号出错报警。此参数值必须在控制电源断电、系统重启之后才能修改、写入成功</td></tr>
<tr><td>4</td><td>Pr20</td><td></td><td></td><td>该值自动调整得到,具体请参见使用说明书</td></tr>
<tr><td>5</td><td>Pr21</td><td></td><td></td><td>实时自动调整为常规模式,运行时负载惯量的变化情况很小</td></tr>
<tr><td>6</td><td>Pr22</td><td></td><td></td><td>此参数值越大,响应越快</td></tr>
<tr><td>7</td><td>Pr41</td><td></td><td></td><td rowspan="2">指令脉冲+指令方向。此参数值必须在控制电源断电、系统重启之后才能修改、写入成功</td></tr>
<tr><td>8</td><td>Pr42</td><td></td><td></td></tr>
<tr><td>9</td><td>Pr48</td><td></td><td></td><td rowspan="4">每转所需指令脉冲数与编码器分辨率的关系见使用说明书</td></tr>
<tr><td>10</td><td>Pr49</td><td></td><td></td></tr>
<tr><td>11</td><td>Pr4A</td><td></td><td></td></tr>
<tr><td>12</td><td>Pr4B</td><td></td><td></td></tr>
</table>

(2) 请查阅 FX3U 用户手册等技术资料,完善表 8.8、表 8.9 两个表格。

表 8.8 定位控制输出点 Y1 的相关特殊辅助继电器

标志位名称	FX3U 中的地址	属 性	功 能
Y1 脉冲输出中监控(BUSY/READY)			定位指令(如 ZRN、DRVA、PLSV 等)执行时,监控脉冲输出
Y1 脉冲输出停止指令(立即停止)			驱动此标志位为 ON,立即使脉冲输出停止
指令执行结束标志			应用指令执行正常结束标志

表 8.9　定位控制输出点 Y1 的相关特殊数据寄存器

数据寄存器名称	FX3U 中的地址	初　始　值	属　　性	功　　能
当前值寄存器/PLS（32 位）				执行 DRVA、PLSV 等指令时，对应旋转方向增减当前值
最高速度/Hz（32 位）				执行定位指令时的最高速度，设定范围为 10～100 kHz
基底速度/Hz（16 位）				执行定位指令时的基底速度，设定范围为最高速度的 1/10 以下
加速时间/ms				从基底速度到最高速度的加速时间，设定范围为 50～5000 ms
减速时间/ms				从最高速度下降到基底速度的减速时间，设定范围为 50～5000 ms

（3）请分析表 8.10 所示程序段。

表 8.10　梯形图程序

序　　号	梯形图程序	分　　析
1	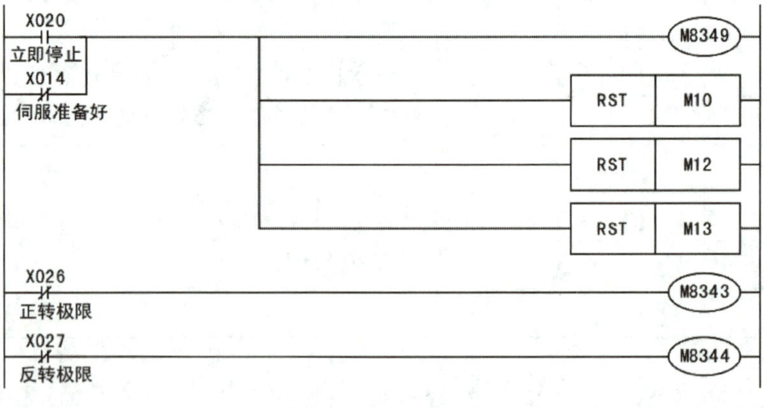	① 该段程序实现什么功能？ ② M8343、M8344、M8349 是什么继电器？各实现什么功能？
2	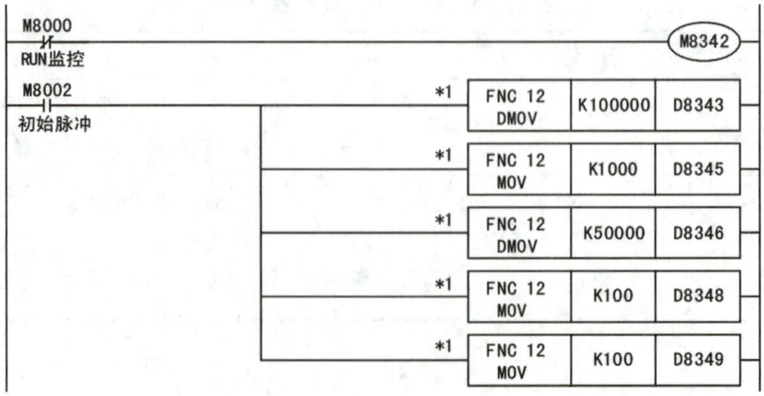	③ 在初始化的程序段中设置了哪些定位控制参数？

续表

<table>
<tr><th>序　　号</th><th>梯形图程序</th><th>分　　析</th></tr>
<tr><td>3</td><td>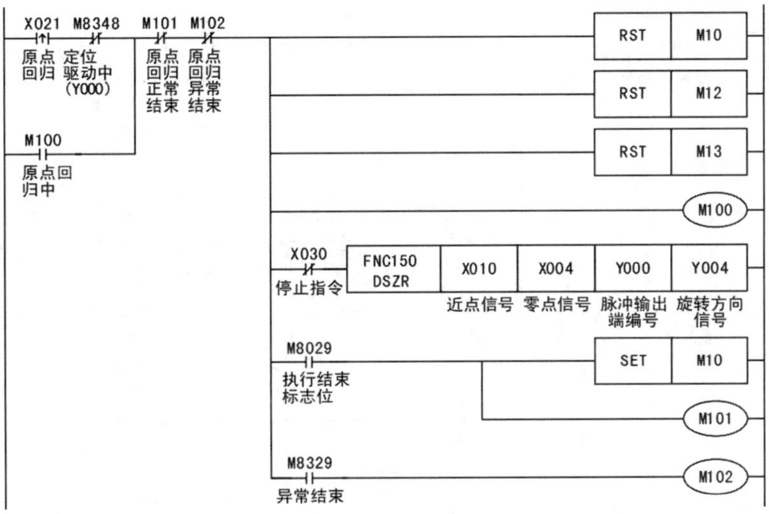
</td><td>④ 该段程序实现什么功能？
⑤ M8029 在什么情况下为 OFF？</td></tr>
<tr><td>4</td><td>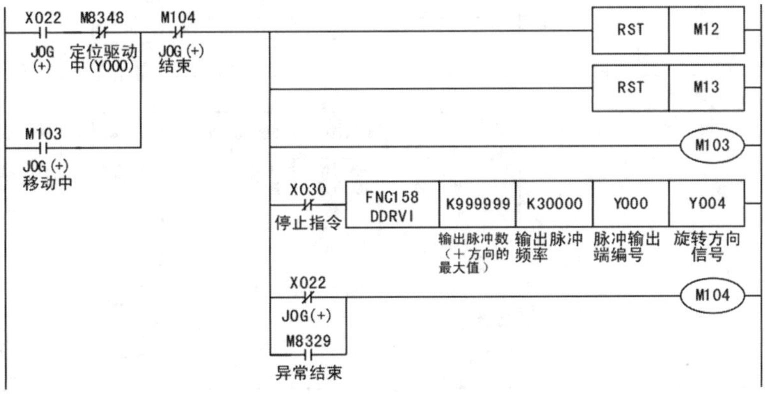
</td><td>⑥ 试分析该段程序是如何实现 JOG 功能的？</td></tr>
<tr><td>5</td><td>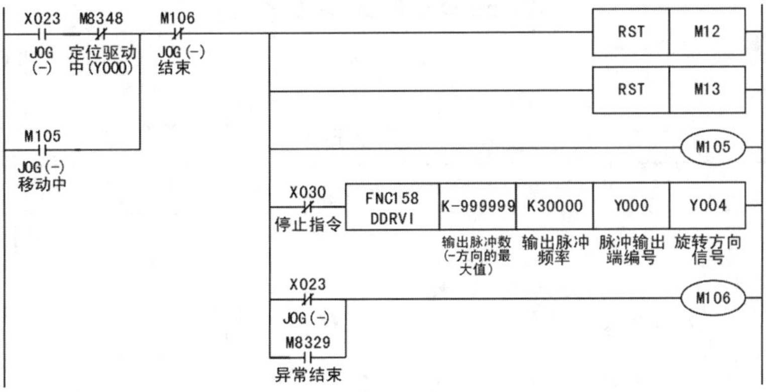
</td><td>⑦ JOG 运行时的方向是如何设定的？</td></tr>
</table>

续表

<table>
<tr><th>序号</th><th>梯形图程序</th><th>分析</th></tr>
<tr><td>6</td><td>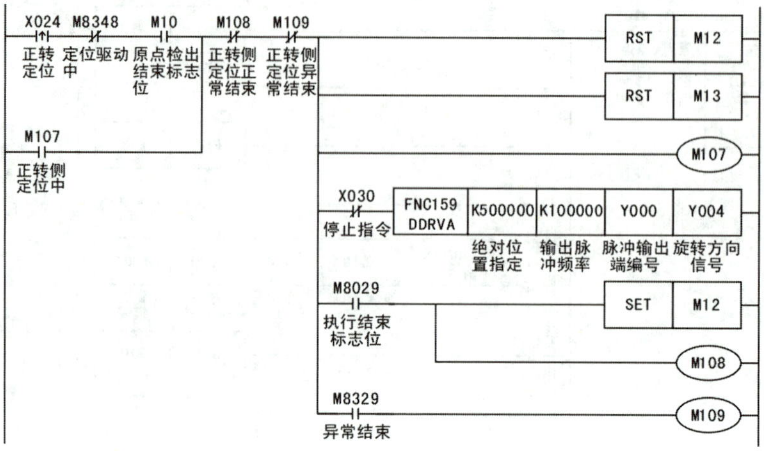
</td><td>⑧ 试分析该段程序是如何实现正转方向定位功能的?</td></tr>
<tr><td>7</td><td>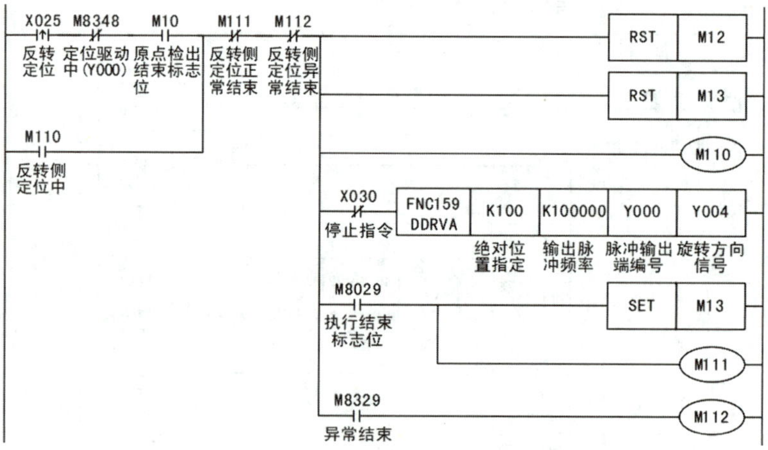
</td><td>⑨ 试分析该段程序是如何实现反转方向定位功能的?</td></tr>
</table>

项目实施记录

表 8.11　项目实施记录

学习情境		传送台位置控制系统设计		
序号	实施环节	故障现象	原因分析	解决的办法
1	电气安装、测试	工作台靠近原点时，电感式接近传感器无信号输出		
2	电气安装、测试	伺服驱动器上电即发出报警		

续表

学习情境		传送台位置控制系统设计		
3	伺服驱动器参数设置	伺服电动机无法启动运行		
4	伺服驱动器参数设置	发生报警，故障号为 Err 16.0		
5	程序运行与调试	工作台无法回归原点		
6	程序运行与调试	工作台产生超程报警		
7	程序运行与调试	工作台移动方向错误		
8	程序运行与调试	工作台定位不准		
9	程序运行与调试	无法实现工作台的自动往复运行		
10	程序运行与调试	多段运行时无法改变工作台的运行速度		
11	其他			
实施总结				

项目总结

表 8.12　项目总结

问题引导	我的小结
1. 在本项目中为什么原点检测采用电感式接近传感器，而左、右限位采用机械式行程开关？	
2. 如何安装和拆卸电感式接近传感器？有哪些特别要注意的事项？	

续表

问题引导	我的小结
3. 怎样将PLC和伺服驱动系统进行接线?	
4. 如何设置伺服驱动器的参数?	
5. 采用松下伺服驱动器进行定位控制,需要设置哪些参数?	
6. PLSY与DRVI指令的区别是什么?	
7. 相对定位和绝对定位的实现方法与使用的指令分别是什么?	
8. 如何编写原点回归的程序?	
9. 如何编写手动控制定位的程序?	
10. 如何编写多段精确定位的程序?	
11. 定位控制过程中出现方向错误的原因和解决办法是什么?	
12. 工作台未能按照既定位置或速度运行的原因和解决方法是什么?	
13. 其他重要知识、技能点	

项目拓展

在项目任务的基础上,增加以下功能:

(1) 工作台停止在任意位置时,按下回原点按钮,工作台自动搜索回原点。

(2) 工作台往目标地输送工件时低速运行,返回起始出发点时高速运行。

请据此修改和调试控制程序。

习题巩固

一、选择题

1. PLC 型号为(　　),可用于控制伺服驱动器进行位置控制。

A. FX3U-48MR　　B. FX3U-32MT　　C. FX3U-32MR　　D. FX3U-16MR

2. 伺服电动机将输入的电压信号变换成(　　),以驱动控制对象。

A. 动力　　B. 电流　　C. 转矩　　D. 角速度和角位移

3. 当伺服系统工作在位置控制模式时,需要使用(　　)输入信号,以控制伺服电动机运动的位移和方向。

A. 电流　　B. 电压　　C. 脉冲　　D. 角速度

4. 伺服电动机内部通常引出两组电缆,一组与电动机内部绕组连接,另一组与(　　)连接。

A. 编码器　　B. 伺服驱动器　　C. 步进驱动器　　D. 三相电源

5. 三菱的 PLC 与松下 A5 伺服驱动器的数字输入端相连接时,伺服驱动器应该采用(　　)输入方式。

A. 源型　　B. 漏型　　C. 差动　　D. 集电极开路

6. (　　)是 FX3U 系列 PLC 的指令执行结束标志位。

A. M8340　　B. M8029　　C. M8329　　D. M8350

7. 伺服系统常用(　　)来检测转速和位置。

A. 旋转编码器　　B. 光电传感器

C. 电感式接近传感器　　D. 电容传感器

8. (　　)为相对定位指令。

A. ZRN　　B. PLSY　　C. DRVA　　D. DRVI

9. (多选)伺服系统主要由(　　)等部分组成。

A. 控制器　　B. 伺服驱动器　　C. 伺服电动机　　D. 位置检测反馈元件

10. (多选)伺服驱动器的控制模式主要有(　　)三种。

A. 速度控制　　B. 转矩控制　　C. 位置控制　　D. 方向控制

二、判断题

(　　)1. 利用电磁感应原理将被测非电量如位移、压力、流量、振动等转换成线圈自感量 L 或互感量 M 的变化,再由测量电路转换为电压或电流的变化量输出,这种装置称为电感式传感器。

(　　)2. 电感式接近传感器的感应头是一个具有铁氧体磁芯的电感线圈,只能检测金属体。

(　　)3. 伺服电动机可以将电流信号转化为角位移和角速度输出,以驱动控制对象。

(　　)4. 伺服驱动器的功能是将工频交流电转换成幅度(或电压)和频率均可变的交流电提供给伺服电动机。

(　　)5. 伺服驱动器的数字量输入端可分为漏型输入方式和源型输入方式。

(　　)6. 当工作在速度控制模式时,伺服系统根据外部输入脉冲的频率来确定伺服电动机转动的速度,通过脉冲数来确定伺服电动机转动的角度。

(　　)7. 松下伺服驱动器的电源电压为 380 V AC。

(　　)8. M8050 为 FX3U 系列 PLC 的 Y1 端子,用于监控脉冲输出。

(　　)9. 在相对定位中,位置数值是唯一的。

(　　)10. D8350 是 FX3U 系列 PLC 对应 Y1 输出端的特殊数据寄存器,用于寄存位置当前值。

三、程序设计题

采用 PLC 控制伺服驱动器来驱动伺服电动机运转,通过与电动机同轴的丝杠带动工作台移动,使工作台往返定位运行(见图 8.25)。

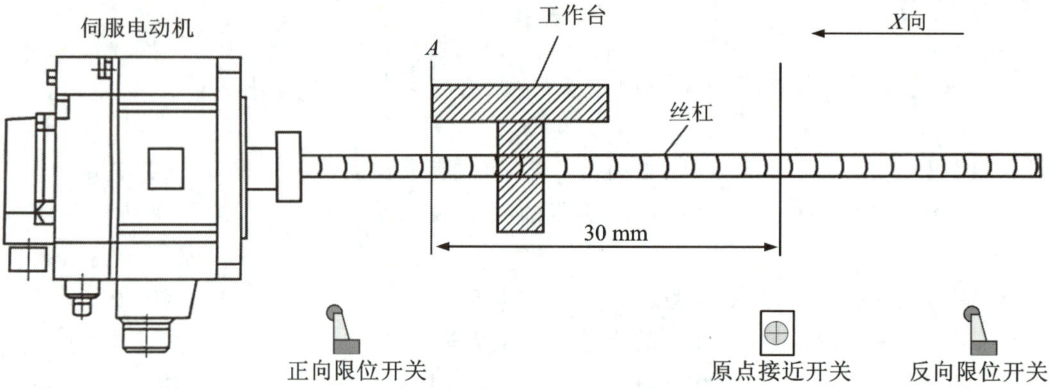

图 8.25　工作台往返定位运行示意图

具体要求如下。

(1) 按下启动按钮,伺服电动机通过丝杠驱动工作台进行原点回归。

(2) 回归原点 3 s 后,工作台以 3000 脉冲/s 的速度移动至 A 位置。

(3) 工作台以 10000 脉冲/s 的速度沿 x 轴方向右行,碰到正向限位开关 SQ1 后停止 2 s,然后伺服电动机带动丝杠机械机构沿 x 轴反向运行,碰到反向限位开关 SQ2 后停止 5 s,接着又向右运动,如此反复运行,直到按下停止按钮 SB2,伺服电动机停止运行。

(4) 按下手动按钮 SB3,伺服电动机以 6000 脉冲/s 的速度手动运行。

(5) 当出现故障报警信号时,系统停止运行,报警灯闪烁。

试画出 PLC 控制伺服驱动器的接线图,设置相关参数并编写控制程序。

项目考核与评价

表 8.13 项目考核与评价

项目	内容	配分	要求	自我评价	小组互评	教师评价
实施过程	I/O 分配	10 分	按照任务要求,明确所有输入、输出元件			
	电气设计及接线	10 分	原理图与 I/O 分配对应,绘制规范;接线规范整齐,符合工艺要求			
	传感器安装与调整	10 分	正确安装传感器并合理设置传感器的灵敏度			
功能测试	电路测试与故障排除	10 分	上电前和通电后会使用万用表检测、分析故障,并排除故障			
	程序设计与调试	20 分	编写完整程序并下载调试,分析错误并排除故障			
	系统运行	10 分	实现任务既定功能,系统运行稳定、可靠			
职业素养	分工与配合	5 分	任务分配合理,分工明确,配合紧密			
	职业素养	5 分	注重安全操作,工具及器件摆放整齐			
资料填写	任务书	10 分	搜集信息,引导问题回答正确			
	工作计划	5 分	计划步骤安排合理,时间安排合理			
	材料清单	5 分	材料齐全			
综合评价						
总评						

附录 A　FX3UC 系列 PLC 的编程元件

编程元件		说明		
输入输出继电器	输入继电器	X000～X367	248 点	软元件的编号为八进制编号 输入、输出合计为 256 点
	输出继电器	Y000～Y367	248 点	
辅助继电器	一般用(可变)	M0～M499	500 点	通过参数可以更改保持/非保持的设定
	保持用(可变)	M500～M1023	524 点	
	保持用(固定)	M1024～M7679	6656 点	
	特殊用	M8000～M8511	512 点	
状态	初始化状态(一般用(可变))	S0～S9	10 点	通过参数可以更改保持/非保持的设定
	一般用(可变)	S10～S499	490 点	
	保持用(可变)	S500～S899	400 点	
	信号报警器用(保持用(可变))	S900～S999	100 点	
	保持用(固定)	S1000～S4095	3096 点	
定时器(ON 延迟定时器)	100 ms	T0～T191	192 点	0.1～3276.7 s
	100 ms (子程序、中断子程序用)	T192～T199	8 点	0.1～3276.7 s
	10 ms	T200～T245	46 点	0.01～327.67 s
	1 ms 累计型	T246～T249	4 点	0.001～32.767 s
	100 ms 累计型	T250～T255	6 点	0.1～3276.7 s
	1 ms	T256～T511	256 点	0.001～32.767 s
计数器	一般用增计数(16 位)(可变)	C0～C99	100 点	0～32767 的计数器通过参数可以更改保持/非保持的设定
	保持用增计数(16 位)(可变)	C100～C199	100 点	
	一般用双方向(32 位)(可变)	C200～C219	20 点	－2147483648～＋2147483647 的计数器通过参数可以更改保持/非保持的设定
	保持用双方向(32 位)(可变)	C220～C234	15 点	
高速计数器	单相单计数的输入 双方向(32 位)	C235～C245	C235～C255 中最多可以使用 8 点(保持用) 通过参数可以更改保持/非保持的设定 －2147483648～＋2147483647 的计数器 硬件计数器 单相:100 kHz×6 点、10 kHz×2 点 双相:50 kHz(1 倍)、50 kHz(4 倍) 软件计数器 单相:40 kHz 双相:40 kHz(1 倍)、10 kHz(4 倍)	
	单相双计数的输入 双方向(32 位)	C246～C250		
	双相双计数的输入 双方向(32 位)	C251～C255		

续表

编程元件		说明		
数据寄存器(成对使用时32位)	一般用(16位)(可变)	D0～D199	200点	通过参数可以更改保持/非保持的设定
	保持用(16位)(可变)	D200～D511	312点	
	保持用(16位)(固定) 〈文件寄存器〉	D512～D7999 〈D1000～D7999〉	7488点 〈7000点〉	通过参数可以将寄存器7488点中D1000以后的软元件以每500点为单位设定为文件寄存器
	特殊用(16位)	D8000～D8511	512点	
	变址用(16位)	V0～V7,Z0～Z7	16点	
扩展寄存器/扩展文件寄存器	扩展寄存器(16位)	R0～R32767	32768点	通过电池进行停电保持
	扩展文件寄存器(16位)	ER0～ER32767	32768点	仅在安装存储器盒时可用
指针	JUMP、CALL分支用	P0～P4095	4096点	CJ指令、CALL指令用
	输入中断 输入延迟中断	I0□□～I5□□	6点	
	定时器中断	I6□□～I8□□	3点	
	计数器中断	I010～I060	6点	HSCS指令用
嵌套	主控用	N0～N7	8点	MC指令用
常数	十进制数(K)	16位	−32768～+32767	
		32位	−2147483648～+2147483647	
	十六进制数(H)	16位	0～FFFF	
		32位	0～FFFFFFFF	
	实数(E)	32位	$-1.0\times2^{128}\sim-1.0\times2^{-126}$,0,$1.0\times2^{-126}\sim1.0\times2^{128}$,可以用小数点和指数形式表示	
	字符串(“ ”)	字符串	用“ ”框起来的字符进行指定 指令上的常数中,最多可以使用到半角的32个字符	

附录 B FX3U 系列 PLC 常用功能指令一览表

功能指令(FNC)		FNC 编号	功能
数据传送指令	MOV	FNC 12	传送
	SMOV	FNC 13	位移动
	CML	FNC 14	反转传送
	BMOV	FNC 15	成批传送
	FMOV	FNC 16	多点传送
	PRUN	FNC 81	八进制位传送
	XCH	FNC 17	交换
	SWAP	FNC 147	高低字节互换
	EMOV	FNC 112	二进制浮点数数据传送
	HCMOV	FNC 189	高速计数器的传送
数据转换指令	BCD	FNC 18	BCD 转换
	BIN	FNC 19	BIN 转换
	GRY	FNC 170	格雷码的转换
	GBIN	FNC 171	格雷码的逆转换
	FLT	FNC 49	BIN 整数到二进制浮点数的转换
	INT	FNC 129	二进制浮点数到 BIN 整数的转换
	EBCD	FNC 118	二进制浮点数到十进制浮点数的转换
	EBIN	FNC 119	十进制浮点数到二进制浮点数的转换
	RAD	FNC 136	二进制浮点数 角度到弧度的转换
	DEG	FNC 137	二进制浮点数 弧度到角度的转换

续表

功能指令(FNC)		FNC 编号	功能
比较指令	LD=	FNC 224	触点比较 LD S1=S2
	LD>	FNC 225	触点比较 LD S1>S2
	LD<	FNC 226	触点比较 LD S1<S2
	LD<>	FNC 228	触点比较 LD S1≠S2
	LD<=	FNC 229	触点比较 LD S1≦S2
	LD>=	FNC 230	触点比较 LD S1≧S2
	AND=	FNC 232	触点比较 AND S1=S2
	AND>	FNC 233	触点比较 AND S1>S2
	AND<	FNC 234	触点比较 AND S1<S2
	AND<>	FNC 236	触点比较 AND S1≠S2
	AND<=	FNC 237	触点比较 AND S1≦S2
	AND>=	FNC 238	触点比较 AND S1≧S2
	OR=	FNC 240	触点比较 OR S1=S2
	OR>	FNC 241	触点比较 OR S1>S2
	OR<	FNC 242	触点比较 OR S1<S2
	OR<>	FNC 244	触点比较 OR S1≠S2
	OR<=	FNC 245	触点比较 OR S1≦S2
	OR>=	FNC 246	触点比较 OR S1≧S2
	CMP	FNC 10	比较
	ZCP	FNC 11	区间比较
	ECMP	FNC 110	二进制浮点数比较
	EZCP	FNC 111	二进制浮点数区间比较
	HSCS	FNC 53	比较置位(高速计数器用)
	HSCR	FNC 54	比较复位(高速计数器用)
	HSZ	FNC 55	区间比较(高速计数器用)
	HSCT	FNC 280	高速计数器的表格比较
	BKCMP=	FNC 194	数据块比较 S1=S2
	BKCMP>	FNC 195	数据块比较 S1>S2
	BKCMP<	FNC 196	数据块比较 S1<S2
	BKCMP<>	FNC 197	数据块比较 S1≠S1
	BKCMP<=	FNC 198	数据块比较 S1≦S2
	BKCMP>=	FNC 199	数据块比较 S1≧S2

续表

功能指令(FNC)		FNC 编号	功能
四则运算指令	ADD	FNC 20	BIN 加法运算
	SUB	FNC 21	BIN 减法运算
	MUL	FNC 22	BIN 乘法运算
	DIV	FNC 23	BIN 除法运算
	EADD	FNC 120	二进制浮点数加法运算
	ESUB	FNC 121	二进制浮点数减法运算
	EMUL	FNC 122	二进制浮点数乘法运算
	EDIV	FNC 123	二进制浮点数除法运算
	BK＋	FNC 192	数据块的加法运算
	BK－	FNC 193	数据块的减法运算
	INC	FNC 24	BIN 加 1
	DEC	FNC 25	BIN 减 1
逻辑运算指令	WAND	FNC 26	逻辑与
	WOR	FNC 27	逻辑或
	WXOR	FNC 28	逻辑异或
特殊函数指令	SQR	FNC 48	BIN 开方运算
	ESQR	FNC 127	二进制浮点数开方运算
	EXP	FNC 124	二进制浮点数指数运算
	LOGE	FNC 125	二进制浮点数自然对数运算
	LOG10	FNC 126	二进制浮点数常用对数运算
	SIN	FNC 130	二进制浮点数 sin 运算
	COS	FNC 131	二进制浮点数 cos 运算
	TAN	FNC 132	二进制浮点数 tan 运算
	ASIN	FNC 133	二进制浮点数 $\sin^{-1}$ 运算
	ACOS	FNC 134	二进制浮点数 $\cos^{-1}$ 运算
	ATAN	FNC 135	二进制浮点数 $\tan^{-1}$ 运算
	RND	FNC 184	产生随机数
循环指令	ROR	FNC 30	循环右移
	ROL	FNC 31	循环左移
	RCR	FNC 32	带进位循环右移
	RCL	FNC 33	带进位循环左移

续表

功能指令(FNC)		FNC 编号	功能
脉冲输出/定位指令	ABS	FNC 155	读出 ABS 当前值
	DSZR	FNC 150	带 DOG 搜索的原点回归
	ZRN	FNC 156	原点回归
	TBL	FNC 152	表格设定定位
	DVIT	FNC 151	中断定位
	DRVI	FNC 158	相对定位
	DRVA	FNC 159	绝对定位
	PLSV	FNC 157	可变速脉冲输出
	PLSY	FNC 57	脉冲输出
	PLSR	FNC 59	带加减速的脉冲输出
串行通信指令	RS	FNC 80	串行数据的传送
	RS2	FNC 87	串行数据的传送 2
	IVCK	FNC 270	变频器的运行监控
	IVDR	FNC 271	变频器的运行控制
	IVRD	FNC 272	读出变频器的参数
	IVWR	FNC 273	写入变频器的参数
	IVBWR	FNC 274	成批写入变频器的参数
	IVMC	FNC 275	变频器的多个命令
	ADPRW	FNC 276	MODBUS 读出/写入
特殊功能单元/模块控制指令	FROM	FNC 78	BFM 的读出
	TO	FNC 79	BFM 的写入
	RD3A	FNC 176	模拟量模块的读出
	WR3A	FNC 177	模拟量模块的写入
	RBFM	FNC 278	BFM 分割读出
	WBFM	FNC 279	BFM 分割写入
移位指令	SFTR	FNC 34	位右移
	SFTL	FNC 35	位左移
	SFR	FNC 213	16 位数据的 n 位右移(带进位)
	SFL	FNC 214	16 位数据的 n 位左移(带进位)
	WSFR	FNC 36	字右移

续表

功能指令(FNC)		FNC 编号	功能
移位指令	WSFL	FNC 37	字左移
	SFWR	FNC 38	移位写入[先入先出/先入后出控制用]
	SFRD	FNC 39	移位读出[先入先出控制用]
	POP	FNC 212	读取后入的数据[先入后出控制用]
数据处理命令	ZRST	FNC 40	成批复位
	DECO	FNC 41	译码
	ENCO	FNC 42	编码
	MEAN	FNC 45	平均值
	WSUM	FNC 140	计算出数据的合计值
	SUM	FNC 43	ON 位数
	BON	FNC 44	判断 ON 位
	NEG	FNC 29	补码
	ENEG	FNC 128	二进制浮点数符号翻转
	WTOB	FNC 141	字节单位的数据分离
	BTOW	FNC 142	字节单位的数据结合
	UNI	FNC 143	16 位数据的 4 位结合
	DIS	FNC 144	16 位数据的 4 位分离
	CCD	FNC 84	校验码
	CRC	FNC 188	CRC 运算
	LIMIT	FNC 256	上下限限位控制
	BAND	FNC 257	死区控制
	ZONE	FNC 258	区域控制
	SCL	FNC 259	定坐标(各点的坐标数据)
	SCL2	FNC 269	定坐标 2(X/Y 坐标数据)
	SORT	FNC 69	数据排列
	SORT2	FNC 149	数据排列 2
	SER	FNC 61	数据检索
	FDEL	FNC 210	数据表的数据删除
	FINS	FNC 211	数据表的数据插入

续表

功能指令(FNC)		FNC 编号	功能
程序流程控制指令	CJ	FNC 00	条件跳转
	CALL	FNC 01	子程序调用
	SRET	FNC 02	子程序返回
	IRET	FNC 03	中断返回
	EI	FNC 04	允许中断
	DI	FNC 05	禁止中断
	FEND	FNC 06	主程序结束
	FOR	FNC 08	循环范围的开始
	NEXT	FNC 09	循环范围的结束
I/O 刷新指令	REF	FNC 50	输入/输出刷新
	REFF	FNC 51	输入刷新(带滤波器设定)
时钟控制指令	TCMP	FNC 160	时钟数据的比较
	TZCP	FNC 161	时钟数据的区间比较
	TADD	FNC 162	时钟数据的加法运算
	TSUB	FNC 163	时钟数据的减法运算
	TRD	FNC 166	读出时钟数据
	TWR	FNC 167	写入时钟数据
	HTOS	FNC 164	[时、分、秒]数据的秒转换
	STOH	FNC 165	秒数据的[时、分、秒]转换

附录 C　FX3U 系列 PLC 定位控制相关软元件

表 C1　特殊辅助继电器

软元件编号				名　　称	属　　性	对象指令
Y000	Y001	Y002	Y003			
M8029				指令执行结束标志位	只读	PLSY/PLSR/DSZR/DVIT/ZRN/DRVI/DRVA 等
M8329				指令执行异常结束标志位	只读	PLSY/PLSR/DSZR/DVIT/ZRN/PLSV/DRVI/DRVA
M8338				加减速动作	可读可写	PLSV
M8336				中断输入指定功能有效	可读可写	DVIT
M8340	M8350	M8360	M8370	脉冲输出中监控(BUSY/READY)	只读	PLSY/PLSR/DSZR/DVIT/ZRN/PLSV/DRVI/DRVA
M8341	M8351	M8361	M8371	清零信号输出功能有效	可读可写	DSZR/ZRN
M8342	M8352	M8362	M8372	原点回归方向指定	可读可写	DSZR
M8343	M8353	M8363	M8373	正转极限	可读可写	PLSY/PLSR/DSZR/DVIT/ZRN/PLSV/DRVI/DRVA
M8344	M8354	M8364	M8374	反转极限	可读可写	
M8345	M8355	M8365	M8375	近点信号逻辑反转	可读可写	DSZR
M8346	M8356	M8366	M8376	零点信号逻辑反转	可读可写	DSZR
M8347	M8357	M8367	M8377	中断信号逻辑反转	可读可写	DVIT
M8348	M8358	M8368	M8378	定位指令驱动中	只读	PLSY/PWM/PLSR/DSZR/DVIT/ZRN/PLSV/DRVI/DRVA
M8349	M8359	M8369	M8379	脉冲停止指令	可读可写	PLSY/PLSR/DSZR/DVIT/ZRN/PLSV/DRVI/DRVA
M8460	M8461	M8462	M8463	用户中断输入指令	可读可写	DVIT
M8464	M8465	M8466	M8467	清零信号软元件指定功能有效	可读可写	DSZR/ZRN

表 C2 特殊数据寄存器

软元件编号				名称	数据长	初始值	对象指令
Y000	Y001	Y002	Y003				
D8336				中断输入指定	16 位	—	DVIT
D8340 低位	D8350 低位	D8360 低位	D8370 低位	当前值寄存器（PLS）	32 位	0	DSZR/DVIT/ZRN/PLSV/DRVI/DRVA
D8341 高位	D8351 高位	D8361 高位	D8371 高位				
D8342	D8352	D8362	D8372	基底速度/Hz	16 位	0	DSZR/DVIT/ZRN/PLSV/DRVI/DRVA
D8343 低位	D8353 低位	D8363 低位	D8373 低位	最高速度/Hz	32 位	100000	DSZR/DVIT/ZRN/PLSV/DRVI/DRVA
D8344 高位	D8354 高位	D8364 高位	D8374 高位				
D8345	D8355	D8365	D8375	爬行速度/Hz	16 位	1000	DSZR
D8346 低位	D8356 低位	D8366 低位	D8376 低位	原点回归速度/Hz	32 位	50000	DSZR
D8347 高位	D8357 高位	D8367 高位	D8377 高位				
D8348	D8358	D8368	D8378	加速时间/ms	16 位	100	DSZR/DVIT/ZRN/PLSV/DRVI/DRVA
D8349	D8359	D8369	D8379	减速时间/ms	16 位	100	DSZR/DVIT/ZRN/PLSV/DRVI/DRVA
D8464	D8465	D8466	D8467	清零信号软元件指定	16 位	—	DSZR/ZRN

附录 D　FX3U 系列 PLC 运行情况的 LED 显示

表 D1　POWER(POW) LED [灯亮/闪烁/灯灭]

LED 的状态	可编程控制器的状态	解决办法
灯亮	给电源端子供应了规定的电压	电源正常
闪烁	以下的任意一种状态： · 没有给电源端子提供规定的电压、电流 · 外部接线不正确 · 可编程控制器内部有故障	· 请确认电源电压 · 在拆除电源电缆以外的连接电缆后，再次上电，请确认状态是否有变化。如果状态没有改善，请与三菱电机自动化(中国)有限公司或其办事处联系
灯灭	以下的任意一种状态： · 电源断开 · 没有给电源端子提供规定的电压 · 电源电缆断线	在电源没有断开的情况下，请确认电源以及电源路径 如果供电正确，请与三菱电机自动化(中国)有限公司或其办事处联系

表 D2　RUN LED [灯亮/灯灭]

LED 的状态	可编程控制器的状态	解决办法
灯亮	顺控程序处理执行中	显示可编程控制器的运行状态 该指示灯根据 ERROR(ERR) LED 的状态可能会不亮
灯灭	顺控程序处理停止中	

表 D3　BATT(BAT) LED [灯亮/灯灭][FX3U/FX3UC]

LED 的状态	可编程控制器的状态	解决办法
灯亮	电池的电压过低	请迅速更换电池(请参考主机手册)
灯灭	电池的电压超出了 D8006 中设定的数值	正常

表 D4　ALM LED [灯亮/灯灭][FX3G/FX3GC]

LED 的状态	可编程控制器的状态	解决办法
灯亮	电池的电压过低	请迅速更换电池(请参考主机手册)
灯灭	电池的电压超出了 D8006 中设定的数值	正常

注：使用选件的电池在参数中设定电池模式时有效。

表 D5 ERROR(ERR) LED［灯亮/闪烁/灯灭］

LED 的状态	可编程控制器的状态	解 决 办 法
灯亮	可能是看门狗定时器错误，也可能是可编程控制器的硬件受损	(1) 停止可编程控制器，再次上电。 ERROR(ERR) LED 灯灭时，考虑是由于看门狗定时器错误造成的。请执行下述中的某一个解决方法。 ① 修改程序：扫描时间的最大值(D8012)请勿超出看门狗定时器的设定值(D8000)。 ② 输入中断或脉冲捕捉中使用的输入，在 1 个运算周期内是否频繁地 ON/OFF 多次。 ③ 高速计数器中输入的脉冲(DUTY 50%)的频率是否超出规格的范围。 ④ 增加 WDT 指令：请在程序中加入多个 WDT 指令，在 1 个运算周期内复位几次看门狗定时器。 ⑤ 变更看门狗定时器的设定值：通过程序，更改看门狗定时器的设定值(D8000)，使其值大于扫描时间的最大值(D8012)。 (2) 拆下可编程控制器，提供其他的电源。 ERROR(ERR) LED 灯灭时，考虑有可能是噪音带来的影响，因此请考虑以下的解决措施。 ① 确认接地情况，修改接线的路径以及设置的场所。 ② 在电源线上加上噪音滤波器。 (3) 实施了(1)(2)后 ERROR(ERR) LED 灯仍然不灭，请与三菱电机自动化(中国)有限公司或其办事处联系
闪烁	在可编程控制器中出现了以下的任意一种错误： · 参数错误 · 语法错误 · 回路错误	请用编程工具进行 PLC 诊断以及程序的检查
灯灭	没有出现会使可编程控制器停止的错误	可编程控制器的动作中出现异常时，请用编程工具执行 PLC 诊断以及程序检查。 有可能发生“I/O 构成错误”“串行通信错误”“运算错误”

参考文献 CANKAOWENXIAN

[1] 蔡杏山.变频器与伺服电机、步进电驱动技术自学一本通[M].北京:电子工业出版社,2022.

[2] 陈晓军.伺服与变频应用技术项目化教程[M].北京:机械工业出版社,2021.

[3] 郭艳萍,陈冰.变频及伺服应用技术[M].北京:人民邮电出版社,2018.

[4] 张同苏,李志梅.自动化生产线安装与调试实训和备赛指导[M].北京:人民邮电出版社,2015.

[5] 吕景泉.自动化生产线安装与调试[M].3 版.北京:中国铁道出版社,2017.

[6] 蔡杏山.零起步轻松学步进与伺服应用技术[M].北京:人民邮电出版社,2012.

[7] 向晓汉,宋昕.变频器与步进/伺服驱动技术完全精通教程[M].北京:化学工业出版社,2015.

[8] 王阿根.西门子 S7-200 PLC 编程实例精解[M].北京:电子工业出版社,2011.

[9] 廖常初.FX 系列 PLC 编程及应用[M].3 版.北京:机械工业出版社,2021.